国际机械工程先进技术译丛

滚动轴承分析（原书第5版）

第2卷

轴承技术的高等概念

（美）T. A. Harris　M. N. Kotzalas 著

罗继伟　李济顺　杨咸启　罗天宇　译

机 械 工 业 出 版 社

滚动轴承分析第2卷在第1卷的基础上引入高等概念,包括:载荷联合作用的分析计算及位移、变形等;零件的滚动、滑动及自旋、公转、陀螺运动;高速运转时的载荷分析;动压与弹流润滑的油膜、压力及高压、温度、接触表面形貌效应;摩擦及其效应;发热分析;寿命系数分析;刚性与非刚性轴系分析;失效分析。

本书供从事机械设备设计、制造、研究、使用、维护的工程技术人员、相关院校师生阅读。

Rolling Bearing Analysis FIFTH EDITION: Advanced Concepts of Bearing Technology/by Tedric A. Harris Michael N. Kotzalas/ISBN: 978-0-8493-7182-0

Copyright© 2007 by CRC Press.

Authorized translation from English language edition published by CRC Press, part of Taylor & Francis Group LLC. All right reserved.

China Machine Press is authorized to publish and distribute exclusively the Chinese(Simplified Characters) language edition. This edition is authorized for sale throughout Mainland of China. No part of the publication may be reproduced or distributed by any means, or stored in a database or retrieval system, without the prior written permission of the publisher.

本书封面贴有 Taylor & Francis 公司防伪标签,无标签者不得销售。

北京市版权局著作权合同登记号:01-2008-2957

图书在版编目(CIP)数据

滚动轴承分析(原书第5版):第2卷 轴承技术的高等概念/(美)哈里斯(Harris,T.A.),(美)科兹拉斯(Kotzalas,M.N.)著;罗继伟等译. —北京:机械工业出版社,2009.9(2025.1重印)
(国际机械工程先进技术译丛)
ISBN 978-7-111-28164-1

Ⅰ. 滚… Ⅱ. ①哈…②科…③罗… Ⅲ. 滚动轴承—计算—分析 Ⅳ. TH133.33

中国版本图书馆 CIP 数据核字(2009)第 152492 号

机械工业出版社(北京市百万庄大街22号 邮政编码100037)
策划编辑:孔 劲 责任编辑:郑 铉 版式设计:霍永明
责任校对:刘志文 封面设计:鞠 杨 责任印制:常天培
固安县铭成印刷有限公司印刷
2025年1月第1版第8次印刷
184mm×260mm · 18.75 印张 · 462 千字
标准书号:ISBN 978-7-111-28164-1
         ISBN 978-7-89451-193-5(光盘)
定价:98.00 元(含1CD)

电话服务 网络服务
客服电话:010-88361066 机 工 官 网:www.cmpbook.com
         010-88379833 机 工 官 博:weibo.com/cmp1952
         010-68326294 金 书 网:www.golden-book.com
封底无防伪标均为盗版 机工教育服务网:www.cmpedu.com

译 丛 序 言

一、制造技术长盛永恒

先进制造技术是20世纪80年代提出的，由机械制造技术发展而来。通常可以认为它是将机械、电子、信息、材料、能源和管理等方面的技术，进行交叉、融合和集成，综合应用于产品全生命周期的制造全过程，包括市场需求、产品设计、工艺设计、加工装配、检测、销售、使用、维修、报废处理、回收利用等，以实现优质、敏捷、高效、低耗、清洁生产，快速响应市场的需求。因此，当前的先进制造技术是以产品为中心，以光机电一体化的机械制造技术为主体，以广义制造为手段，具有先进性和时代感。

制造技术是一个永恒的主题，与社会发展密切相关，是设想、概念、科学技术物化的基础和手段，是所有工业的支柱，是国家经济与国防实力的体现，是国家工业化的关键。现代制造技术是当前世界各国研究和发展的主题，特别是在市场经济高度发展的今天，它更占有十分重要的地位。

信息技术的发展并引入到制造技术，使制造技术产生了革命性的变化，出现了制造系统和制造科学。制造系统由物质流、能量流和信息流组成，物质流是本质，能量流是动力，信息流是控制；制造技术与系统论、方法论、信息论、控制论和协同论相结合就形成了新的制造学科。

制造技术的覆盖面极广，涉及到机械、电子、计算机、冶金、建筑、水利、电子、运载、农业以及化学、物理学、材料学、管理科学等领域。各个行业都需要制造业的支持，制造技术既有普遍性、基础性的一面，又有特殊性、专业性的一面，制造技术具有共性，又有个性。

我国的制造业涉及以下三方面的领域：

● 机械、电子制造业，包括机床、专用设备、交通运输工具、机械装备、电子通信设备、仪器等；

● 资源加工工业，包括石油化工、化学纤维、橡胶、塑料等；

● 轻纺工业，包括服装、纺织、皮革、印刷等。

目前世界先进制造技术沿着全球化、绿色化、高技术比、信息化、个性化和服务化、集群化六个方面发展，在加工技术上主要有超精密加工技术、纳米加工技术、数控加工技术、极限加工技术、绿色加工技术等，在制造模式上主要有自动化、集成化、柔性化、敏捷化、虚拟化、网络化、智能化、协作化和绿色化等。

二、图书交流源远流长

近年来，国际间的交流与合作对制造业领域的发展、技术进步及重大关键技术的突破起到了积极的促进作用，制造业科技人员需要及时了解国外相关技术领域的最新发展状况、成果取得情况及先进技术应用情况等。

必须看到，我国制造业与工业发达国家相比，仍存在较大差距。因此必须加强原始创新，在实践中继承和创新，学习国外的先进制造技术和经验，提高自主创新能力，形成自己的创新体系。

　　国家、地区间的学术、技术交流已有很长的历史，可以追溯到唐朝甚至更远一些，唐玄奘去印度取经可以说是一段典型的图书交流佳话。图书资料是一种传统、永恒、有效的学术、技术交流载体，早在20世纪初期，我国清代学者严复就翻译了英国学者赫胥黎所著的《天演论》，其后学者周建人翻译了英国学者达尔文所著的《物种起源》，对我国自然科学的发展起到了很大的推动作用。

　　图书是一种信息载体，图书是一个海洋，虽然现在已有网络、光盘、计算机等信息传输和储存手段，但图书更具有广泛性、适应性、系统性、持久性和经济性，看书总比在计算机上看资料更方便，不同层次的要求可以参考不同层次的图书，不同职业的人员可以参考不同类型的技术图书，同时它具有比较长期的参考价值和收藏价值。当然，技术图书的交流具有时间上的滞后性，不够及时，翻译的质量也是个关键问题，需要及时、快速、高质量的出版工作支持。

　　机械工业出版社希望能够在先进制造技术的引进、消化、吸收、创新方面为广大读者作出贡献，为我国的制造业科技人员引进、纳新国外先进制造技术的出版资源，翻译出版国际上优秀的制造业先进技术著作，从而能够提升我国制造业的自主创新能力，引导和推进科研与实践水平不断进步。

三、选择严谨质高面广

　　1) 精品重点高质　本套丛书作为我社的精品重点书，在内容、编辑、装帧设计等方面追求高质量，力求为读者奉献一套高品质的丛书。

　　2) 专家选译把关　本套丛书的选书、翻译工作均由国内相关专业的专家、教授、工程技术人员承担，充分保证了内容的先进性、适用性和翻译质量。

　　3) 引纳地区广泛　主要从制造业比较发达的国家引进一系列先进制造技术图书，组成一套"国际机械工程先进技术译丛"。当然其他国家的优秀制造科技图书也在选择之内。

　　4) 内容先进丰富　在内容上应具有先进性、经典性、广泛性，应能代表相关专业的技术前沿，对生产实践有较强的指导、借鉴作用。本套丛书尽量涵盖制造业各行业，例如机械、材料、能源等，既包括对传统技术的改进，又包括新的设计方法、制造工艺等技术。

　　5) 读者层次面广　面对的读者对象主要是制造业企业、科研院所的专家、研究人员和工程技术人员，高等院校的教师和学生，可以按照不同层次和水平要求各取所需。

四、衷心感谢不吝指教

　　首先要感谢许多积极热心支持出版"国际机械工程先进技术译丛"的专家学者，积极推荐国外相关优秀图书，仔细评审外文原版书，推荐评审和翻译的知名专家，特别要感谢承担翻译工作的译者，对各位专家学者所付出的辛勤劳动表示深切敬意，同时要感谢国外各家出版社版权工作人员的热心支持。

　　本套丛书希望能对广大读者的工作提供切实的帮助，欢迎广大读者不吝指教，提出宝贵意见和建议。

机械工业出版社

前　言

　　本书第 1 卷的主要目的是为读者提供普通的和相对简单应用条件下的球和滚子轴承使用、设计和性能方面的信息。这样的应用条件一般包括：轴或轴承外圈以低-中速旋转；静止作用的简单径向或推力载荷；轴承安装不引起轴与轴承外圈轴线的倾斜；润滑适当。这些应用条件一般都包含在轴承制造商提供的样本中。样本中的信息对使用制造商的产品来说是足够的，但它们始终带有经验性质，很少提供所使用的计算公式的几何和物理证据。第 1 卷中不仅包含了很多样本中所用公式的相关数学推导，而且提供了对不同制造商生产的不同类型的滚动轴承进行工程比较的方法。

　　然而，在很多现代轴承的应用中包含高速机械运转；径向、轴向和力矩联合作用的重载荷；高温或低温以及其他的极端环境。要使滚动轴承在这样的环境下正常运行并保证适当的寿命，就必须对轴承性能进行比本书第 1 卷提供的方法和公式更为复杂的工程分析，而这就是本卷的目的。

　　与早先的版本相比，第 5 版介绍了最新的、更精确的关于计算滚动接触摩擦切应力以及它们对性能和寿命影响的信息，还包括与轴承滚动和滑动相关的所有应力对疲劳寿命影响的计算方法。这些应力包含由作用载荷、轴承安装、套圈速度、材料处理和颗粒污染引起的应力。

　　坦率地说，本书题材的广度仅靠两个作者的专长是难以达到的。所以，在本书的准备过程中采用了球和滚子轴承技术领域很多专家提供的信息。在此，我们要特别感谢以下人士所做的贡献：

Neal DesRuisseaux	轴承振动与噪声
John I. McCool	轴承统计分析
Frank R. Morrison	轴承实验
Joseph M. Perez	润滑剂
John R. Rumierz	润滑剂与材料
Donald R. Wensing	轴承材料

　　最后，《滚动轴承分析》自 1967 年首次出版以来，到现在已经发展到第 5 版。我们努力保持所介绍的内容是最新的和有用的。我们希望读者将会发现第 5 版与早先的版本同样实用。

Tedric A. Harris

Michael N. Kotzalas

作者简介

Tedric A. Harris 毕业于宾夕法尼亚州立大学机械工程专业，1953 年获理学学士学位，1954 年获理学硕士学位，毕业之后进入联合飞机公司汉弥尔顿标准部担任实验开发工程师，后来进入威斯丁豪斯电子公司贝迪原子能实验室担任分析设计工程师。1960 年加入位于宾夕法尼亚州费城的 SKF 工业公司，担任主管工程师。在 SKF 期间，在几个关键的管理岗位上任过职：分析服务经理；公用数据系统主任；特种轴承部总经理；产品技术与质量副总裁；SKF 摩擦学网站总裁；MRC 轴承（全美）工程与研究副总裁；位于瑞典哥得堡 SKF 总部的集团信息系统主任以及位于荷兰的工程与研究中心执行主任等。1991 年从 SKF 退休后被聘为宾夕法尼亚州立大学机械工程教授，在大学里讲授机械设计与摩擦学课程，并从事滚动接触摩擦学领域的研究，直到 2001 年再次退休。近年来，还担任工程应用顾问和机械工程兼职教授，在大学的继续教育活动中为工程师们讲授轴承技术课程。

发表过 67 部技术著作，其中大部分是关于滚动轴承的。1965 年和 1968 年，获摩擦与润滑工程师协会的杰出技术论文奖，2001 年获美国机械工程师协会（ASME）摩擦学分会杰出技术论文奖，2002 年获 ASME 的杰出研究奖。

积极参与许多技术组织的活动，包括抗摩轴承制造商协会（即现在的 ABMA），ASME 摩擦学分会和 ASME 润滑研究委员会，1973 年被选为 ASME 的资深会员，还担任过 ASME 摩擦学分会以及摩擦学分会提名和监督委员会的主席，拥有三项美国专利。

Michael N. Kotzalas 毕业于宾夕法尼亚州立大学，1994 年获得理学学士学位，1997 年获理学硕士学位，1999 年获得哲学博士学位，三个学位都是机械工程专业。这期间，学习和研究的重点是滚动轴承性能分析，包括高加速度条件下球和圆柱滚子轴承的动力学模拟，以及保养条件下轴承的剥落过程实验与模拟算法。

毕业后进入 Timken 公司从事研究与开发，最近在工业轴承部门工作，现在负责为工业轴承客户提供先进产品设计与应用方面的支持，更重要的是从事新产品和分析算法开发。为了写这本书，获得了两项圆柱滚子轴承设计专利。

工作之外，还参与工业协会的活动，作为美国机械工程师协会（ASME）会员，现在担任出版委员会主席，滚动轴承技术委员会委员；同时担任摩擦与润滑工程师协会（STLE）奖励委员会委员。已在专业权威杂志和一次会议论文集中发表过 10 篇论文，为此，2001 年获 ASME 摩擦学分会最佳论文奖；2003 年和 2006 年获 STLE 的霍德森奖。此外，还参与美国轴承制造商协会（ABMA）的工作，是短期讲座"轴承技术的高等概念"的讲课教师。

译 者 序

新中国成立后，特别是改革开放以来，中国轴承工业取得了令世人瞩目的飞速发展，滚动轴承技术领域已经形成了设计、应用、材料、工艺和实验的完整的研究开发体系，从事滚动轴承技术开发的人员也越来越多。为了满足应用领域日新月异的多元化要求以及更好地应对国际、国内日趋激烈的市场竞争，广大技术人员越来越迫切地感到需要掌握更多、更全面的滚动轴承理论和技术方面的知识，出版《滚动轴承分析》中文版是一件很有意义的事情。

在过去的四十多年中，T. A. Harris 的《滚动轴承分析》已被公认为是滚动轴承技术领域的经典著作之一。该书涵盖了滚动轴承技术的各个方面，既有理论的深度，又有应用技术的广度。在20世纪90年代，洛阳轴承研究所曾将《滚动轴承分析》第3版作为对工程师进行培训的内部教材，取得了很好的效果。最新出版的该书第5版，不仅在内容上反映了滚动轴承理论和技术的最新发展，而且在篇幅上也增加较多，由过去的一卷变成了现在的两卷，即第1卷："轴承技术的基本概念"和第2卷："轴承技术的高等概念"。这样能更好地满足技术人员不同层次的需求。为了压缩篇幅，原书所有的例题和有关图表被放进了随书附带的光盘之中，为了方便读者，我们将它放进了译著中。

经作者的授权和机械工业出版社的委托，我有幸能够组织《滚动轴承分析》第5版的翻译工作。参加本书第2卷翻译的人员有：罗继伟（第1章、第3章），杨咸启（第7章、第8章），李济顺（第2章、第4章、第10章、第11章），罗天宇（第9章），马小梅（第5章、第6章）。原书光盘中例题的翻译大部分由罗天宇完成（第3章、第4章、第7章、第8章、第9章、第11章），其余由孙北奇（第5章）完成。光盘中图表的文字翻译全部由罗天宇完成。全书由罗继伟校对、统稿。

特别要提到的是，江苏通用钢球滚子有限公司总经理施祥贵先生和山东东阿钢球集团有限公司董事长申长印先生对本书的翻译工作给予了大力支持，并资助了部分经费。此外，刘耀中、葛世东、吴素琴和古文辉等同志也给予了热心帮助。在此，谨向他们表示衷心的感谢！

特别感谢美国 Timken 公司对本书中文版出版的大力资助（The Chinese edition is courtesy of The Timken Company TIMKEN Where You Turn）。

由于时间仓促以及译者的水平所限，译文中存在不当之处在所难免，欢迎广大读者批评指正，并与我们联系，以便在今后加以改进。

罗继伟

目 录

第1章 静载荷作用下轴承内部载荷分布：径向、轴向和力矩载荷联合作用及轴承套圈的柔性支承

符号表

符 号	定 义	单 位
A	滚道沟曲率中心之间的距离	mm
B	$f_i + f_o - 1$，总曲率	
c	滚子端部的凸度量，或滚道有效长度，或其他位置的凸度间隙	mm
C	影响系数	mm/N
D	球或滚子直径	mm
D_{ij}	计算非理想滚子与滚道接触变形的影响系数	
d_m	轴承节圆直径	mm
e	载荷偏心距	mm
E	弹性模量	MPa
f	r/D	
F	作用载荷	N
F_a	滚子端部与套圈挡边之间的滑动所产生的摩擦力	N
h	滚子推力力矩的力臂	mm
I	套圈横截面的惯性矩	mm^4
k	薄片数目	
K	载荷-位移系数；轴向载荷-位移系数	N/mm^n
l	滚子长度	mm
M	力矩	N·mm
n	载荷-位移指数	
P_d	径向游隙	mm
q	单位长度上的载荷	N/mm
Q	球或滚子-滚道法向载荷	N
Q_a	圆柱滚子轴承滚子端部与套圈挡边之间的载荷	N
Q_f	圆锥滚子轴承滚子端部与套圈挡边之间的载荷	N
r	滚道沟曲率半径	mm
r	圆锥滚子轴承滚道接触半径	mm
r_f	圆锥滚子轴承内圈轴线至滚子端面与挡边接触处的半径	mm
R_f	圆锥滚子轴线至滚子端面与挡边接触处的半径	mm
$\Re$	套圈中性轴半径	mm

$\Re$	滚道沟曲率中心轨迹半径	mm
s	内、外滚道沟曲率中心轨迹之间的距离	mm
u	套圈径向位移	mm
U	应变能	N·mm
Z	滚动体数目	
α	安装接触角	rad，（°）
$\alpha°$	自由接触角	rad，（°）
β	$\arctan \dfrac{l}{d_m - D}$	rad，（°）
γ	$(D\cos\alpha)/d_m$	
δ	位移或接触变形	mm
δ_1	内、外圈之的距离	mm
Δ	理想法向载荷产生的接触变形	mm
$\Delta\psi$	滚动体之间的角间距	rad，（°）
ζ	滚子倾斜角	rad，（°）
η	$\arctan(l/D)$	rad，（°）
θ	轴承倾斜角	rad，（°）
λ	薄片位置	
μ	滚子端面与套圈挡边之间的滑动摩擦系数	
σ	法向接触应力或压力	MPa
ξ	泊松比	
ξ	滚子歪斜角	rad，（°）

1.1　概述

在大多数轴承应用中，可以仅仅考虑径向载荷，轴向载荷或是径向与轴向联合载荷。然而，当有很重的载荷作用或是为了使质量最小化而采用空心轴时，安装在轴承上的轴就会发生弯曲，从而在轴承上产生一个不容忽视的力矩载荷。此外，出于尺寸和质量最小化的设计目标，轴承箱可能是非刚性的，它也会产生弯曲并伴随力矩载荷。在这样的径向、轴向和力矩载荷联合作用下，轴承中滚动体的载荷分布将发生改变。与本书第 1 卷第 7 章中考虑的由简单载荷分布产生的运转参数相比，它们会引起轴承位移、接触应力和疲劳寿命的显著改变。

在圆柱和圆锥滚子轴承中，由于轴的弯曲而引起的力矩载荷将导致沿滚子与滚道单位接触长度上的非均匀载荷。轴承内圈与轴或是外圈与轴承座之间的不同轴也会在轴承中产生力矩载荷，并引起滚子与滚道单位接触长度上的非均匀载荷。这样滚子与滚道的最大接触应力将大于沿滚子长度均匀分布的接触应力。另外，当轴承套圈不同轴时，将在滚子上引起推力载荷并使滚子产生倾斜，这将进一步放大滚子与滚道接触应力的非均匀性。在本书第 1 卷第 11 章中会看到，疲劳寿命大约与接触应力的 9 次方成反比，因此滚子与滚道的非均匀接触载荷将大大降低轴承的耐久性。

在这一章中将会建立起考虑上述各个因素影响的确定滚动体载荷分布的方法。

1.2　径向、轴向和力矩载荷联合作用下的球轴承

当球受到载荷 Q 作用后，由于沟道曲率中心相对于所属的滚道是固定的，所以中心之间的距离将随着滚道之间的法向趋近量而变化。从图 1.1 可以看出

$$s = A + \delta_i + \delta_o \tag{1.1}$$

$$\delta_n = \delta_i + \delta_o = s - A \tag{1.2}$$

如果球轴承的所有球对称地分布在节圆上，并承受了径向、轴向和力矩载荷联合作用，则内、外滚道的相对位移可定义为

δ_a——相对轴向位移。

δ_r——相对径向位移。

θ——相对角位移。

这些相对位移如图 1.2 所示。

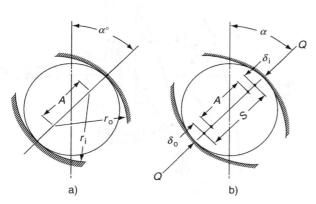

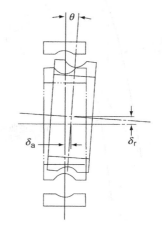

图 1.1　球-滚道接触

a）载荷作用前的球-滚道接触　b）载荷作用后的球-滚道接触

图 1.2　径向、轴向和力矩载荷联合作用下内圈的位移（外圈固定）

考虑载荷作用前的轴承，图 1.3 给出了内、外滚道沟曲率中心轨迹的位置。由图 1.4 可以确定内滚道沟曲率中心轨迹的半径为

$$\Re_i = \frac{d_m}{2} + \left(r_i - \frac{D}{2}\right)\cos\alpha^\circ \tag{1.3}$$

式中，α° 是由轴承内部游隙确定的自由接触角。由图 1.3 得

$$\Re_o = \Re_i - A\cos\alpha^\circ \tag{1.4}$$

$$\Re_i - \Re_o = A\cos\alpha^\circ \tag{1.5}$$

在图 1.3 中，ψ 是最大载荷滚动体与其他任意滚动体之间的夹角，由于对称，$0 \le \psi \le \pi$。

当载荷作用在轴承上时，如果认为轴承外圈在空间上是固定的，则内圈将出现位移，而内圈沟曲率中心轨迹也将产生位移，如图 1.5 所示。在任意滚动体位置 ψ 处，内、外沟曲率中心之间的距离 s 可由图 1.5 确定：

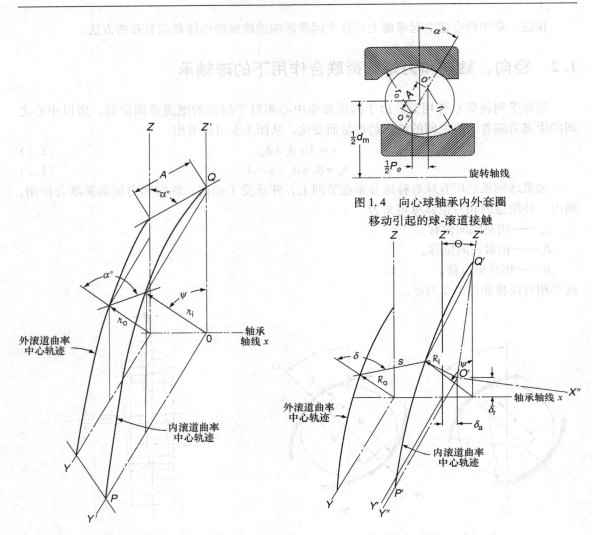

图 1.4　向心球轴承内外套圈
移动引起的球-滚道接触

图 1.3　载荷作用前沟曲率中心的轨迹

(摘自 Jones A. ,Analysis of Stress and Deflections)

图 1.5　位移后沟曲率中心的轨迹

(摘自 Jones A. ,Analysis of Stress and Deflections)

$$s = \left[\left(A\sin\alpha^\circ + \delta_a + \Re_i\theta\cos\psi \right)^2 + \left(A\cos\alpha^\circ + \delta_r\cos\psi \right)^2 \right]^{\frac{1}{2}} \tag{1.6}$$

或

$$s = A\left[\left(\sin\alpha^\circ + \overline{\delta}_a + \Re_i\overline{\theta}\cos\psi \right)^2 + \left(\cos\alpha^\circ + \overline{\delta}_r\cos\psi \right)^2 \right]^{\frac{1}{2}} \tag{1.7}$$

式中

$$\overline{\delta}_a = \frac{\delta_a}{A} \tag{1.8}$$

$$\overline{\delta}_r = \frac{\delta_r}{A} \tag{1.9}$$

$$\overline{\theta} = \frac{\theta}{A} \tag{1.10}$$

将式(1.7)代入式(1.2),得

$$\delta_n = A\left\{\left[\left(\sin\alpha^\circ + \overline{\delta}_a + \Re_i\overline{\theta}\cos\psi\right)^2 + \left(\cos\alpha^\circ + \overline{\delta}_r\cos\psi\right)^2\right]^{\frac{1}{2}} - 1\right\} \tag{1.11}$$

本书第1卷第7章给出了滚动体-滚道接触的载荷-位移关系：

$$Q = K_n\delta^n \tag{1.12}$$

式(1.12)中，对球轴承，$n = 3/2$，对滚子轴承，$n = 10/9$。将式(1.11)代入式(1.12)，并利用前一个指数，得

$$Q = K_nA^{1.5}\left\{\left[\left(\sin\alpha^\circ + \overline{\delta}_a + \Re_i\overline{\theta}\cos\psi\right)^2 + \left(\cos\alpha^\circ + \overline{\delta}_r\cos\psi\right)^2\right]^{\frac{1}{2}} - 1\right\}^{1.5} \tag{1.13}$$

在任意方位角 ψ 处，工作接触角 α 可以被确定为

$$\sin\alpha = \frac{\sin\alpha^\circ + \overline{\delta}_a + \Re_i\overline{\theta}\cos\psi}{\left[\left(\sin\alpha^\circ + \overline{\delta}_a + \Re_i\overline{\theta}\cos\psi\right)^2 + \left(\cos\alpha^\circ + \overline{\delta}_r\cos\psi\right)^2\right]^{\frac{1}{2}}} \tag{1.14}$$

或

$$\cos\alpha = \frac{\cos\alpha^\circ + \overline{\delta}_r\cos\psi}{\left[\left(\sin\alpha^\circ + \overline{\delta}_a + \Re_i\overline{\theta}\cos\psi\right)^2 + \left(\cos\alpha^\circ + \overline{\delta}_r\cos\psi\right)^2\right]^{\frac{1}{2}}} \tag{1.15}$$

式(1.12)给出了沿接触角作用于滚道上的法向载荷，该法向载荷可以分解为如下的轴向和径向分量：

$$Q_a = Q\sin\alpha \tag{1.16}$$

$$Q_r = Q\cos\psi\cos\alpha \tag{1.17}$$

如果作用于轴承上的径向和轴向载荷分别是 F_r 和 F_a，则静力平衡方程为

$$F_a = \sum_{\psi=0}^{\psi=\pm\pi} Q_\psi\sin\alpha \tag{1.18}$$

$$F_r = \sum_{\psi=0}^{\psi=\pm\pi} Q_\psi\cos\psi\cos\alpha \tag{1.19}$$

此外，每一个推力分量将对 Y 轴产生一个力矩：

$$M_\psi = \frac{d_m}{2}Q_\psi\cos\psi\sin\alpha \tag{1.20}$$

为了静力平衡，对 Y 轴作用的力矩 M 必须等于每个滚动体对 Y 轴的力矩之和(在载荷对称的情况下，滚动体的推力分量对 Z 轴的力矩是自平衡的)：

$$M = \frac{d_m}{2}\sum_{\psi=0}^{\psi=\pm\pi} Q_\psi\cos\psi\sin\alpha \tag{1.21}$$

将式(1.13)，式(1.14)，式(1.15)和式(1.18)，式(1.19)，式(1.21)结合，得到

$$F_a - K_nA^{1.5}\sum_{\psi=0}^{\psi=\pm\pi} \frac{\left\{\left[\left(\sin\alpha^\circ + \overline{\delta}_a + \Re_i\overline{\theta}\cos\psi\right)^2 + \left(\cos\alpha^\circ + \overline{\delta}_r\cos\psi\right)^2\right]^{\frac{1}{2}} - 1\right\}^{1.5}\left(\sin\alpha^\circ + \overline{\delta}_a + \Re_i\overline{\theta}\cos\psi\right)}{\left[\left(\sin\alpha^\circ + \overline{\delta}_a + \Re_i\overline{\theta}\cos\psi\right)^2 + \left(\cos\alpha^\circ + \overline{\delta}_r\cos\psi\right)^2\right]^{\frac{1}{2}}} = 0$$

$$\tag{1.22}$$

$$F_r - K_nA^{1.5}\sum_{\psi=0}^{\psi=\pm\pi} \frac{\left\{\left[\left(\sin\alpha^\circ + \overline{\delta}_a + \Re_i\overline{\theta}\cos\psi\right)^2 + \left(\cos\alpha^\circ + \overline{\delta}_r\cos\psi\right)^2\right]^{\frac{1}{2}} - 1\right\}^{1.5}\left(\cos\alpha^\circ + \overline{\delta}_r\cos\psi\right)\cos\psi}{\left[\left(\sin\alpha^\circ + \overline{\delta}_a + \Re_i\overline{\theta}\cos\psi\right)^2 + \left(\cos\alpha^\circ + \overline{\delta}_r\cos\psi\right)^2\right]^{\frac{1}{2}}} = 0$$

$$\tag{1.23}$$

$$M-\frac{d_{\mathrm{m}}}{2}K_{\mathrm{n}}A^{1.5}\sum_{\psi=0}^{\psi=\pm\pi}\frac{\{[(\sin\alpha^{\circ}+\bar{\delta}_{\mathrm{a}}+\Re_{\mathrm{i}}\bar{\theta}\cos\psi)^{2}+(\cos\alpha^{\circ}+\bar{\delta}_{\mathrm{r}}\cos\psi)^{2}]^{\frac{1}{2}}-1\}^{1.5}(\sin\alpha^{\circ}+\bar{\delta}_{\mathrm{a}}+\Re_{\mathrm{i}}\bar{\theta}\cos\psi)\cos\psi}{[(\sin\alpha^{\circ}+\bar{\delta}_{\mathrm{a}}+\Re_{\mathrm{i}}\bar{\theta}\cos\psi)^{2}+(\cos\alpha^{\circ}+\bar{\delta}_{\mathrm{r}}\cos\psi)^{2}]^{\frac{1}{2}}}=0$$

$$(1.24)$$

以上方程是由 Jones[1] 建立的。

式（1.22）至式（1.24）是以 δ_{a}、δ_{r} 和 θ 为未知量的联立非线性方程组，它们可以用数值方法，例如 Newton-Raphson 法进行求解。一旦获得 δ_{a}、δ_{r} 和 θ 的值，在 $\psi=0$ 处利用式（1.13）可以得到球的最大载荷为

$$Q_{\max}=K_{\mathrm{n}}A^{1.5}\{[(\sin\alpha^{\circ}+\bar{\delta}_{\mathrm{a}}+\Re_{\mathrm{i}}\bar{\theta})^{2}+(\cos\alpha^{\circ}+\bar{\delta}_{\mathrm{r}})^{2}]^{\frac{1}{2}}-1\}^{1.5}\qquad(1.25)$$

求解上述方程通常必须使用数值计算机。

1.3 不同轴的向心滚子轴承

尽管圆柱滚子轴承和圆锥滚子轴承可以承受由于不同轴而引起的轻微的力矩载荷，但这也是不希望出现的。图1.6表明了不同轴的不同类型。球面滚子轴承从设计上就不能承受力矩载荷，所以这里不讨论这类轴承。图1.7表明了圆柱滚子轴承内圈相对于外圈产生倾斜的情况。

在分析之前，假定任何滚子-滚道接触在平行于轴承径向平面内都可以划分为一定数量的"切片"或薄片。同时还假定，由于接触变形很小，可以忽略切片之间的切应力（仅仅考虑接触变形）。

1.3.1 变形分量

当径向载荷作用在不同轴的圆柱滚子轴承上时，在凸度滚子-滚道接触的每一个切片上，其变形由三个分量组成：①由径向载荷在方位为 j 的滚子处产生的变形 Δ_{j}；②由于滚子凸度在第 λ 切片上产生的变形 c_{λ}；③由于轴承不同轴和滚子倾斜在方位为 j 的滚子处产生的变形。图1.8中为这些分量的示意图。

由径向载荷产生的分量是单一的接触变形分量，这已在本书第1卷第7章中用简化的分析方法做了介绍。这里需要做进一步的说明。

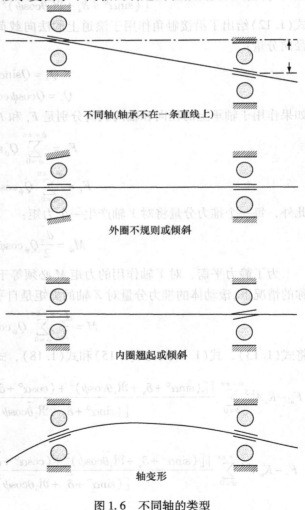

不同轴（轴承不在一条直线上）

外圈不规则或倾斜

内圈翘起或倾斜

轴变形

图1.6 不同轴的类型

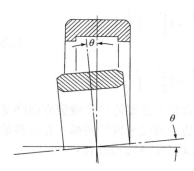

图 1.7　圆柱滚子轴承套圈的倾斜

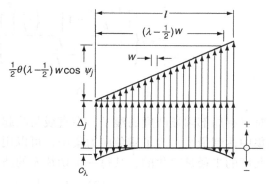

图 1.8　由径向载荷、倾斜和凸度产生
的滚子-滚道接触变形分量

　　前面已经提到，滚子和滚道的凸度是用来避免产生导致滚动元件过早疲劳失效的边缘载荷。凸度可以以不同的形式实现，最简单的形式是图 1.9 中的完全圆弧凸形。在大多数球面滚子轴承中，滚子的全圆弧凸形既可以是对称形状（腰鼓形），也可以是非对称形状。在后一种情况下，凸度是从滚子长度的中点开始度量的。如图 1.10 所示，完全凸形也可应用于滚道。在圆锥滚子轴承中，内滚道和外滚道通常都带有凸度，而滚子没有凸度。

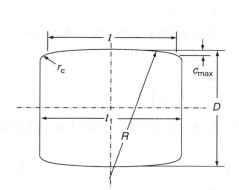

图 1.9　具有完全圆弧凸形的圆柱滚子示意图

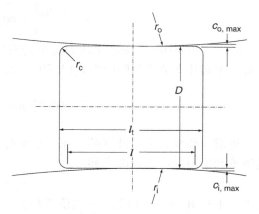

图 1.10　直素线圆柱滚子与具有全圆弧
凸形的内、外滚道接触示意图

　　大多数圆柱滚子轴承采用的滚子只在滚子轮廓的一部分带有凸度，而其余部分仍然为圆柱面（这部分轮廓有时候被称为平直段或直线段）。图 1.11 中是带有局部凸度的圆柱滚子。

　　从图 1.8 可以看出，对某一选定的切片，其凸起量或凸度间隙 c_λ 是做为负变形对待的，即在 c_λ 被径向或是倾斜变形抵消以前，滚子与滚道在该切片处是不会产生载荷的。对于有着圆弧凸形的滚子，无论是完全凸起还是局部凸起，都可以根据滚子和凸度的大小由式（1.26）来确定 c_λ，其中 $1 \leqslant \lambda \leqslant k$：

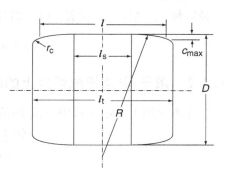

图 1.11　带有局部凸度的圆柱滚子示意图

$$c_\lambda = \begin{cases} c_{\max}\left\{ \dfrac{\left[\dfrac{2\lambda-1}{k}-1\right]^2 - \left(\dfrac{l_s}{l}\right)^2}{1-\dfrac{l_s}{l}} \right\} & \left[\dfrac{2\lambda-1}{k}-1\right]^2 - \left(\dfrac{l_s}{l}\right)^2 > 0 \\ \\ 0 & \left[\dfrac{2\lambda-1}{k}-1\right]^2 - \left(\dfrac{l_s}{l}\right)^2 \leqslant 0 \end{cases} \tag{1.26}$$

对于有局部圆弧凸度的滚子，在直线与凸起部分的结合部有必要使导致疲劳寿命降低的应力集中达到最小。为了避免应力集中，可以用与直线相切的曲线来取代圆弧。在这种情况下，凸度的半径是变化的，其每一个切片 k 的凸度间隙可以用式(1.27)计算：

$$c_\lambda = \begin{cases} c_{\max}\left\{ \dfrac{\left|\,\left|\dfrac{2\lambda-1}{k}-1\right| - \dfrac{l_s}{l}\,\right|^2}{1-\dfrac{l_s}{l}} \right\} & \left|\dfrac{2\lambda-1}{k}-1\right| - \dfrac{l_s}{l} > 0 \\ \\ 0 & \left|\dfrac{2\lambda-1}{k}-1\right| - \dfrac{l_s}{l} \leqslant 0 \end{cases} \tag{1.27}$$

为了使边缘载荷最小，Lundberg 和 Sjövall[2] 设计了一种有着对数曲线轮廓的全凸滚子，其每一个切片 k 的凸度间隙可以用式(1.28)计算：

$$c_\lambda = 0.2\ln\left[\frac{1}{1.0067 - \left(\dfrac{2\lambda-1}{k}-1\right)^2}\right] \tag{1.28}$$

随后，Reussner[3] 提出了认为是更为有效的另一种对数曲线凸形。对于 Reussner 凸形，其每一个切片 k 的凸度间隙由式(1.29)给出：

$$c_\lambda = 2\times10^{-4}\sum\rho w^2 k^2 \ln\left[\frac{1}{1-\left(\dfrac{2\lambda-1}{k}-1\right)^6}\right] \tag{1.29}$$

将滚子凸度和滚道凸度结合在一起是有可能的，在这种情况下每一切片 k 的凸度间隙应是滚子和滚道的凸度间隙之和

$$c_\lambda = c_{R\lambda} + c_{m\lambda} \tag{1.30}$$

式中，下标 R 与滚子相关，m 与滚道相关(m = i 或 m = o)。

对于如图 1.7 所示的轴承的倾角 θ，在方位角为 ψ_j 的滚子处，其有效倾斜角为 $\pm 1/2\theta\cos\psi_j$，在 $0 \leqslant \psi_j \leqslant \pi/2$ 范围内取加号，在 $\pi/2 \leqslant \psi_j \leqslant \pi$ 范围内取减号(假设载荷关于 $0 - \pi$ 直径对称)。这样，在位置 j 和 λ 切片处，滚子-滚道总的变形为

$$\delta_{\lambda j} = \Delta_j \pm \frac{\theta}{2}\left(\lambda - \frac{1}{2}\right)w\cos\psi_j - c_\lambda \tag{1.31}$$

1.3.2 滚子-滚道接触切片上的载荷

在本书第 1 卷第 6 章中对滚子-滚道接触的载荷变形关系给出了以下公式：

$$\delta = \frac{2Q(1-\xi^2)}{\pi E l}\ln\left[\frac{\pi E l^2}{Q(1-\xi^2)(1\mp\gamma)}\right] \tag{1.32}$$

$$\delta = 3.84\times10^{-5}\frac{Q^{0.9}}{l^{0.8}} \tag{1.33}$$

式(1.32)是 Lundberg 和 Sjövall[2]对理想线接触建立的，式中 $\gamma = D\cos\alpha/d_{\mathrm{m}}$，$E$ 是弹性模量，ξ 是泊松比。式(1.32)是由 Palmgren[4]在凸度滚子与滚道接触的试验数据基础上建立的经验公式。而单个切片接触的载荷-变形特征也可以用另外的方程来描述，它将是一个超越方程的解。如果这样来应用它，将使力和力矩的平衡方程变得非常复杂。考虑将接触区域划分为 k 个切片，每个切片的宽度为 w，接触长度就是 kw。令 $q = Q/l$，则式(1.33)变成：

$$\delta = 3.84 \times 10^{-5} q^{0.9} (kw)^{0.1} \tag{1.34}$$

将式(1.34)重新排列，则得到 q：

$$q = \frac{\delta^{1.11}}{1.24 \times 10^{-5} (kw)^{0.11}} \tag{1.35}$$

式(1.35)没有考虑边缘应力，由于仅是在非常小的区域内计算，它们对精度的影响很小，因此在考虑载荷平衡时可以忽略。将式(1.31)代入式(1.35)，得

$$q_{\lambda j} = \frac{\left[\Delta_j \pm \dfrac{\theta}{2} \left(\lambda - \dfrac{1}{2} \right) w\cos\psi_j - c_\lambda \right]^{1.11}}{1.24 \times 10^{-5} (k_j w)^{0.11}} \tag{1.36}$$

接触区域内的所有切片是否受到载荷作用取决于载荷和倾斜的大小，在式(1.36)中 k_j 是第 j 个滚子受载切片的数目。总的滚子载荷为

$$Q_j = \frac{w^{0.89}}{1.24 \times 10^{-5} k_j^{0.11}} \sum_{\lambda=1}^{\lambda=k_j} \left[\Delta_j \pm \frac{1}{2}\theta \left(\lambda - \frac{1}{2} \right) w\cos\psi_j - c_\lambda \right]^{1.11} \tag{1.37}$$

1.3.3 静力平衡方程

为了确定每个滚子的载荷，必须要满足静力平衡方程。对于给定的作用载荷，

$$\frac{F_{\mathrm{r}}}{2} - \sum_{j=1}^{j=\frac{Z}{2}+1} \tau_j Q_j \cos\psi_j = 0 \quad \tau_j = 0.5 ; \quad \psi_j = 0, \ \pi$$
$$\tau_j = 1 ; \quad \psi_j \neq 0, \ \pi \tag{1.38}$$

将式(1.37)代入式(1.38)，得

$$\frac{0.62 \times 10^{-5} F_{\mathrm{r}}}{w^{0.89}} - \sum_{j=1}^{j=\frac{Z}{2}+1} \frac{\tau_j \cos\psi_j}{k_j^{0.11}} \sum_{\lambda=1}^{\lambda=k_j} \left[\Delta_j \pm \frac{1}{2}\theta \left(\lambda - \frac{1}{2} \right) w\cos\psi_j - c_\lambda \right]^{1.11} = 0 \tag{1.39}$$

对作用在同一平面内的倾覆力矩载荷，应满足的平衡条件为

$$\frac{M}{2} - \sum_{j=1}^{j=\frac{Z}{2}+1} \tau_j Q_j e_j \cos\psi_j = 0 \quad \tau_j = 0.5 ; \quad \psi_j = 0, \ \pi$$
$$\tau_j = 1 ; \quad \psi_j \neq 0, \ \pi \tag{1.40}$$

式中，e_j 是滚子每个位置上载荷的偏心距。图 1.12 中表明了 e_j，它由式(1.41)给出：

$$e_j = \frac{\displaystyle\sum_{\lambda=1}^{\lambda=k_j} q_{\lambda j} \left(\lambda - \frac{1}{2} \right) w}{\displaystyle\sum_{\lambda=1}^{\lambda=k_j} q_{\lambda j}} - \frac{l}{2} \quad j = 3, \ \frac{Z}{2}+3 \tag{1.41}$$

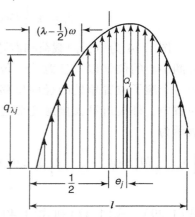

图 1.12　表明载荷偏心距的倾斜
凸度滚子的载荷分布

这样，式(1.40)则变成

$$\frac{0.62 \times 10^{-5} M}{w^{0.89}} - \sum_{j=1}^{j=\frac{Z}{2}+1} \frac{\tau_j \cos\psi_j}{k_j^{0.11}}$$

$$\times \left\{ \sum_{\lambda=1}^{\lambda=k_j} \left[\Delta_j \pm \frac{\theta}{2}\left(\lambda - \frac{1}{2}\right) w\cos\psi_j - c_j \right]^{1.11} \left(\lambda - \frac{1}{2}\right) w - \frac{l}{2} \sum_{\lambda=1}^{\lambda=k_j} \left[\Delta_j \pm \frac{\theta}{2}\left(\lambda - \frac{1}{2}\right) w\cos\psi_j - c_\lambda \right]^{1.11} \right\}$$

$$= 0 \tag{1.42}$$

1.3.4 位移方程

下面要建立径向位移关系。这里首先要确定由于倾斜和径向载荷引起的套圈的相对径向移动。为了说明前者，图1.13给出了内圈-滚子组合相对于外圈转动的示意图，从中可以看出，半个滚子的包容角为

$$\beta = \arctan \frac{l}{d_m - D} \tag{1.43}$$

及

$$\sin\beta = \frac{l}{[(d_m - D)^2 + l^2]^{\frac{1}{2}}} \tag{1.44}$$

由于倾斜引起的滚子与外圈之间的最大干涉量为

$$\delta_\theta = R\cos(\beta - \theta_j) - R\cos\beta \tag{1.45}$$

式中

$$R = 0.5 \times [(d_m - D)^2 + l^2]^{\frac{1}{2}} \tag{1.46}$$

在推导式(1.45)和式(1.46)时，发现凸度的影响是可以忽略的。

利用三角公式，式(1.46)可进一步展开为

$$\delta_\theta = R(\cos\beta\cos\theta_j + \sin\beta\sin\theta_j - \cos\beta) \tag{1.47}$$

由于 θ_j 很小，$\cos\theta_j \to 1$，$\sin\theta_j \to \theta_j$，更有 $\theta_j = \pm\theta\cos\psi_j$，$\sin\beta = l/(2R)$，因此，

$$\delta_\theta = \pm \frac{1}{2} l\theta\cos\psi_j \tag{1.48}$$

图1.14为由径向载荷和游隙引起的内圈中心相对于外圈中心的位移以及任意滚子位置的相对径向移动。在每一个滚子位置角处的径向位移之和减去游隙就等于该位置内、外滚道最大接触变形之和。这种关系可用公式表示为

$$\left[\delta_r \pm \frac{1}{2}l\theta\right]\cos\psi_j - \frac{P_d}{2} - 2\left[\Delta_j \pm \theta\left(\lambda - \frac{1}{2}\right)w\cos\psi_j - c_\lambda\right]_{\max} = 0 \tag{1.49}$$

式(1.39)，式(1.42)和式(1.49)构成了一组 $Z/2 + 3$ 阶非线性联立方程组，可以用数值分析方法从中解出 δ_r、θ

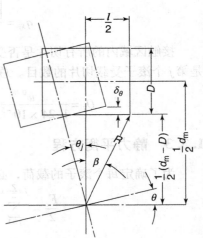

图1.13 滚子-内圈组合转动与外圈形成干涉的示意图

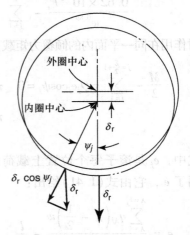

图1.14 由径向载荷引起的套圈中心位移及相对径向移动

和 Δ_j。然后，对每个滚子分别利用式(1.36)和式(1.37)，确定滚子单位长度的载荷和滚子
总的载荷。

利用上述数值计算方法，Harris[5]分析了有着下列尺寸和载荷的 309 圆柱滚子轴承：

滚子数目/个	12	滚子直径/mm	14
滚子有效长度/mm	12.6	轴承节圆直径/mm	72.39
滚子直线段长度/mm	4.78，7.77，12.6	作用径向载荷/N	31 600
滚子凸度半径/mm	1 245		

对这些条件，图 1.15 给出了有着理想凸型滚子($l_s = 12.6\,\mathrm{mm}$)和全凸滚子($l_s = 0$)轴承中
各个滚子的载荷。

图 1.16 表明了滚子凸度和倾斜对轴承径向位移的影响。

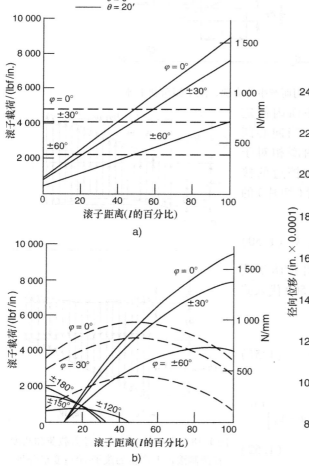

图 1.15　309 圆柱滚子轴承轴向和圆周
位置的滚子载荷

a) 理想凸度滚子　b) 全凸滚子

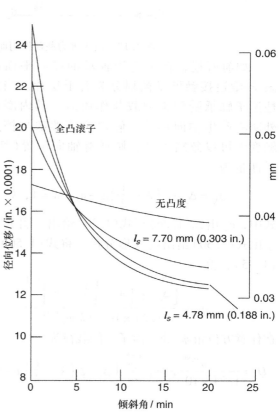

图 1.16　承受 31 600N 径向载荷的 309 圆柱
滚子轴承，滚子位移与倾斜和凸度的关系

1.4 向心圆柱滚子轴承的推力载荷

当向心圆柱滚子轴承在内圈和外圈上都有固定挡边时,它在承受径向载荷的同时还能承受一定的推力载荷。径向载荷的值越大,能承受的推力载荷也越大。正如 Harris[6]在图 1.17 中表明的,推力载荷将使每个滚子产生一个量为 ζ_j 的倾角。

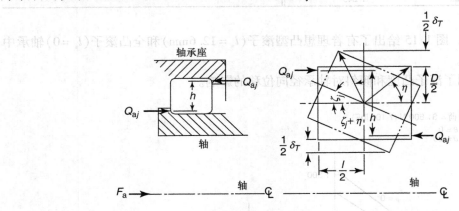

图 1.17　由于推力载荷作用而产生的力偶、滚子倾角和干涉

如前所述,在平行于轴承的径向平面内假定滚子-滚道接触可以被划分为若干切片。当向心圆柱滚子轴承受到推力载荷作用后,其内圈相对于外圈将产生轴向移动。假定滚子端部与挡边的接触变形可以忽略不计,则任意轴向位置(切片)的干涉量为

$$\delta_{\lambda j} = \Delta_j + \zeta_j \left(\lambda - \frac{1}{2} \right) w - c_\lambda, \quad \lambda = 1, \ k_j \quad (1.50)$$

式中,c_λ 由式(1.26)至式(1.30)给出。图 1.18 表明了由式(1.50)给出的变形分量。将式(1.50)代入式(1.35),得

$$q_{\lambda j} = \frac{\left[\Delta_j + \zeta_j \left(\lambda - \frac{1}{2} \right) w - c_\lambda \right]^{1.11}}{1.24 \times 10^{-5} (k_j w)^{0.11}} \quad (1.51)$$

在任意方位角 ψ_j 处,滚子总的载荷为

$$Q_j = \frac{w^{0.89}}{1.24 \times 10^{-5} k_j^{0.11}} \sum_{\lambda=1}^{\lambda=k_j} \left[\Delta_j + \zeta_j \left(\lambda - \frac{1}{2} \right) w - c_\lambda \right]^{1.11} \quad (1.52)$$

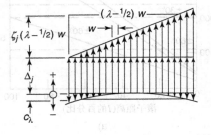

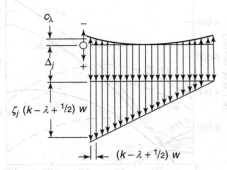

图 1.18　由于径向载荷、推力载荷和凸度在两侧滚道上产生的滚子-滚道变形分量

1.4.1 平衡方程

为了确定滚子载荷,必须满足静力平衡方程。对于径向作用载荷,有

$$\frac{F_r}{2} - \sum_{j=1}^{j=\frac{Z}{2}+1} \tau_j Q_j \cos\psi_j = 0 \quad \tau_j = 0.5; \quad \psi_j = 0, \pi$$

$$\tau_j = 1; \quad \psi_j \neq 0, \pi \tag{1.53}$$

将式(1.52)代入式(1.53)，得

$$\frac{0.62 \times 10^{-5} F_r}{w^{0.89}} - \sum_{j=1}^{j=\frac{Z}{2}+1} \frac{\tau_j \cos\psi_j}{k_j^{0.11}} \sum_{\lambda=1}^{\lambda=k_j} \left[\Delta_j + \zeta_j \left(\lambda - \frac{1}{2} \right) w - c_\lambda \right]^{1.11} = 0 \tag{1.54}$$

对于中心推力载荷，应满足的平衡方程为

$$\frac{F_a}{2} - \sum_{j=1}^{j=\frac{Z}{2}+1} \tau_j Q_{aj} = 0 \tag{1.55}$$

在每一个滚子位置，推力力偶由倾斜的推力载荷分布引起的径向载荷力偶平衡，即 $hQ_{aj} = 2Q_j e_j$，这样便有

$$\frac{F_a}{2} - \frac{2}{h} \sum_{j=1}^{j=\frac{Z}{2}+1} \tau_j Q_j e_j = 0 \quad \tau_j = 0.5; \quad \psi_j = 0, \pi$$

$$\tau_j = 1; \quad \psi_j \neq 0, \pi \tag{1.56}$$

式中，e_j 是在图 1.12 中表明的载荷的偏心距，它被定义为

$$e_j = \frac{\sum\limits_{\lambda=1}^{\lambda=k_j} q_{\lambda j} \left(\lambda - \frac{1}{2} \right) w}{\sum\limits_{\lambda=1}^{\lambda=k_j} q_{\lambda j}} - \frac{l}{2} \tag{1.57}$$

将式(1.52)和式(1.57)代入式(1.56)，得

$$\frac{0.31 \times 10^{-5} F_a}{w^{0.89}} - \sum_{j=1}^{j=\frac{Z}{2}+1} \frac{\tau_j}{k_j^{0.11}}$$

$$\times \left\{ \sum_{\lambda=1}^{\lambda=k_j} \left[\Delta_j \pm \zeta_j \left(\lambda - \frac{1}{2} \right) w - c_\lambda \right]^{1.11} \left(\lambda - \frac{1}{2} \right) w - \frac{l}{2} \sum_{\lambda=1}^{\lambda=k_j} \left[\Delta_j \pm \zeta_j \left(\lambda - \frac{1}{2} \right) w - c_\lambda \right]^{1.11} \right\} = 0$$

$$\tau_j = 0.5; \quad \psi_j = 0, \pi$$

$$\tau_j = 1; \quad \psi_j \neq 0, \pi \tag{1.58}$$

1.4.2 位移方程

为了建立径向位移关系，必须确定由推力载荷以及由径向载荷引起的轴承套圈的相对径向移动。图 1.17 给出的推力载荷下的滚子-套圈组合示意图将有助于推导这种关系。根据该图，滚子角定义为

$$\tan\eta = \frac{D}{l} \tag{1.59}$$

滚子与两个套圈之间的最大径向干涉量为

$$\delta_j = D \left[\frac{\sin(\zeta_j + \eta)}{\sin\mu} - 1 \right] \tag{1.60}$$

在上式推导中，忽略了凸度的影响。将式(1.60)按照三角公式展开，并注意到 ζ_j 是一个小量以及 $l = D\cot\eta$，得

$$\delta_{tj} = l\zeta_j \tag{1.61}$$

虽然 δ_{tj} 是滚子倾斜引起的径向变形，但滚子倾斜引起的轴向变形也可以相似地表示为

$$\delta_{aj} = D\zeta_j \tag{1.62}$$

因此，由轴向位移引起的径向干涉为

$$\delta_{ra} = \delta_a \frac{l}{D} \tag{1.63}$$

在每一个滚子方位角处的内、外套圈的相对径向移动之和减去径向游隙等于该处内、外滚道之间的最大接触变形，即：

$$\delta_a \frac{l}{D} + \delta_r \cos\psi_j - \frac{P_d}{2} - 2\left[\Delta_j + \zeta_j\left(\lambda - \frac{1}{2}\right)w - c_\lambda\right]_{max} = 0 \tag{1.64}$$

联立求解由式(1.54)，式(1.58)和式(1.64)构成的方程组，可以获得 ζ_j、Δ_j、δ_r 和 δ_a。然后，每个滚子方位角处的滚子单位长度上的载荷变量 q 以及滚子载荷 Q 可以分别利用式(1.51)和式(1.52)来确定。每个滚子的轴向载荷可由下式确定：

$$Q_j = \frac{w^{0.89}}{3.84 \times 10^{-5}k_j^{0.11}h}$$

$$\times \left\{\sum_{\lambda=1}^{\lambda=k_j}\left[\Delta_j + \zeta_j\left(\lambda - \frac{1}{2}\right)w - c_\lambda\right]^{1.11}\left(\lambda - \frac{1}{2}\right)w - \frac{l}{2}\sum_{\lambda=1}^{\lambda=k_j}\left[\Delta_j + \zeta_j\left(\lambda - \frac{1}{2}\right)w - c_\lambda\right]^{1.11}\right\} \tag{1.65}$$

1.4.3 由于歪斜引起的滚子-滚道变形

当滚子承受如图 1.17 所示的轴向载荷时，由于滚子端部和套圈挡边之间的滑动运动，会产生摩擦力：$F_{aj} = \mu Q_{aj}$，式中 μ 是摩擦系数。在倾斜的轴承中，承受载荷的滚子在一端会受到挤压，并给对应的挡边施加一个载荷 Q_{aj}，由此在滚子端部产生摩擦力 F_{aj}。滚子主要是绕自身轴线做滚动运动，此外由于 F_{aj} 的存在，它将产生一个力矩，并使滚子产生偏转或是歪斜，从而引起次生倾斜。这种倾斜和歪斜运动发生在通过滚子轴线的正交平面内。外滚道的凹曲率会阻止滚子发生歪斜，这种阻力和伴随的变形将改变滚子与内、外滚道接触的载荷分布。图 1.19 表明了发生在径向和推力载荷作用下的滚子上的这些力的情况。图 1.19 中的摩擦应力 $\sigma_{s1j\lambda}$ 和 $\sigma_{s2j\lambda}$ 还不足以对滚子与内、外滚道单位长度上的法向载荷 $q_{1j\lambda}$ 和 $q_{2j\lambda}$ 产生重要影响。

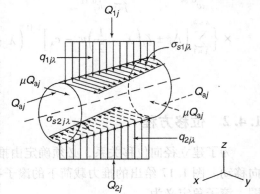

图 1.19   径向载荷和推力载荷下滚子的法向力和摩擦力

图 1.20 表明了滚子歪斜角 ξ_j 和相应的滚子与外滚道的载荷。Harris 等人[7]表明，起因于歪斜的滚子与滚道的接触变形可以表示为

$$\delta_{mj\lambda} = \Delta_{mj} + w\left(\lambda - \frac{1}{2}\right)\xi_j + \phi_{mj\lambda} - c_\lambda \qquad (1.66)$$

式中，角标 $m=1$ 和 $m=2$ 分别对应于外滚道和内滚道接触，而由
歪斜产生的变形 $\phi_{mj\lambda}$ 为

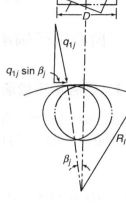

$$\phi_{1j\lambda} = \frac{\left(\dfrac{k}{2} - \left|\lambda - \dfrac{1}{2}(k+1)\right|\right)w}{d_m + D}\xi_j^2 \qquad (1.67)$$

$$\phi_{2j\lambda} = \frac{\left[\left|\lambda - \dfrac{1}{2}(k+1)\right|w\right]^2}{d_m + D}\xi_j^2 \qquad (1.68)$$

进一步可以发现，式(1.64)可以变成

$$\delta_a\frac{l}{D} + \delta_r\cos\psi_j - \frac{P_d}{2} - (\delta_{1mj,\max} + \delta_{2mj,\max}) = 0 \qquad (1.69)$$

由于出现了未知变量 ξ_j 和取代了 Δ_j 的 Δ_{mj}，必须建立附加的平衡
方程。根据滚子的径向载荷平衡条件，得

图 1.20 滚子歪斜角 ξ_j 和
回复力的滚子-外滚道接触

$$\sum_{m=1}^{m=2} Q_{mj} = w\sum_{m=1}^{m=2}\sum_{\lambda=1}^{\lambda=k} q_{mj\lambda} = 0 \qquad (1.70)$$

参看图 1.20 并考虑滚子歪斜平面内的力矩平衡，得

$$lF_{aj} + \sum_{m=1}^{m=2}\sum_{\lambda=1}^{\lambda=k} w^2\left[\lambda - \frac{1}{2}(k+1)\right]\sigma_{mj\lambda} - \sum_{m=1}^{m=2}\sum_{\lambda=1}^{\lambda=k} w^2\left[\lambda - \frac{1}{2}(k+1)\right]q_{mj\lambda}\sin\beta_j = 0 \quad (1.71)$$

当 $\beta_j \to 0$ 时，$\sin\beta_j \to \beta_j$，则

$$\sin\beta_j = \frac{2w}{d_m + D}\left[\lambda - \frac{1}{2}(k+1)\right]\xi_j \qquad (1.72)$$

上面已经提到，摩擦应力 $\sigma_{s1j\lambda}$ 和 $\sigma_{s2j\lambda}$ 对滚子-滚道的法向载荷不会产生重要影响，这也意味
着由它们产生的摩擦力矩载荷与图 1.20 中的的回复力 $q_{1j}\sin\beta_j$ 和滚子端部-挡边摩擦力引起
的力矩相比是相当小的。因此将式(1.72)代入式(1.71)，得

$$lF_{aj} - \frac{2w^3\xi_j}{d_m + D}\sum_{m=1}^{m=2}\sum_{\lambda=1}^{\lambda=k}\left[\lambda - \frac{1}{2}(k+1)\right]^2 q_{mj\lambda} = 0 \qquad (1.73)$$

考虑到滚子径向载荷产生的接触变形对每个滚子-滚道接触是不同的，因此轴承平衡方程
(1.54)和式(1.58)必须相应地改变：

$$\frac{0.62\times10^{-5}F_r}{w^{0.89}} - \sum_{j=1}^{j=\frac{Z}{2}+1}\frac{\tau_j\cos\psi_j}{k_{2j}^{0.11}}\sum_{\lambda=1}^{\lambda=k_j}\left[\Delta_{2j} + \zeta_j\left(\lambda - \frac{1}{2}\right)w + \phi_{2j\lambda} - c_\lambda\right]^{1.11} = 0 \qquad (1.74)$$

和

$$\frac{0.31\times10^{-5}F_a}{w^{0.89}} - \sum_{j=1}^{j=\frac{Z}{2}+1}\frac{\tau_j}{k_j^{0.11}}\times\left\{\sum_{\lambda=1}^{\lambda=k}\left[\Delta_{2j} + \zeta_j\left(\lambda - \frac{1}{2}\right)w + \phi_{2j\lambda} - c_\lambda\right]^{1.11}w\left(\lambda - \frac{1}{2}\right)\right.$$
$$\left. - \frac{l}{2}\sum_{\lambda=1}^{\lambda=k}\left[\Delta_{2j} + \zeta_j\left(\lambda - \frac{1}{2}\right)w + \phi_{2j\lambda} - c_\lambda\right]^{1.11}\right\} = 0 \qquad (1.75)$$

式(1.56)、式(1.69)、式(1.70)以及式(1.73)至式(1.75)构成了一组非线性联立方程组，
从中可以解出 Δ_{mj}、ζ_j、ξ_j、δ_r 和 δ_a，同时还能确定滚子-滚道载荷 Q_j 和滚子端部-挡边载

荷 Q_{aj}。

用上述方程确定的歪斜角严格上只适用于完全互补的轴承和没有引导挡边的轴承。对于有着强化材料的刚性保持架轴承，歪斜角会受到滚子和保持架兜孔之间间隙的限制。而对于有引导挡边的轴承，歪斜会受到滚子端面和引导挡边之间轴向游隙的限制。一般情况下，后一种情形比较常见，如果容许一定程度的歪斜，以上分析还是适用的。

1.5　向心滚子轴承的径向、推力和力矩载荷

1.5.1　圆柱滚子轴承

向心圆柱滚子轴承有可能承受广义的组合载荷。为了应用前面定义的载荷平衡方程，在滚子-滚道接触的任意切片上，干涉值应由下式计算：

$$\delta_{mj\lambda} = \Delta_{mj} + w\left(\lambda - \frac{1}{2}\right)\left(\nu_m\zeta_j \pm \frac{1}{2}\theta\cos\psi_j\right) + \phi_{mj\lambda} - c_\lambda \tag{1.76}$$

式中，角标 $m=1$ 对应于外滚道，$m=2$ 对应于内滚道。系数 $\nu_1 = -1$，$\nu_2 = +1$。单位长度上的接触载荷为

$$q_{mj\lambda} = \frac{\left[\Delta_{mj} + w\left(\lambda - \frac{1}{2}\right)\left(\nu_m\zeta_j \pm \frac{1}{2}\theta\cos\psi_j\right) + \phi_{mj\lambda} - c_\lambda\right]^{1.11}}{1.24 \times 10^{-5}(k_j w)^{0.11}} \tag{1.77}$$

1.5.2　圆锥滚子轴承

对于圆锥滚子轴承可以建立相似的方程。正如本书第1卷第5章中提到的，在所有作用载荷的条件下，都会产生滚子端部-挡边载荷，因而轴承的平衡方程也必须相应地加以改变。图1.21表明了轴承中圆锥滚子的几何关系和载荷状况。

在图1.21中定义下列尺寸：

r_2 径向平面内从内圈旋转轴到内滚道接触中心的半径；

r_{fi} 径向平面内从内圈旋转轴到滚子端面-内挡边接触中心的半径；

r_{fx} 轴向平面内 x 方向上从内滚道接触中心到滚子端面-内挡边接触中心的距离。

滚子的载荷平衡方程是

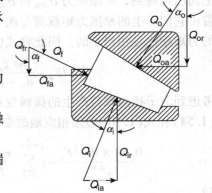

图1.21　圆锥滚子轴承中的滚子载荷

$$w\sum_{m=1}^{m=2} c_m\cos\alpha_m \sum_{\lambda=1}^{\lambda=k} q_{mj\lambda} - Q_{fj}\cos\alpha_f = 0 \tag{1.78}$$

$$w\sum_{m=1}^{m=2} c_m\sin\alpha_m \sum_{\lambda=1}^{\lambda=k} q_{mj\lambda} + Q_{fj}\sin\alpha_f = 0 \tag{1.79}$$

在式(1.78)和式(1.79)中，系数 $c_1 = -1$，$c_2 = +1$。径向平面内滚子的力矩平衡方程是

$$w^2 \sum_{m=1}^{m=2} \sum_{\lambda=1}^{\lambda=k} q_{mj\lambda} \left[\lambda - \frac{1}{2}(k+1) \right] - R_f Q_{fj} = 0 \tag{1.80}$$

式中，R_f 是滚子旋转轴到滚子端面-挡边接触中心的半径。与滚子歪斜关联的起动和抵抗力矩的平衡方程是

$$\frac{1}{2} l \mu Q_{fj} - \frac{w^3 \xi_j}{d_m + D} \sum_{m=1}^{m=2} \sum_{\lambda=1}^{\lambda=k} q_{mj\lambda} \left[\lambda - \frac{1}{2}(k+1) \right]^2 q_{mj\lambda} = 0 \tag{1.81}$$

关于轴承内圈的力和力矩平衡方程是：

$$F_r - w \sum_{j=1}^{j=Z} \cos\psi_j \left[\sum_{\lambda=1}^{\lambda=k} q_{2j\lambda} \cos\alpha_2 - Q_{fj} \cos\alpha_f \right] = 0 \tag{1.82}$$

$$F_a - w \sum_{j=1}^{j=Z} \left[\sum_{\lambda=1}^{\lambda=k} q_{2j\lambda} \sin\alpha_2 - Q_{fj} \sin\alpha_f \right] = 0 \tag{1.83}$$

$$M - w \sum_{j=1}^{j=Z} \cos\psi_j \left[\sum_{\lambda=1}^{\lambda=k} q_{2j\lambda} r_2 \cos\alpha_2 - Q_{fj}(r_{fz}\sin\alpha_f - r_{fx}\cos\alpha_f) \right] = 0 \tag{1.84}$$

在方程中，下角标 2 对应于内滚道。

1.5.3 球面滚子轴承

球面滚子轴承具有内部自动调心性质，因此它不能承受力矩载荷。此外，在中、低速条件下滚子只会产生轻微的离心力、陀螺力矩和摩擦力（参看第 2 章和第 3 章），可以认为球面滚子轴承中的滚子不产生倾斜。此时采用与本书第 1 卷第 7 章提出的相似的分析方法可以获得精确的结果。对于有着非对称轮廓滚子的球面滚子轴承（例如推力球面滚子轴承），滚子倾斜以及因此而产生的歪斜是不能消除的。在这种情况下为了便于分析，可以将球面滚子轴承视为具有全凸型滚子的特殊类型的圆锥滚子轴承。这样就可以应用 1.5.2 节提出的分析方法。

1.6 滚子-滚道非理想线接触的应力

现实中，滚子与滚道的接触很少是理想线接触，而没有相互作用的一系列孤立的切片也是不存在的。上面使用的切片法对于确定接触区内的载荷分布以及在滚子端部断面与其他设计轮廓过度的很小区域内的应力来说是足够的。但是，由于轴承的疲劳寿命是次表面接触应力的函数因而也是表面接触应力的函数，所以用切片法来估算接触应力分布还是不够充分。因此，分析接触应力的更有效的方法通常要在确定了轴承载荷分布之后才能完成。

从 Thmas 和 Hoersch[8] 开始，一些学者已经在非理想 Hertz 接触求解上取得了进展。利用本书第 1 卷的式(6.7)、式(6.9)、式(6.10)、式(6.13)和式(6.14)中的应力函数，Hartnet[9] 提出了弹性半空间表面 (x', y') 点的法向接触压力和 (x, y) 点变形之间的关系：

$$w(x, y) = \left(\frac{1 - \xi^2}{\pi E} \right) \frac{p(x', y')}{\sqrt{(x - x')^2 + (y - y')^2}} \tag{1.85}$$

将接触表面沿 y 轴划分为 $2g$ 等份，沿 x 轴划分为 $2c$ 等份，形成若干小的矩形片，每一片的中心为一个节点，假定每一片上的压力为常数。对式(1.85)进行积分，可以确定节点 i 处的接触压力对节点 j 的变形的影响。这个积分被定义为影响系数 D_{ij}，它的结果为

$$D_{ij} = (\,|\,x_i - x_j\,|\, + c)\ln\left[\frac{(\,|\,y_i - y_j\,|\, + g) + \sqrt{(\,|\,y_i - y_j\,|\, + g)^2 + (\,|\,x_i - x_j\,|\, + c)^2}}{(\,|\,y_i - y_j\,|\, - g) + \sqrt{(\,|\,y_i - y_j\,|\, - g)^2 + (\,|\,x_i - x_j\,|\, + c)^2}}\right]$$

$$+ (\,|\,y_i - y_j\,|\, + g)\ln\left[\frac{(\,|\,x_i - x_j\,|\, + c) + \sqrt{(\,|\,y_i - y_j\,|\, + g)^2 + (\,|\,x_i - x_j\,|\, + c)^2}}{(\,|\,x_i - x_j\,|\, - c) + \sqrt{(\,|\,y_i - y_j\,|\, + g)^2 + (\,|\,x_i - x_j\,|\, - c)^2}}\right]$$

$$+ (\,|\,x_i - x_j\,|\, - c)\ln\left[\frac{(\,|\,y_i - y_j\,|\, - g) + \sqrt{(\,|\,y_i - y_j\,|\, - g)^2 + (\,|\,x_i - x_j\,|\, - c)^2}}{(\,|\,y_i - y_j\,|\, + g) + \sqrt{(\,|\,y_i - y_j\,|\, + g)^2 + (\,|\,x_i - x_j\,|\, - c)^2}}\right]$$

$$+ (\,|\,y_i - y_j\,|\, - g)\ln\left[\frac{(\,|\,x_i - x_j\,|\, - c) + \sqrt{(\,|\,y_i - y_j\,|\, - g)^2 + (\,|\,x_i - x_j\,|\, - c)^2}}{(\,|\,x_i - x_j\,|\, + c) + \sqrt{(\,|\,y_i - y_j\,|\, - g)^2 + (\,|\,x_i - x_j\,|\, + c)^2}}\right]$$

$$\tag{1.86}$$

利用这个影响系数，两个接触体的接触变形与趋近量 δ 的关系为

$$\left(\delta - z_j - \frac{y^2}{2}\rho_y\right) - \left(\frac{1 - \xi_1^2}{\pi E_1} + \frac{1 - \xi_2^2}{\pi E_2}\right)\sum_{i=1}^{i=n} D_{ij}\sigma_j = 0 \tag{1.87}$$

式中 z_j 是 j 点到物体最高点(由于有凸度)的纵坐标，当计算值小于 0 时，$\langle \delta - z_j - (y^2/2)\rho_y \rangle = 0$。最终，由于接触载荷与接触区内压力积分的平衡，得

$$Q - 4gc\sum_{j=1}^{j=n}\sigma_j = 0 \tag{1.88}$$

通过改变 δ 的值，式(1.86)和式(1.87)可以用来计算非理想接触压力，直至在可以接受的误差范围内式(1.88)得到满足为止。

1.7　柔性支承的滚动轴承

1.7.1　套圈变形

前面讨论的轴承滚动体载荷分布属于有着刚性套圈支承的轴承。这样的轴承假定是由无限大刚度的轴承座和刚性材料制成的实心轴来支承的。在确定载荷分布时，考虑的位移就是接触变形。这个假设为大多数轴承应用提供了很好的近似处理方法。

然而，在某些向心轴承应用中，轴承外圈仅仅在一个或是两个方位角位置有支承，而支承内圈的轴可能是空心的。图 1.22 和 1.23 表示的是行星齿轮动力传动系统中的行星齿轮轴承上外圈两点支承的情况，Jones 和 Harris[10] 已对此进行了分析。在某些轧机应用中，托辊轴承可能只在外圈的一点或是两点上有支承，如图 1.24 所示。Harris[11] 对此状况进行了分析。在某些高速向心轴承中，为了防止打滑，需要采用椭圆滚道对滚动体施加预负荷，以达到轻载条件下套圈上至少有两点受载。Harris 和 Broschard[12] 对柔性外圈和椭圆内圈的情况进行了分析。在上述各种应用中，必须考虑外圈的柔性才能对滚动体载荷进行正确分析。

图 1.22　行星齿轮轴承

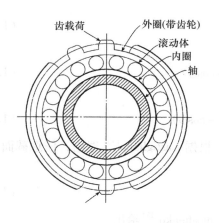

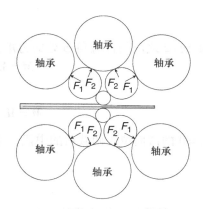

图 1.23　行星齿轮轴承轮齿载荷　　　　　图 1.24　轧辊组合中的托绳轴承载荷

　　在很多飞行器应用中，为了减轻重力，动力传动轴都做成空心的。在这些情况下内圈的变形将使载荷分布不同于仅仅考虑接触变形的情况。

　　当轴承的一个或是两个套圈为柔性时，为了确定滚动体中的载荷分布，必须确定承载套圈圆周各点的变形。这个分析可以用经典能量法求解薄壁圆环来完成。

　　作为该分析方法的一个例子，考虑薄壁圆环上等间距角处作用了相同大小载荷（见图 1.25）的情况，根据 Timoshenko[13] 的文献，描述薄壁环件相对圆心的弯曲径向位移 u 的微分方程为

$$\frac{\mathrm{d}^2 u}{\mathrm{d}\phi^2} + u = -\frac{M}{EI}\Re^2 \tag{1.89}$$

式中，I 是截面弯曲惯性矩，E 是弹性模量。可以表明，式（1.89）的完备解由通解和特解构成。通解是

$$u_{\mathrm{c}} = C_1 \sin\phi + C_2 \cos\phi \tag{1.90}$$

式中，C_1 和 C_2 是任意常数。

　　考虑将环在两个位置截断：一端在载荷作用位置，$\phi = \Delta\psi/2$；另一端在两个载荷的中点，$\phi = 0$。截留段的载荷应保持平衡，如图 1.26 所示。从图 1.26 可以看到，由于水平力是平衡的，故

$$Q = 2F_0 \sin\phi \tag{1.91}$$

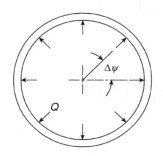

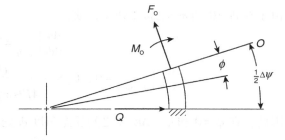

图 1.25　等间距等载荷作用的薄壁圆环　　　图 1.26　$0 \leqslant \phi \leqslant \Delta\psi/2$ 的薄壁环截面载荷

或

$$F_0 = \frac{Q}{2\sin\phi} \tag{1.92}$$

在 0 和 $\Delta\psi/2$ 之间的任意角 ϕ 处的力矩为

$$M = M_0 - F_0 \Re(1 - \cos\phi) \tag{1.93}$$

或

$$M = M_0 - \frac{Q}{2\sin\phi} \Re(1 - \cos\phi) \tag{1.94}$$

由于 $\phi = 0$ 的截面位于两载荷的中段，不可能转动，根据 Castigliano[13] 理论，任意截面的转角是

$$\theta = \frac{\partial U}{\partial M} \tag{1.95}$$

式中，U 是载荷作用位置梁的应变能。对于曲梁，Timoshenko[13] 给出

$$U = \int_0^\phi \frac{M^2}{2EI} \Re d\phi \tag{1.96}$$

在 $\phi = 0$，$M = M_0$，而且该截面不转动时，

$$\frac{\partial U}{\partial M_0} = 0 = \Re \frac{1}{EI} \int_0^{\frac{1}{2}\Delta\psi} M \frac{\partial M}{\partial M_0} d\phi \tag{1.97}$$

将式(1.94)代入式(1.97)并积分，得

$$M_0 = \frac{Q}{2} \left[\frac{1}{\sin\left(\frac{\Delta\psi}{2}\right)} - \frac{2}{\Delta\psi} \right] \Re \tag{1.98}$$

因此

$$M = \frac{Q}{2} \left[\frac{\cos\phi}{\sin\left(\frac{\Delta\psi}{2}\right)} - \frac{2}{\Delta\psi} \right] \Re \tag{1.99}$$

用式(1.99)取代式(1.89)中的 M 便得到特解

$$u_p = \frac{Q}{2EI} \left[\frac{\phi\cos\phi}{2\sin\left(\frac{\Delta\psi}{2}\right)} - \frac{1}{\Delta\psi} \right] \Re^3 \tag{1.100}$$

完备解是

$$u = u_c + u_p = C_1\sin\phi + C_2\cos\phi + \frac{Q\Re}{2EI} \left[\frac{\phi\cos\phi}{2\sin\left(\frac{\Delta\psi}{2}\right)} - \frac{1}{\Delta\psi} \right] \tag{1.101}$$

由于在 $\phi = 0$ 和 $\phi = \Delta\psi/2$ 处无转动，

$$\frac{du}{d\phi}\bigg|_{\phi=0} = 0, \quad C_1 = 0$$

$$\frac{du}{d\phi}\bigg|_{\phi=\Delta\psi/2} = 0, \quad C_2 = -\frac{Q}{4EI\sin\left(\frac{\Delta\psi}{2}\right)} \left[\frac{1}{2}\Delta\psi\cot\left(\frac{\Delta\psi}{2}\right) + 1 \right] \Re^3$$

因此，在 $\phi = 0$ 和 $\phi = \Delta\psi/2$ 之间任意角度 ϕ 处的径向位移为

$$u = \frac{Q}{2EI} \left\{ \frac{2}{\Delta\psi} - \left[\frac{\Delta\psi\cos\left(\frac{\Delta\psi}{2}\right)}{4\sin^4\left(\frac{\Delta\psi}{2}\right)} + \frac{1}{2\sin\left(\frac{\Delta\psi}{2}\right)} \right]\cos\phi - \frac{\phi\sin\phi}{2\sin\left(\frac{\Delta\psi}{2}\right)} \right\} \Re^3 \tag{1.102}$$

式(1.102)可以表示为另一种形式：

$$u = C_\phi Q \tag{1.103}$$

式中，C_ϕ 是取决于位置角和套圈尺寸的影响系数：

$$C_\phi = \frac{1}{2EI}\left\{\frac{2}{\Delta\psi} - \left[\frac{\Delta\psi\cos\left(\frac{\Delta\psi}{2}\right)}{4\sin^4\left(\frac{\Delta\psi}{2}\right)} + \frac{1}{2\sin\left(\frac{\Delta\psi}{2}\right)}\right]\cos\phi - \frac{\phi\sin\phi}{2\sin\left(\frac{\Delta\psi}{2}\right)}\right\}\Re^3 \tag{1.104}$$

Lutz[14]采用与上述内容相似的方法建立了薄壁环件不同点载荷
状态下的影响系数。为了便于应用，这些系数被表示成无穷级
数的形式。

如图 1.27 所示，当相等的载荷关于直径对称地作用于薄
壁圆环上时，径向位移由下式确定：

$$_Q u_i = {_Q C_{ij}} Q \tag{1.105}$$

式中

$$_Q C_{ij} = \mp \frac{2}{\pi EI}\Re^3 \sum_{m=2}^{m=\infty} \frac{\cos m\psi_j \cos m\psi_i}{(m^2-1)^2} \tag{1.106}$$

在式(1.106)中负号用于内部载荷，正号用于外部载荷。式
(1.105)确定了由位置角 ψ_j 处的载荷 Q_j 在位置角 ψ_i 处产生的
径向位移。当滚动体载荷 Q_j 使套圈在载荷作用方向产生刚体移动 δ_1 时，式(1.105)的解不
是自我完备的。但是该方向的平衡方程可以与式(1.105)进行联立求解，以确定这个平移。
参照图 1.28，合适的平衡方程是

图 1.27　相等载荷关于直径
对称作用的薄壁圆环

$$F_r\cos\psi_i - Q_j\cos\psi_j = 0 \tag{1.107}$$

在图 1.23 所示的行星齿轮轴承应用中，在 $\psi = 90°$ 位置，齿轮轮齿载荷可以分解为切向力、
径向力和力矩载荷(见图 1.29)。由切向力 F_t 在角 ψ_j 处产生的套圈径向位移为

$$_t u_i = {_t C_i} F_t \tag{1.108}$$

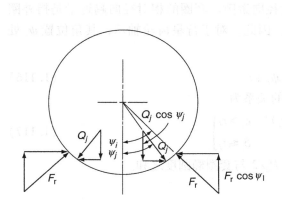

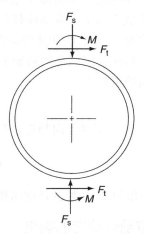

图 1.28　薄壁圆环中力的平衡　　　　　　图 1.29　外圈上轮齿载荷的分解

式中

$$_tC_i = \frac{2}{\pi EI}\Re^3 \sum_{m=2}^{m=\infty} \frac{\cos\left(\frac{m\pi}{2}\right)\cos m\psi_i}{m(m^2-1)^2} \tag{1.109}$$

式(1.108)不是自我完备的,因此必须用一个合适的平衡方程来确定套圈的刚体移动。

分离的一对力 F_s 是自平衡的,因而不会使套圈产生刚体移动。角 ψ_i 处的径向位移为

$$_su_i = {_sC_iF_s} \tag{1.110}$$

式中

$$_sC_i = \frac{2}{\pi EI}\Re^3 \sum_{m=2}^{m=\infty} \frac{\cos\left(\frac{m\pi}{2}\right)\cos m\psi_i}{(m^2-1)^2} \tag{1.111}$$

注意,式(1.111)是式(1.106)的特例,这里 ψ_j 是 90°,而 Q_j 是外部载荷。

相似地,在 $\psi = 90°$ 作用的力矩载荷也是自平衡的,它产生的径向位移为

$$_Mu_i = {_MC_iM} \tag{1.112}$$

式中

$$_MC_i = \frac{2}{\pi EI}\Re^2 \sum_{m=2}^{m=\infty} \frac{\sin\left(\frac{m\pi}{2}\right)\cos m\psi_i}{m(m^2-1)^2} \tag{1.113}$$

为了确定外载荷和反力共同作用下任意角位置处套圈的径向位移,可应用迭加原理。因此,对行星齿轮轴承,任意角位置处的径向位移是各个独立载荷引起的径向位移之和,即

$$u_i = {_su_i} + {_Mu_i} + {_tu_i} + {_{Q_j}u_i} \tag{1.114}$$

或

$$u_i = {_sC_iF_s} + {_MC_iM} + {_tC_iF_t} + \sum_Q C_{ij}Q_j \tag{1.115}$$

1.7.2　滚动体对套圈的相对径向趋近量

只有在外圈的位移消除了滚动体角位置处的径向游隙之后,滚动体才会传递载荷。而且,由于接触变形是由滚动体载荷引起的,如果不考虑接触变形就不可能确定套圈的位移。因此,角位置 ψ_j 处的滚动体载荷将取决于相对径向游隙。套圈的相对径向趋近量是指外圈中心相对于其在空间固定的初始中心的移动量。因此,对于行星齿轮轴承,其角位置 ψ_j 处的相对径向趋近量为

$$\delta_i = \delta_1\cos\psi_i + u_i \tag{1.116}$$

根据式(1.12),相对径向趋近量与滚动体载荷的关系为

$$Q_j = \begin{cases} K(\delta_j - r_j)^n & \delta_j > r_j \\ 0 & \delta_j \le r_j \end{cases} \tag{1.117}$$

式中,r_j 是角位置 ψ_j 处的径向游隙。这里 r_j 是 $P_d/2$ 与套圈椭圆度之和。

1.7.3　滚动体载荷的确定

以行星齿轮轴承为例,外圈的所有载荷示于图 1.30 中,该图还表明了套圈的刚性移动

δ_1。将式(1.115)至式(1.117)结合，得

$$\delta_i - \delta_1\cos\psi_i - {}_sC_iF_s - {}_MC_iM - {}_tC_iF_t - iK\sum_{j=2}^{j=\frac{Z}{2}+2} {}_QC_i(\delta_j - r_j)^n = 0$$
$$(1.118)$$

所需的平衡方程是

$$F_t - iK\sum_{j=2}^{j=\frac{Z}{2}+2} \tau_j(\delta_j - r_j)^n\cos\psi_j = 0 \qquad (1.119)$$

式(1.119)已考虑了关于平行于载荷的直径成对称的
关系。式中，当滚动体位于 $\psi_j = 0°$ 或 $\psi_j = 180°$ 时，
$\tau_j = 0.5$；否则 $\tau_j = 1$。

式(1.118)和式(1.119)构成了一组非线性联立
方程组，可以用数值方法进行求解，推荐采用 New-
ton-Raphson 法。

利用这些方法，可以解出每个滚动体位置的未知
量 δ_j 以及 Q_j。图1.31 给出了行星齿轮轴承典型的滚子载荷分布，并与作用了 $2F_t$ 径向载荷
的刚性套圈的结果做了比较。对图1.24 所示的承受单一线载荷 F_1 的托辊轴承，图1.32 比
较了柔性套圈和刚性套圈轴承的载荷分布。对图1.24 所示的承受了一对线载荷 F_2 的托辊轴
承，图1.33 给出了一组典型的滚子载荷分布。图1.34 来自文献［15］，它是对承受了相似
载荷轴承的光弹研究结果，该结果验证了图1.33 中的数据。

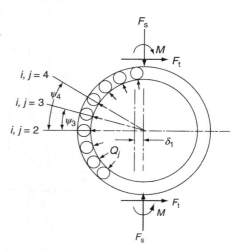

图1.30　行星齿轮轴承外圈上的所有载荷

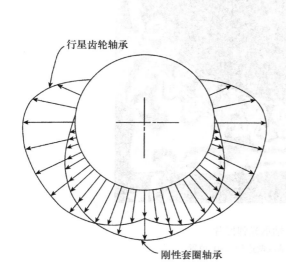

图1.31　刚性套圈轴承和行星齿轮
轴承载荷分布的比较

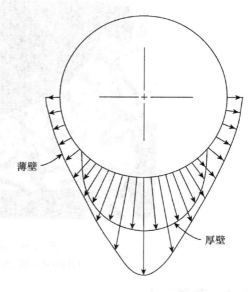

图1.32　点载荷薄壁和厚壁托辊(柔性套圈
和刚性套圈)轴承载荷分布的比较

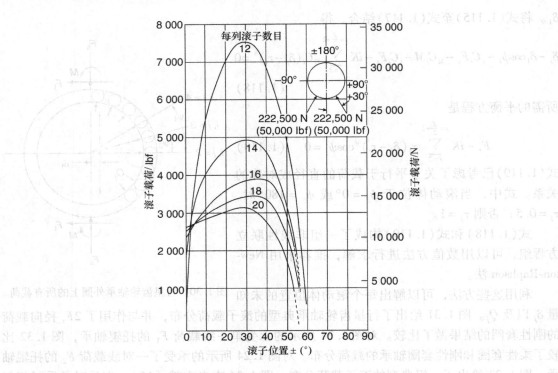

图 1.33　滚子载荷分布与滚子数目和位置的关系

在 ±30°作用载荷 222 500N，内圈尺寸不变，外圈壁厚随滚子数目增加，滚子直径也随之增加

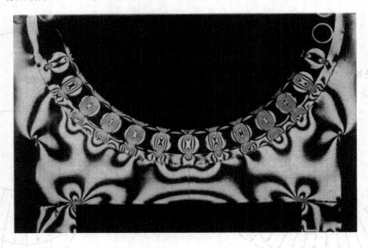

图 1.34　滚子轴承光弹照片

相同载荷作用于轴承轴线两边约 ±30°位置

1.7.4　有限元法

　　在前面的讨论中，为了确定套圈的位移，采用了闭合形式的积分解析法以及利用无穷级数计算的影响系数法，但对套圈的形状，无论是对圆周还是对横截面都进行了简化。对于更复杂的结构，可以用有限元法进行求解，解的精度取决于用来表示结构的网格的精细程度。

在有限元法中，一个函数，通常是多项式被用来唯一地定义单元的位移（以节点位移的形式）。单元刚度矩阵由单元的平衡方程得到，通过组装可以得到整个结构的刚度矩阵。引入边界条件后就可求解最终的矩阵方程并获得节点位移，而要精确求解柔性支承滚动轴承的位移和载荷分布必须使用数字计算机。图1.35来源于Zhao[16]，它表明了用于分析有着实心和空心滚子的柔性支座中的圆柱滚子轴承的网格系统，它的载荷分布与图1.34所表示的相似。

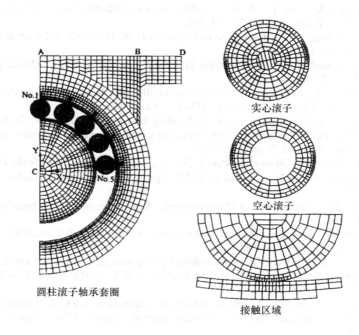

图1.35　有限元分析网格

Bourdon等人[17,18]提供了一种方法来定义标准有限元法中使用的刚度矩阵，可用于分析滚动轴承的载荷和位移以及关联结构的载荷和位移。对柔性结构和轴承支座系统，他们证明了考虑整个结构系统的重要性而不能仅仅考虑轴承邻近的局部系统。

1.8　结束语

本章提出的方法能够计算轴承应用中的内部载荷分布，这种计算已超出了按标准额定载荷考虑的由轴承制造商提供的样本中的内容。但是必须记住，这些方法仍然属于中、低速运转的轴承应用范围。在高速旋转下，球和滚子的惯性载荷（如离心力和陀螺力矩）将影响内部的载荷分布，同时也影响到轴承位移、摩擦力和摩擦力矩。在这一章中，关于速度对轴承性能影响的讨论仅限于确定以时间为单位的疲劳寿命。接下来的第3章将详细研究速度对整个轴承性能的影响。

参 考 文 献

[1] Jones, A., *Analysis of Stresses and Deflections*, New Departure Engineering Data, Bristol, CT, 1946.
[2] Lundberg, G. and Sjövall, H., *Stress and Deformation in Elastic Contacts*, Pub. 4, Institute of Elasticity and Strength of Materials, Chalmers Inst. Tech., Gothenburg, Sweden, 1958.

[3] Reussner, H., Druckflächenbelastnung und Overflächenverschiebung in Wälzkontact von Rotätionkörpern, Dissertation Schweinfurt, Germany, 1977.

[4] Palmgren, A., *Ball and Roller Bearing Engineering*, 3rd ed., Burbank, Philadelphia, 1959.

[5] Harris, T., The effect of misalignment on the fatigue life of cylindrical roller bearings having crowned rolling members, *ASME Trans. J. Lub. Technol.*, 294–300, April 1969.

[6] Harris, T., The endurance of a thrust-loaded, double row, radial cylindrical bearing, *Wear*, 18, 429–438, 1971.

[7] Harris, T., Kotzalas, M., and Yu, W.-K., On the causes and effects of roller skewing in cylindrical roller bearings, *Trib. Trans.*, 41(4), 572–578, 1998.

[8] Thomas, H. and Hoersch, V., Stresses due to the pressure of one elastic solid upon another, *Univ. Illinois Bull.*, 212, July 15, 1930.

[9] Hartnett, M., The analysis of contact stress in rolling element bearings, *ASME Trans. J. Lub. Technol.*, 101, 105–109, January 1979.

[10] Jones, A. and Harris, T., Analysis of a rolling element idler gear bearing having a deformable outer race structure, *ASME Trans. J. Basic Eng.*, 273–278, June 1963.

[11] Harris, T., Optimizing the design of cluster mill rolling bearings, *ASLE Trans.*, 7, April 1964.

[12] Harris, T. and Broschard, J., Analysis of an improved planetary gear transmission bearing, *ASME Trans. J. Basic Eng.*, 457–462, September 1964.

[13] Timoshenko, S., *Strength of Materials, Part I,* 3rd ed., Van Nostrand, New York, 1955.

[14] Lutz, W., Discussion of Ref. 7, presented at ASME Spring Lubrication Symposium, Miami Beach, FL, June 5, 1962.

[15] Eimer, H., *Aus dem Gebiet der Wälzlagertechnik*, Semesterentwurf, Technische Hochschule, München, June 1964.

[16] Zhao, H., Analysis of load distributions within solid and hollow roller bearings, *ASME Trans. J. Tribol.*, 120, 134–139, January 1998.

[17] Bourdon, A., Rigal, J., and Play, D., Static rolling bearing models in a C.A.D. environment for the study of complex mechanisms: Part I—rolling bearing model, *ASME Trans. J. Tribol.*, 121, 205–214, April 1999.

[18] Bourdon, A., Rigal, J., and Play, D., Static rolling bearing models in a C.A.D. environment for the study of complex mechanisms: Part II—complete assembly model, *ASME Trans. J. Tribol.*, 121, 215–223, April 1999.

第2章 轴承零件的运动和速度

符号表

符 号	定 义	单 位
a	投影接触椭圆长半轴	mm
b	投影接触椭圆短半轴	mm
d_m	节圆直径	mm
D	钢球或滚子直径	mm
f	r/D	
h	滑动中心	mm
n	旋转速度	r/min
n_m	钢球或滚子公转速度，保持架速度	r/min
n_R	钢球或滚子自转速度	r/min
r	沟道曲率半径	mm
r'	滚动半径	mm
R	变形表面曲率半径	mm
v	表面速度	mm/s
x	接触椭圆长轴方向距离	mm
y	接触椭圆短轴方向距离	mm
α	接触角	°或 rad
β'	球节圆角	°或 rad
β	球偏航角	°或 rad
γ'	D/d_m	
γ	$D\cos\alpha/d_m$	
θ_f	挡边角	°或 rad
ω	转速	rad/s
ω_m	钢球或滚子公转速度	rad/s
ω_R	钢球或滚子自转速度	rad/s
角 标		
f	滚子挡边	
i	内圆滚道	
m	公转运动	
o	外滚道	
r	半径方向	
roll	滚动运动	

R	滚动体
RE	滚子端面
s	自旋运动
sl	挡边-滚子端面上的滑动
x	x 方向
z	z 方向

2.1　概述

在本书第 1 卷第 10 章中，已推导出滚动体轨道速度和滚动体绕自身轴线旋转速度的计算公式。这些公式是基于简单滚动的运动学关系而建立的。并且，在本书第 1 卷第 6 章中讨论过，当滚动体和滚道之间有载荷作用时，将会产生表面接触。当滚动体相对于变形表面旋转时，不会发生简单的滚动运动，而是产生滚动和滑动的复合运动，因此，需要建立一组复杂的方程来计算滚动体的速度。

另外，对角接触轴承，如果在严格平行于滚道的直线上不发生滚动，则会产生一种被称为自旋的附加运动。这是一种对轴承摩擦功率损耗有显著影响的纯滑动。最后，滚子轴承中滚子端部与套圈挡边之间的运动也是纯滑动，它可导致次要的功率损耗。在本章中，这些滚动/滑动关系将同相关的速度一起加以讨论。

2.2　滚动和滑动

2.2.1　几何关系

两个接触面之间保持纯滚动的条件是：
1）零载荷状态下数学上的线接触。
2）线接触中，接触体长度相同。
3）零载荷状态下数学上的点接触。

即使满足上述条件，仍可能存在滑动。滑动被认为是接触面上滚动体相对运动的一种状态。

滚动体相对滚道的运动包括绕瞬轴的转动。如果在一个主方向上接触表面是一条直线，瞬轴可能仅仅与接触表面交于一点，见图 2.1。如图 2.2 所示，角速度 ω 的分量 ω_s，在接触平面内，将引起滚动，垂直作用于接触平面的角速度分量 ω_s，将引起绕纯滚动点 O 的自旋运动。接触区瞬时滑动方向如图 2.3 所示。

在钢球和沟道有接触角的球轴承中，轴或外圈以任意速度旋转时，每个承载球上都产生一陀螺力矩，它将引起球滑动。在大多数应用场合，由于相对低的的驱动速度和重载荷，这样的陀螺力矩及引起的滑动可以忽略。在钢球和滚道之间存在油膜润滑的高速应用场合，将出现这样的滑动。

陀螺运动引起的滑动速度由下式给出（见图 2.4）

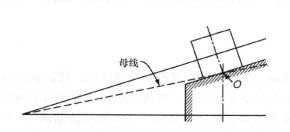

图 2.1　滚子——滚道接触；运动母线与接触面相交

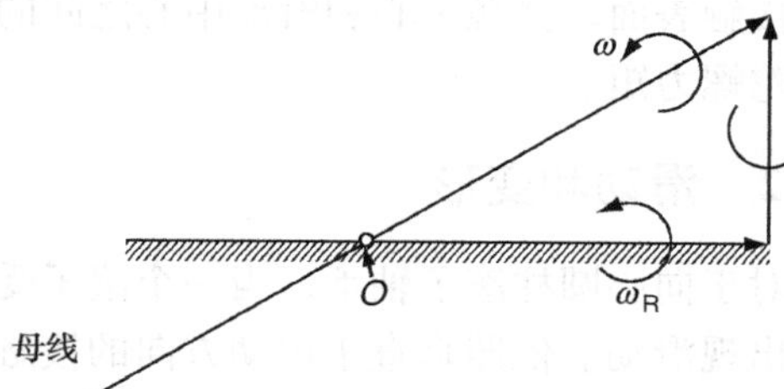

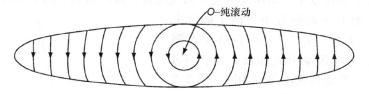

图 2.2　角速度分解为滚动和自旋运动

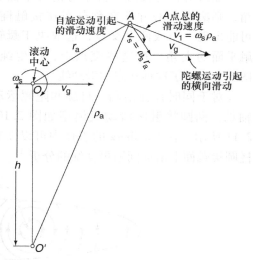

图 2.3　接触椭圆中滑动线和纯滚动点

$$v_g = \frac{1}{2}\omega_g D \qquad (2.1)$$

陀螺运动和钢球自旋引起的滑动速度矢量相加，结果在离开 O 点的某一距离 h 上，它们相互抵消，此时

$$v_g = \omega_s h \qquad (2.2)$$

以及

$$h = \frac{D}{2} \times \frac{\omega_g}{\omega_s} \qquad (2.3)$$

距离 h 确定了滑动中心，角速度 ω_s 绕该中心转动。这个滑动(自旋)中心可以在接触区的内部或外部。图 2.5 给出了重载荷和中等转速状态下球轴承同时存在滚动、自旋和陀螺运动时接触区滑动模型。图 2.6，对于轻载荷和高速状态(没考虑打滑)，表明滑动中心在接触区外部及滑动出现在

图 2.4　接触区任意点 A 的滑动速度

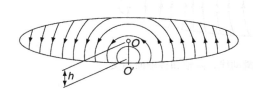

图 2.5　同时存在滚动、自旋、陀螺运动——
低速运转球轴承接触区滑动线

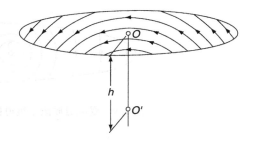

图 2.6　同时存在滚动、自旋、陀螺运动——高速
运转球轴承接触区滑动线(不考虑打滑)

整个接触表面。接触中心和滑动中心之间的距离 h 是陀螺力矩的函数,接触表面摩擦力可以抵消陀螺力矩。

2.2.2　滑动和变形

对于向心圆柱滚子轴承,当一个滚子受载时,即使瞬轴明显位于接触区内,接触表面仍可以出现滑动。依照垂直于运动方向的接触表面赫兹半径特征,接触表面具有调和的平均轮廓半径,这意味着对于向心轴承,接触表面并非平面,而通常是如图 2.7 所示的曲面⊖。如果瞬轴平行于接触表面中心点切向平面,则瞬轴与接触表面相交于两点,在这两点上产生纯滚动。因为刚性滚动体以单一角速度绕自身轴线旋转,离开轴线不同半径的表面各点有不同的表面速度,只有其中对称分布于滚子集合中心的两点存在纯滚动。图 2.7 中,在 A-A 内侧区域上的点,滑动与滚动方向相反,而在 A-A 外侧区域上的点,滑动与滚动方向相同。图 2.8 给出了椭圆接触区滑动线模型。

如果瞬轴与接触表面中心的切平面有一夹角,则滚动中心并非对称分布在接触椭圆内,可能出现一个或两个交点,这取决于瞬轴与接触平面的夹角。在这些交点上,产生纯滚动。图 2.9 给出了这种状态的滑动线。

对于同时存在滚动、自旋和陀螺运动的球轴承,椭圆接触区滑动线模型如图 2.10 和图 2.11 所示。在 Lundberg 的著作中可以发现关于椭圆接触面上滑动问题更详细的分析[1]。

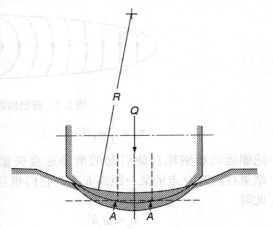

图 2.7　调和平均半径和滚动点 A-A 的滚子滚道接触

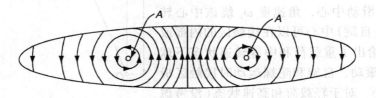

图 2.8　接触区(图 2.7 所示)内的滑移线

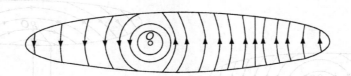

图 2.9　受载时候滚子滚道接触面滑动线,舜轴和接触面相交

⊖　图形适合于相对轻载的球面滚子,即接触椭圆的长轴不超出滚子长度。

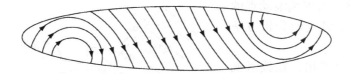

图 2.10　同时存在滚动、自旋和陀螺运动——高载荷和低速
运转的角接触球轴承球与沟道接触区滑动线

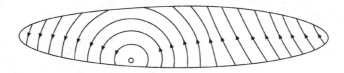

图 2.11　同时存在滚动、自旋和陀螺运动——轻载荷和高速运转的
角接触球轴承球与沟道接触区滑动线（不考虑打滑）

2.3　球轴承的公转、枢轴运动和自旋运动

2.3.1　一般运动

图 2.12 举例说明轴承中钢球的速度矢量。以轴承的轴线作为 x 轴建立直角坐标系 x、y、z。在图 2.12 中，球的中心 O' 点相对于 xz 平面偏移角度 ψ，x' 轴过 O' 点，与 x 轴平行且相距 $\frac{1}{2}d_{\mathrm{m}}$。当钢球分别绕偏离 x' 轴 β 和 β' 角度的轴线以 ω_{R} 角速度旋转时，可以看到轴承绕 x 轴以角速度 ω 旋转。因此，钢球绕轴承轴线以角速度 ω_{m} 旋转。如果钢球完全受保持架约束，则 ω_{m} 即为保持架速度。

在相同的轴承中，图 2.13 给出了钢球与外圈沟道接触以及钢球和沟道间法向力 Q 在接触椭圆表面上的分布，该椭圆表面分别由投影长半轴 $2a_{\mathrm{o}}$ 和投影短半轴 $2b_{\mathrm{o}}$ 所确定。由赫兹定义的变形受压表面等效曲率半径为

$$R_{\mathrm{o}} = \frac{2r_{\mathrm{o}}D}{2r_{\mathrm{o}} + D} \qquad (2.4)$$

式中，r_{o} 是外圈沟道曲率半径。用沟曲率系数 f_{o} 表示上式后为

$$R_{\mathrm{o}} = \frac{2f_{\mathrm{o}}D}{2f_{\mathrm{o}} + 1} \qquad (2.5)$$

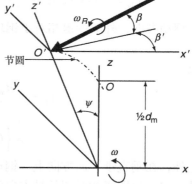

图 2.12　钢球与沟道接触速度
非零点的钢球速矢量

假设钢球中心固定于空间，而外圈沟道以角速度 ω_{o} 旋转（矢量 ω_{o} 垂直于旋转平面，因此与 x 轴重合）。此外，由图 2.12 可以看出，当 $\psi = 0$ 时钢球旋转速度 ω_{R} 在纸平面内的分量为 $\omega_{x'}$ 和 $\omega_{z'}$。

因为由 a_{o} 和 b_{o} 确定的受压表面存在变形，当从 $+a_{\mathrm{o}}$ 到 $-a_{\mathrm{o}}$ 横切该接触椭圆时，球的中心到沟道接触点的半径随之变化。由于接触椭圆对称于短半轴，因此，钢球在沟道上的纯滚

动至多出现在两点。出现纯滚动点的半径 r'_o 必须应用接触变形分析方法确定该值。

从图 2.13 可以看出，在接触椭圆长半轴平行的方向上，外圈沟道有一个角速度矢量的分量 $\omega_o \cos\alpha_o$，因此，外圈沟道上一点 (x_o, y_o) 沿滚动方向的线速度 v_{1o} 定义如下：

$$v_{1o} = -\frac{d_m\omega_o}{2} - \left\{ (R_o^2 - x_o^2)^{\frac{1}{2}} - (R_o^2 - a_o^2)^{\frac{1}{2}} + \left[\left(\frac{D}{2}\right)^2 - a_o^2 \right]^{\frac{1}{2}} \right\} \omega_o \cos\alpha_o \tag{2.6}$$

同样，在纸平面上和平行于接触椭圆长轴的方向上，钢球角速度矢量 ω_R 的角速度分量为 $\omega_{x'} \cos\alpha_o$ 和 $\omega_{z'} \cos\alpha_o$，因此钢球表面一点 (x_o, y_o) 沿滚动方向的线速度 v_{2o} 定义为

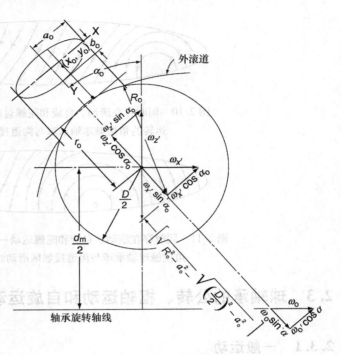

图 2.13 外圈沟道接触

$$v_{2o} = -(\omega_{x'} \cos\alpha_o + \omega_{z'} \sin\alpha_o) \times \left\{ (R_o^2 - x_o^2)^{\frac{1}{2}} - (R_o^2 - a_o^2)^{\frac{1}{2}} + \left[\left(\frac{D}{2}\right)^2 - a_o^2 \right]^{\frac{1}{2}} \right\} \tag{2.7}$$

在滚动方向，外圈沟道相对于钢球的滑移或滑动由沟道和钢球的线速度差确定，于是

$$v_{yo} = v_{1o} - v_{2o} \tag{2.8}$$

或

$$v_{yo} = -\frac{d_m\omega_o}{2} + (\omega_{x'} \cos\alpha_o + \omega_{z'} \sin\alpha_o - \omega_o \cos\alpha_o)$$

$$\times \left\{ (R_o^2 - x_o^2)^{\frac{1}{2}} - (R_o^2 - a_o^2)^{\frac{1}{2}} + \left[\left(\frac{D}{2}\right)^2 - a_o^2 \right]^{\frac{1}{2}} \right\} \tag{2.9}$$

此外，在垂直纸平面方向上，钢球的角速度矢量 ω_R 有一个分量 $\omega_{y'}$，这个分量引起垂直于滚动方向，也即接触椭圆长轴方向的滑动速度 v_{xo}，滑动速度由下式给出：

$$v_{xo} = -\omega_{y'} \left\{ (R_o^2 - x_o^2)^{\frac{1}{2}} - (R_o^2 - a_o^2)^{\frac{1}{2}} + \left[\left(\frac{D}{2}\right)^2 - a_o^2 \right]^{\frac{1}{2}} \right\} \tag{2.10}$$

由图 2.13 可以看出，钢球角速度矢量 $\omega_{x'}$ 和 $\omega_{z'}$ 及沟道角速度矢量 ω_o 都有垂直于接触表面的分量，它们产生绕接触表面垂直方向的转动，换句话说，发生钢球相对于外圈沟道的自旋，自旋运动的纯角速度为

$$\omega_{so} = -\omega_o \sin\alpha_o + \omega_{x'} \sin\alpha_o - \omega_{z'} \cos\alpha_o \tag{2.11}$$

由图 2.12 可以确定

$$\omega_{x'} = \omega_R \cos\beta \cos\beta' \tag{2.12}$$

$$\omega_{y'} = \omega_R \cos\beta \sin\beta' \tag{2.13}$$

$$\omega_{z'} = \omega_R \sin\beta \tag{2.14}$$

将式(2.12)和式(2.14)代入式(2.9)和式(2.11)，得

$$v_{yo} = -\frac{d_m \omega_o}{2} + \left\{ (R_o^2 - x_o^2)^{\frac{1}{2}} - (R_o^2 - a_o^2)^{\frac{1}{2}} + \left[\left(\frac{D}{2} \right)^2 - a_o^2 \right]^{\frac{1}{2}} \right\}$$

$$\times \left(\frac{\omega_R}{\omega_o} \cos\beta \cos\beta' \cos\alpha_o + \frac{\omega_R}{\omega_o} \sin\beta \sin\alpha_o - \cos\alpha_o \right) \omega_o \tag{2.15}$$

$$v_{xo} = -\left\{ (R_o^2 - x_o^2)^{\frac{1}{2}} - (R_o^2 - a_o^2)^{\frac{1}{2}} + \left[\left(\frac{D}{2} \right)^2 - a_o^2 \right]^{\frac{1}{2}} \right\} \omega_o \left(\frac{\omega_R}{\omega_o} \right) \cos\beta \sin\beta' \tag{2.16}$$

$$\omega_{so} = \left(\frac{\omega_R}{\omega_o} \cos\beta \cos\beta' \sin\alpha_o - \frac{\omega_R}{\omega_o} \sin\beta \cos\alpha_o - \sin\alpha_o \right) \omega_o \tag{2.17}$$

注意钢球表面滚动半径 r_o' 位置上，钢球的线速度等于外圈沟道的线速度，由图 2.13 确定

$$\left(\frac{d_m}{2\cos\alpha_o} + r_o' \right) \omega_o \cos\alpha_o = r_o' (\omega_{x'} \cos\alpha_o + \omega_{z'} \sin\alpha_o) \tag{2.18}$$

将式(2.12)和式(2.13)代入式(2.18)，并重新整理得

$$\frac{\omega_R}{\omega_o} = \frac{\left(\frac{d_m}{2} \right) + r_o' \cos\alpha_o}{r_o' (\cos\beta \cos\beta' \cos\alpha_o + \sin\beta \sin\alpha_o)} \tag{2.19}$$

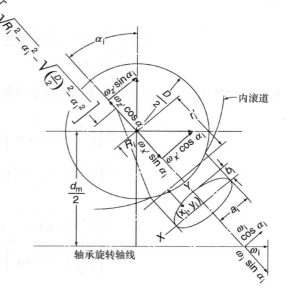

图 2.14　内圈沟道接触

　　类似的分析也可用于内圈沟道接触，如图 2.14 所示，可以得到下列各式：

$$v_{yi} = -\frac{d_m \omega_i}{2} - \left\{ (R_i^2 - x_i^2)^{\frac{1}{2}} - (R_i^2 - a_i^2)^{\frac{1}{2}} + \left[\left(\frac{D}{2} \right)^2 - a_i^2 \right]^{\frac{1}{2}} \right\}$$

$$\times \left(\frac{\omega_R}{\omega_i} \cos\beta \cos\beta' \cos\alpha_i + \frac{\omega_R}{\omega_i} \sin\beta \sin\alpha_i - \cos\alpha_i \right) \omega_i \tag{2.20}$$

$$v_{xi} = -\left\{ (R_i^2 - x_i^2)^{\frac{1}{2}} - (R_i^2 - a_i^2)^{\frac{1}{2}} + \left[\left(\frac{D}{2} \right)^2 - a_i^2 \right]^{\frac{1}{2}} \right\} \omega_i \left(\frac{\omega_R}{\omega_i} \right) \cos\beta \sin\beta' \tag{2.21}$$

$$\omega_{si} = \left(-\frac{\omega_R}{\omega_i} \cos\beta \cos\beta' \sin\alpha_i + \frac{\omega_R}{\omega_i} \sin\beta \cos\alpha_i + \sin\alpha_i \right) \omega_i \tag{2.22}$$

$$\frac{\omega_R}{\omega_i} = \frac{-\left(\frac{d_m}{2} \right) + r_i' \cos\alpha_i}{r_i' (\cos\beta \cos\beta' \cos\alpha_i + \sin\beta \sin\alpha_i)} \tag{2.23}$$

如果不采用钢球中心固定于空间，而是外圈沟道固定，那么钢球中心一定以角速度 $\omega_m = -\omega_o$ 绕固定坐标系原点 O 公转，因此内圈沟道一定以绝对角速度 $\omega = \omega_i + \omega_m$ 旋转。利用这些关系，根据内圈沟道绝对角速度，可以求出如下的相对角速度 ω_i 和 ω_o：

$$\omega_i = \cfrac{\omega}{1 + \cfrac{r'_o\left[\left(\dfrac{d_m}{2}\right) - r'_i\cos\alpha_i\right](\cos\beta\cos\beta'\cos\alpha_o + \sin\beta\sin\alpha_o)}{r'_i\left[\left(\dfrac{d_m}{2}\right) + r'_o\cos\alpha_o\right](\cos\beta\cos\beta'\cos\alpha_i + \sin\beta\sin\alpha_i)}} \tag{2.24}$$

$$\omega_o = \cfrac{-\omega}{1 + \cfrac{r'_i\left[\left(\dfrac{d_m}{2}\right) + r'_o\cos\alpha_o\right](\cos\beta\cos\beta'\cos\alpha_i + \sin\beta\sin\alpha_i)}{r'_o\left[\left(\dfrac{d_m}{2}\right) - r'_i\cos\alpha_i\right](\cos\beta\cos\beta'\cos\alpha_o + \sin\beta\sin\alpha_o)}} \tag{2.25}$$

而

$$\omega_R = \cfrac{-\omega}{\cfrac{r'_o(\cos\beta\cos\beta'\cos\alpha_o + \sin\beta\sin\alpha_o)}{\left(\dfrac{d_m}{2}\right) + r'_o\cos\alpha_o} + \cfrac{r'_i(\cos\beta\cos\beta'\cos\alpha_i + \sin\beta\sin\alpha_i)}{\left(\dfrac{d_m}{2}\right) - r'_i\cos\alpha_i}} \tag{2.26}$$

同样,如果内圈沟道静止,外圈沟道以绝对角速度 ω 旋转,则 $\omega_m = \omega_i$ 及 $\omega = \omega_o + \omega_m$。因此

$$\omega_o = \cfrac{\omega}{1 + \cfrac{r'_i\left[\left(\dfrac{d_m}{2}\right) + r'_o\cos\alpha_o\right](\cos\beta\cos\beta'\cos\alpha_i + \sin\beta\sin\alpha_i)}{r'_o\left[\left(\dfrac{d_m}{2}\right) - r'_i\cos\alpha_i\right](\cos\beta\cos\beta'\cos\alpha_o + \sin\beta\sin\alpha_o)}} \tag{2.27}$$

$$\omega_i = \cfrac{-\omega}{1 + \cfrac{r'_o\left[\left(\dfrac{d_m}{2}\right) - r'_i\cos\alpha_i\right](\cos\beta\cos\beta'\cos\alpha_o + \sin\beta\sin\alpha_o)}{r'_i\left[\left(\dfrac{d_m}{2}\right) + r'_o\cos\alpha_o\right](\cos\beta\cos\beta'\cos\alpha_i + \sin\beta\sin\alpha_i)}} \tag{2.28}$$

$$\omega_R = \cfrac{\omega}{\cfrac{r'_o(\cos\beta\cos\beta'\cos\alpha_o + \sin\beta\sin\alpha_o)}{\left(\dfrac{d_m}{2}\right) + r'_o\cos\alpha_o} + \cfrac{r'_i(\cos\beta\cos\beta'\cos\alpha_i + \sin\beta\sin\alpha_i)}{\left(\dfrac{d_m}{2}\right) - r'_i\cos\alpha_i}} \tag{2.29}$$

检查钢球及沟道相对运动的最终表达式,可以存在下列几个未知量,r'_o、r'_i、β、β'、α_i、α_o。显然,为了计算这些未知量,将需要分析作用于各个钢球上的力和力矩。然而,作为一种使用方法,可以采用简化措施,即假设钢球在一个沟道的滚动没有自旋而在另一个沟道上同时存在自旋和滚动,从而可以避免冗长的数字计算过程。只出现滚动的沟道被称为"控制沟道"。下面,还可以忽略陀螺枢轴运动,为此将讨论一些判别准则。

2.3.2 无陀螺枢轴运动

在陀螺转动被阻止或非常小的情况下,角度 β' 为 0(见图 2.12),于是角速度 $\omega_{y'}$ 为 0,而

$$\omega_{x'} = \omega_R\cos\beta \tag{2.30}$$

$$\omega_{z'} = \omega_R\sin\beta \tag{2.31}$$

$\beta' = 0$ 的另一个结果是

$$\frac{\omega_R}{\omega_o} = \frac{\left(\dfrac{d_m}{2}\right) + r_o' \cos\alpha_o}{r_o' \left(\cos\alpha_o \cos\beta + \sin\beta \sin\alpha_o\right)} \tag{2.32}$$

$$\frac{\omega_R}{\omega_i} = \frac{-\left(\dfrac{d_m}{2}\right) + r_i' \cos\alpha_i}{r_i' \left(\cos\beta \cos\alpha_i + \sin\beta \sin\alpha_i\right)} \tag{2.33}$$

2.3.3　旋滚比

为了计算旋转比，假设 r_i、r_o 和 $0.5D$ 基本相等，钢球相对外圈沟道的滚动速度是

$$\omega_{roll} = -\omega_o \frac{d_m}{D} = -\frac{\omega_o}{\gamma'} \tag{2.34}$$

在式(2.17)中忽略陀螺力矩($\beta' = 0$)，

$$\omega_{so} = \omega_R \cos\beta \sin\alpha_o - \omega_R \sin\beta \cos\alpha_o - \omega_o \sin\alpha_o \tag{2.35}$$

或

$$\omega_{so} = \omega_R \sin(\alpha_o - \beta) - \omega_o \sin\alpha_o \tag{2.36}$$

用上式除以式(2.34)的 ω_{roll}，得

$$\left(\frac{\omega_s}{\omega_{roll}}\right)_o = -\gamma' \frac{\omega_R}{\omega_o} \sin(\alpha_o - \beta) + \gamma' \sin\alpha_o \tag{2.37}$$

根据式(2.32)，用 γ 代替 $2r_0'/d_m$，

$$\frac{\omega_R}{\omega_o} = \frac{1 + \gamma' \cos\alpha_o}{\gamma' \left(\cos\beta \cos\alpha_o + \sin\beta \sin\alpha_o\right)} \tag{2.38}$$

或

$$\frac{\omega_R}{\omega_o} = \frac{1 + \gamma' \cos\alpha_o}{\gamma' \cos(\alpha_o - \beta)} \tag{2.39}$$

于是，把式(2.39)代入式(2.37)，得

$$\left(\frac{\omega_s}{\omega_{roll}}\right)_o = -(1 + \gamma' \cos\alpha_o) \tan(\alpha_o - \beta) + \gamma' \sin\alpha_o \tag{2.40}$$

同样对于内圈沟道接触：

$$\left(\frac{\omega_s}{\omega_{roll}}\right)_i = (1 - \gamma' \cos\alpha_i) \tan(\alpha_i - \beta) + \gamma' \sin\alpha_i \tag{2.41}$$

2.3.4　滚动和自旋速度计算

即使假设陀螺速度 ω_y' 为零，应用式(2.40)和式(2.41)还取决于对球-滚道接触角 α_i 和 α_0 以及球速度矢量与节圆的夹角 β 的了解。在第 3 章中，将列出高速条件下角接触球轴承的 β_i 和 β_0 的计算方法。这些方程都是假定钢球轨道速度 ω_m 和钢球绕自身轴自旋速度 ω_R 已知。然而，如果钢球速度矢量节圆角 β 未知，则接触变形、接触角、和钢球速度就不能求解。为了定义这些参数，需要引入作为钢球和轨道速度函数的球-轨道摩擦力。这些内容在本书后面将会介绍。

在没有利用法向力、摩擦力和力矩平衡方程求解速度的情况下，Jones[2] 做了简化假设：与内外圈同时接触的钢球只在一个滚道上存在滚动和自旋，而在相反的滚道上做纯滚动。他

是基于汽轮发电机主轴球轴承的实验数据得出这样的假设。假定发生纯滚动的滚道称之为控制滚道;这种现象称之为滚道控制。现在假设在外圈沟道接触中只产生纯滚动,因此ω_{so}为0,对于这种状态,把式(2.32)代入式(2.17),得

$$\tan\beta = \frac{\frac{1}{2}d_m\sin\alpha_o}{\frac{1}{2}d_m\cos\alpha_o + r_o'} \tag{2.42}$$

由于$r_0' \approx \frac{1}{2}D$和$D/d_m = \gamma'$,式(2.42)变成

$$\tan\beta = \frac{\sin\alpha_o}{\cos\alpha_o + \gamma'} \tag{2.43}$$

确定了球速度矢量节圆角β后,就可以求解其余的速度方程。

高速对极轻载荷作用下的油润滑角接触球轴承,图2.15(出自文献[3])表明球-外滚道的自旋速度ω_{so}趋近于零,近似于外滚道控制状态。当所加推力载荷增加到正常工作状态时,ω_{so}仅仅是小于ω_{si}。这得出一个推断:外滚道控制仅仅是油润滑球轴承一种很有限的状态。

Harris[4]还研究了假定摩擦系数不变的情况下,相同尺寸角接触球轴承在固体润滑和推力载荷作用下的性能。分析结果如图2.16表明,外滚道控制也不会发生。

尽管有以上说明,Jones的分析[2]仍然是有意义的,它已经被使用了几十年,而且对轴承设计的页面影响并不大。

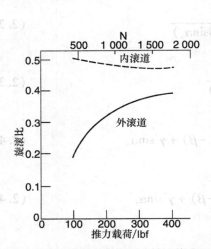

图2.15 油膜润滑角接触球轴承旋滚比
与推力载荷的关系

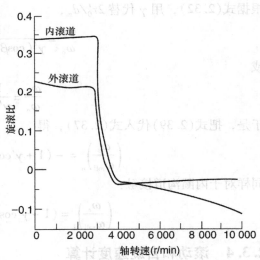

图2.16 推力载荷作用下角接触球轴承旋滚比
与轴转速的关系
采用有着恒定摩擦系数的固体润滑剂润滑

由式(2.24)和式(2.25),令β'等于0并代入式(2.43),球和滚道角速度之比为

$$\frac{\omega_R}{\omega} = \frac{\pm 1}{\left(\dfrac{\cos\alpha_o + \tan\beta\sin\alpha_o}{1 + \gamma'\cos\alpha_o} + \dfrac{\cos\alpha_i + \tan\beta\sin\alpha_i}{1 - \gamma'\cos\alpha_i}\right)\gamma'\cos\beta} \tag{2.44}$$

式中,上面算符适用外滚道旋转,下面算符适用内滚道旋转。

另外,利用式(2.43)确定的外滚道控制条件,可以确定球公转角速度与滚道速度之比,

因此对于内滚道旋转 $\omega_m = -\omega_o$，由式（2.25），令 $\beta' = 0$ 得

$$\frac{\omega_m}{\omega} = \frac{1}{1 + \dfrac{(1 + \gamma'\cos\alpha_o)(\cos\alpha_i + \tan\beta\sin\alpha_i)}{(1 - \gamma'\cos\alpha_i)(\cos\alpha_o + \tan\beta\sin\alpha_o)}} \tag{2.45}$$

式（2.45）是根据 $r_0 \approx r_i \approx D/2$ 这样的合理假设得到的。同样，对于外滚道旋转，由式（2.28），

$$\frac{\omega_m}{\omega} = \frac{1}{1 + \dfrac{(1 - \gamma'\cos\alpha_i)(\cos\alpha_o + \tan\beta\sin\alpha_o)}{(1 + \gamma'\cos\alpha_o)(\cos\alpha_i + \tan\beta\sin\alpha_i)}} \tag{2.46}$$

将描述外滚道控制条件的式（2.43）代入式（2.45）和式（2.46），可得到所需的 ω_m/ω 比值的公式，因此对于内滚道旋转的轴承

$$\frac{\omega_m}{\omega} = \frac{1 - \gamma'\cos\alpha_i}{1 + \cos(\alpha_i - \alpha_o)} \tag{2.47}$$

对于外滚道旋转的轴承

$$\frac{\omega_m}{\omega} = \frac{\cos(\alpha_i - \alpha_o) + \gamma'\cos\alpha_i}{1 + \cos(\alpha_i + \alpha_o)} \tag{2.48}$$

正如前面所指出的，仅仅当忽略球的陀螺枢轴运动，即 $\beta' = 0$ 时，式（2.43），式（2.44）、式（2.47）和式（2.48）才是有效的。

2.3.5　陀螺运动

Palmgren[5] 推断，油润滑角接触球轴承中球的陀螺运动是可以避免的。他指出滑动摩擦系数等于 0.02 并满足下面的关系，陀螺运动就不会出现。

$$M_g > 0.02QD \tag{2.49}$$

这里 Q 是球和滚道间的名义载荷。Jones[2] 指出 0.06 到 0.07 的摩擦系数足以阻止大部分球轴承产生滑动。这两种说法都是不准确的。

已经表明在角接触球轴承中，球能够产生绕轴承轴线的公转速度 ω_m 和绕自身轴线的速度 ω_R，该轴线向 x' 轴倾斜了节圆角 β。后者平行于轴承轴线（见图 2.12）。在球与滚道接触处沿滚动方向发生滑动已给出进一步的论证。此外，由于非零接触角的存在，导致产生自旋运动。这些滑动的出现，说明由陀螺力矩引起的运动可能难以避免。换句话说，在正交方向上的附加滑动（陀螺运动）将同时发生。对每个球进行的完全的力和力矩平衡的后续分析表明，球的陀螺运动速度 $\omega_{y'}$ 和球的主运动速度分量 $\omega_{x'}$ 相比非常小，和 $\omega_{z'}$ 相比相对较小。

2.4　滚子轴承中滚子端面与挡边的滑动

2.4.1　滚子端面与挡边接触

由于滚子端面和挡边之间的集中接触，滚子轴承出现轴向滚子载荷。圆锥滚子轴承和调心滚子轴承（不对称滚子）依靠这样的接触承受滚道与滚子接触载荷在滚子轴向方向的分量。有些圆柱滚子轴承设计要求滚子端面与挡边接触以便克服滚子歪斜引起的滚子轴向载荷或支

承外加滚子轴向载荷。由于这些接触面经受了滚子端面和挡边之间的滑动，它们成为整个轴承摩擦发热的主要因素。此外，轴承存在几种与滚子端面—挡边接触有关的失效方式如接触表面磨损和擦伤。当接触区处于普通转速和润滑条件下，这些失效方式与滚子端面—挡边接触支承滚子轴向载荷的能力有关。滚子端面与挡边接触的摩擦特性和承载能力明显地取决于接触体的几何形状。

2.4.2　滚子端面与挡边几何形状

滚子轴承设计中，已成功地采用了数种滚子端面和挡边几何形状。而滚子端面和挡边的几何形状设计通常受制造条件及性能要求的支配，大部分的设计采用斜挡边与平端面滚子（带圆弧倒角）或球端面滚子。斜挡边表面可以描述为圆锥的一部分，它与垂直于套圈轴线的径向平面的夹角为 θ_f。这个角度通常称为挡边角或挡边后仰角，它可以为 0，这表明挡边表面位于径向平面内。图 2.17 给出了圆柱滚子轴承滚子端面—挡边几何形状的两个例子。图 2.17a 中平端面滚子在没有歪斜状态下与挡边在一点接触（在滚子端面平面与滚子圆弧角的切线附近）。当滚子歪斜时，接触点沿着滚子端面上的这条切线移向挡边的顶部，如图 2.18b 所示。如果设计合理，球端面滚子将在滚子球端面上与挡边接触。没有歪斜时，接触点位于滚子端面中部，如图 2.18c 所示。随着歪斜角增加，接触点偏离中部，且移向挡边顶部，如图 2.18d 所示（内圈挡边）。对于专门的设计，球端面滚子接触位置的变化对歪斜的敏感程度小于平端面滚子接触。

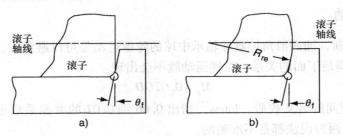

图 2.17　圆柱滚子轴承、滚子端面和挡边接触几何形状
a）平端面滚子　b）球形端面滚子

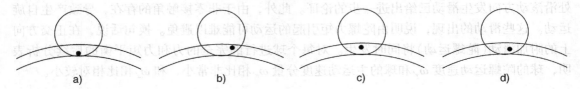

图 2.18　圆柱滚子轴承平端面滚子和球端面滚子的滚子端面与挡边接触的位置
a）平端面滚子，0 歪斜角　b）平端面滚子，非 0 歪斜角
c）球端面滚子，0 歪斜角　d）球端面滚子，非 0 歪斜角

对于斜挡边与球端面滚子，文献[6]已经分析确定了滚子端面与挡边接触的位置。考虑图 2.19 给出的圆柱滚子轴承结构，图中给出了挡边套圈的坐标系 X_1 Y_1 Z_1 和滚子坐标系 X_i Y_i Z_i。挡边接触表面可以用顶点为 C 的锥面的一部分来模拟，如图 2.20 所示。该锥面的方程，可以表示为套圈坐标 x 和 y 的函数，即：

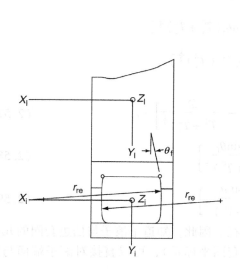

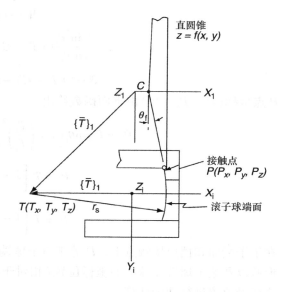

图 2.19　内圈带挡边的圆柱滚子轴承横截面　　　图 2.20　用于计算滚子端面与挡边
　　　　　　　　　　　　　　　　　　　　　　　　　　　　接触位置的坐标系

$$z = \left[(x-C)^2 \cot^2\theta_f - y^2 \right]^{\frac{1}{2}} = f(x,y) \qquad (2.50)$$

对于挡边表面上的一点 $P(P_x \quad P_y \quad P_z)$ 的表面法线方程可以表示为

$$\frac{x-P_x}{\left.\dfrac{\partial f}{\partial x}\right|_{x=P_x,\ y=P_y}} = \frac{y-P_y}{\left.\dfrac{\partial f}{\partial y}\right|_{x=P_x,\ y=P_y}} = -(z-P_z) \qquad (2.51)$$

在挡边套圈坐标系中，滚子球端面球心位置 T 的坐标为 $(T_x \quad T_y \quad T_z)$。因为滚子端面与挡边弹性接触力垂直于球端面，它的作用线必定通过球心 $(T_x \quad T_y \quad T_z)$。将 T 点坐标代入式 (2.50) 和式 (2.51) 得到下列三式：

$$T_x - P_x = \frac{(T_z - P_z)(P_x - C)\cot^2\theta_f}{\left[(P_x - C)^2\cot^2\theta_f - P_y^2\right]^{\frac{1}{2}}} \qquad (2.52)$$

$$T_y - P_y = \frac{(T_z - P_z)P_y}{\left[(P_x - C)^2\cot^2\theta_f - P_y^2\right]^{\frac{1}{2}}} \qquad (2.53)$$

$$P_z = \left[(P_x - C)^2\cot^2\theta_f - P_y^2\right]^{\frac{1}{2}} \qquad (2.54)$$

式 (2.52) 至式 (2.54) 中包含三个未知量 $(P_x \quad P_y \quad P_z)$，可以用来确定滚子端面和挡边之间的理论接触点。然而，引入第四个方程和未知量，即点 $(T_x \quad T_y \quad T_z)$ 到点 $(P_x \quad P_y \quad P_z)$ 的直线长度，则更易获得闭式解。过点 $(P_x \quad P_y \quad P_z)$ 垂直于挡边表面的直线把点 $(P_x \quad P_y \quad P_z)$ 和球端面球心 $(T_x \quad T_y \quad T_z)$ 连接起来，直线长度由下式给出

$$\mathfrak{D} = \left[(T_x - P_x)^2 + (T_y - P_y)^2 + (T_z - P_z)^2\right]^{\frac{1}{2}} \qquad (2.55)$$

上式经代数简化，取二次方程平方根的正值后，得

$$\mathfrak{D} = \frac{-\mathfrak{S} \pm (\mathfrak{S}^2 - 4\mathfrak{R}\mathfrak{I})^{\frac{1}{2}}}{2\mathfrak{R}} \qquad (2.56)$$

式中，$\mathfrak{S}$、$\mathfrak{R}$ 和 $\mathfrak{I}$ 的值为

$$\Re = \tan^2\theta_f - 1$$

$$\Im = \frac{2\sin^2\theta_f}{\cos\theta_f}\left[(T_x - C) - \tan\theta_f(T_y^2 + T_z^2)^{\frac{1}{2}}\right]$$

$$\Im = \left[(T_x - C) - \tan\theta_f(T_y^2 + T_z^2)^{\frac{1}{2}}\right]$$

P 点坐标(P_x　P_y　P_z)由下面函数给出

$$P_x = T_y\tan\theta_f\left[1 + \left(\frac{T_z}{T_y}\right)^2\right]^{\frac{1}{2}}\left[1 - \frac{\mathcal{D}}{(T_y^2 + T_z^2)^{\frac{1}{2}}}\right] + c \tag{2.57}$$

$$P_y = T_y\left[1 - \frac{\mathcal{D}\sin\theta_f}{(T_y^2 + T_z^2)^{\frac{1}{2}}}\right] \tag{2.58}$$

$$P_z = T_z\left[1 - \frac{\mathcal{D}\sin\theta_f}{(T_y^2 + T_z^2)^{\frac{1}{2}}}\right] \tag{2.59}$$

在滚子端面和挡边接触点上，D 等于滚子球端面半径。因此，知道了滚子与挡边套圈的几何形状以及滚子球端面球心的坐标位置(相对于挡边套圈坐标系)，可以直接对滚子端面与挡边接触位置进行理论计算。

上述分析方法，尽管是对圆柱滚子轴承而言，但也运用于球端面滚子和斜挡边接触的任何滚子轴承。如果正确地确定球端面球心，则同样可以分析类似的圆锥滚子轴承和调心滚子轴承。

由于挡边接触位置对轴承设计和性能评估有重要意义，上面这些方程已得到了成功的应用。接触位置最好是在挡边边缘的下方和挡边底部越程槽上方之间。否则，载荷作用在挡边边缘(或越程槽边缘)将产生很高的接触应力以及达不到接触的最佳润滑状态。如果滚子轴向游隙已知，上述方程可以用来确定圆柱滚子轴承的最大理论歪斜角，通过计算理论接触点的位置，也可以计算滚子端面和挡边的滑动速度，从而用于评估滚子端面与挡边接触摩擦力及其发热。

2.4.3　滑动速度

滚子端面与挡边的接触运动会引起接触副之间的滑动。这些表面之间滑动速度的大小将影响滚子轴承的摩擦、发热和承载特性。滑动速度用接触点处挡边和滚子端面的线速度矢量之差表示。接触点 C 上滚子速度 v_{Roll} 和挡边速度 v_f 如图2.21所示。滑动速度矢量 v_{sl} 为 v_{RE} 和 v_F 的矢量差。当考虑滚子歪斜运动时，v_{sl} 在挡边套圈的轴向方向产生一个分量，尽管它与轴承径向平面内的分量相比很小。如果滚子不产生歪斜，接触点将位于滚子和挡边套圈轴线构成的平面内，滚子端面与挡边的滑动速度可由下式计算：

$$v_{\text{sl}} = v_f - v_{\text{RE}} = \omega_f R_c - (\omega_o R_c + \omega_R r_c) \tag{2.60}$$

式中，顺时针转动为正。改变滚子端面与挡边弹性接触区域上点 C 的位置，可以确定滑动速度的分布。

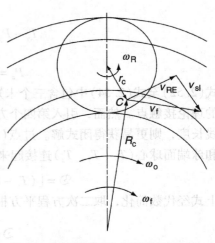

图2.21　滚子端面与挡边的滑动速度

2. 5　结束语

在这一章里，针对滚动和自旋运动情况，推导了球和滚子轴承滚动速度和保持架速度的计算方法。第 3 章将会表明，球和滚子速度引起的动态载荷将显著影响球轴承接触角、径向游隙以及滚动体载荷分布。另外球轴承中产生的自旋运动，有改变接触应力的趋势，因而也会影响轴承的耐久性。受轴承内部速度影响的其他量还包括摩擦力矩和摩擦发热。因此，对于滚动轴承性能分析，精确计算轴承内部速度是非常重要的。

在后续章节中将指出，接触区润滑的流体动力作用可使假设的纯滚动运动变成滚动和滑动的组合。一般情况下，如果由滚动产生的油膜足以使滚动体和滚道适当隔开的话，滚动和滑动的组合是可以接受的。

参 考 文 献

[1] Lundberg, G., Motions in loaded rolling element bearings, SKF unpublished report, 1954.
[2] Jones, A., Ball motion and sliding friction in ball bearings, *ASME Trans. J. Basic Eng.*, 81, 1959.
[3] Harris, T., An analytical method to predict skidding in thrust loaded, angular-contact ball bearings, *ASME Trans. J. Lubrication Technol.*, 17–24, January 1971.
[4] Harris, T., Ball motion in thrust-loaded, angular-contact bearings with coulomb friction, *ASME J. Lubrication Technol.*, 93, 17–24, 1971.
[5] Palmgren, A., *Ball and Roller Bearing Engineering*, 3rd ed., Burbank, Philadelphia, 1959, pp. 70–72.
[6] Kleckner, R. and Pirvics, J., High speed cylindrical roller bearing analysis—SKF Computer Program CYBEAN, Vol. 1: Analysis, SKF Report AL78P022, NASA Contract NAS3-20068, July 1978.

第 3 章　高速运转：球和滚子动力载荷与轴承内部载荷分布

符号表

符　号	定　　义	单　位
B	$f_i + f_o - 1$	
d_m	节圆直径	mm
D	球或滚子直径	mm
f	r/D	
F	力	N
F_c	离心力	N
F_f	摩擦力	N
g	重力常数	mm/s^2
H	滚子空心度	
J	惯性矩	$kg \cdot mm^2$
K	载荷-位移常数	N/mm^x
l	滚子长度	mm
m	球或滚子质量	kg
M	力矩	$N \cdot mm$
M_g	陀螺力矩	$N \cdot mm$
n	转速	r/min
n_m	球或滚子轨道速度，保持架速度	r/min
n_r	球或滚子绕自身轴线的转速	r/min
P_d	径向游隙	mm
q	滚子-滚道单位长度上的载荷	N/mm
Q	球或滚子法向载荷	N
Q_a	球或滚子的轴向载荷	N
Q_r	球或滚子的径向载荷	N
R	到滚道沟曲率中心的半径	mm
s	内、外沟曲率中心之间的距离	mm
X_1	球中心与外沟曲率中心之间的距离在轴向的投影	mm
X_2	球中心与外沟曲率中心之间的距离在径向的投影	mm
α	接触角	rad, (°)
β	球姿态角	rad, (°)

γ	$(D\cos\alpha)/d_{\rm m}$	
δ	位移或接触变形	mm
θ	轴承倾斜或角位移	rad，（°）
ρ	密度	kg/mm^3
ϕ	WV 平面内的角	rad，（°）
ψ	yz 平面内的角	rad，（°）
ω	旋转角速度	rad/s
$\omega_{\rm m}$	球或滚子轨道速度	rad/s
$\omega_{\rm R}$	球或滚子绕自身轴线的转速	rad/s
$\Delta\psi$	滚动体之间的角间距	rad，（°）

角　　标

a	轴向
e	绕中心轴线旋转
f	滚子引导挡边
i	内滚道
j	角位置处的滚动体
m	保持器运动和轨道运动
o	外滚道
r	径向
R	滚动体
x	x 方向
y	y 方向

3.1　概述

由于滚动体的轨道速度和绕自身轴线的转动，在滚动体和轴承滚道之间会产生动力（惯性）载荷。在中、低速运转下，与作用于轴承上的载荷引起的球或滚子载荷相比，动力载荷是很小的。但在高转速下，滚动体的动力载荷，即离心力和陀螺力矩将改变作用载荷在球或滚子之间的分布。在滚子轴承中，由于滚子的离心力使外滚道的载荷增加，就会在外滚道产生更大的接触变形，这种效果与增大游隙相似。正如在本书第 1 卷第 7 章中证明的，游隙的增加会缩小载荷作用的范围，从而使最大滚子载荷增大。对于在外圈只有几个点支承的相对薄壁的轴承，例如航空发动机主轴轴承，离心力会引起外圈的弯曲，从而影响到滚子中的载荷分布。

在高速球轴承中，取决于接触角的大小，球的陀螺力矩和离心力可以达到显著水平，其结果是使内圈的接触角增大，而外圈的接触角减小。这会影响到轴承的位移-载荷特性，因而也会影响到由球轴承支承的转子系统的动力特性。

高速还会对球和滚子轴承的润滑和摩擦性能产生影响。这将影响到轴承的内部速度，从而又会影响到滚动体的动力载荷。但是，在很多高速轴承应用中，如果不考虑滚动体的摩擦力也可以足够精确地确定内部载荷分布和接触应力，这将在本章中得到证明。摩擦对载荷分布的影响将在以后的一章中加以探讨。

3.2　滚动体的动力载荷

3.2.1　滚动体转动的体力

　　本节建立的方程将以角接触球轴承中的运动为基础，因为它是滚动轴承最普通的形式。因此由它建立的方程可以有限制地应用于其他球轴承，也可以用于滚子轴承。

　　图3.1表明了绕 x 轴高速旋转的角接触球轴承中某个球内质量为 m 的一个质点的瞬时位置。为了简化分析，引入以下坐标系：

x,y,z	固定直角坐标系，其 x 轴与轴承旋转轴一致
x',y',z'	直角坐标系，x' 轴与固定坐标系中的 x 轴平行，其原点 O' 位于距 x 轴半径为 $d_m/2$ 的球中心且以轨道速度绕 x 轴转动
U,V,W	原点 O' 位于球中心且以轨道速度 ω_m 转动的直角坐标系。U 轴与球绕自己中心的旋转轴线一致。W 轴位于 U 轴与 z' 轴的平面内，W 与 z' 的夹角为 β
U,r,ϕ	球旋转的极坐标

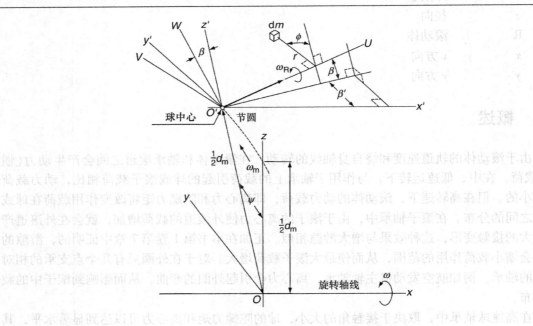

图3.1　球质量单元 dm 的瞬时位置

此外，还引入下列符号：

β'	U 在 x'，y' 平面内的投影与 x' 轴之间的夹角
ψ	z 轴与 z' 轴之间的夹角，即节圆上球之间的位置角

考虑球上质量为 $\mathrm{d}m$ 的单元体在旋转坐标系 U，r，ϕ 中有下列瞬时位置：

$$U = U$$
$$V = r\sin\phi \tag{3.1}$$
$$W = r\cos\phi$$

以及

$$x' = U\cos\beta\cos\beta' - V\sin\beta' - W\sin\beta\cos\beta'$$
$$y' = U\cos\beta\sin\beta' + V\cos\beta' - W\sin\beta\sin\beta' \tag{3.2}$$
$$z' = U\sin\beta + W\cos\beta$$

还有

$$x = x'$$
$$y = \frac{1}{2}d_{\mathrm{m}}\sin\psi + y'\cos\psi + z'\sin\psi \tag{3.3}$$
$$z = \frac{1}{2}d_{\mathrm{m}}\cos\psi - y'\sin\psi + z'\cos\psi$$

将式(3.1)代入式(3.2)，然后再代入式(3.3)，可以得到单元质量体 $\mathrm{d}m$ 在固定直角坐标系中瞬时位置的表达式为

$$x = U\cos\beta\cos\beta' - r(\sin\beta'\sin\phi + \sin\beta\cos\beta'\cos\phi) \tag{3.4}$$

$$
\begin{aligned}
y = {} & \frac{d_{\mathrm{m}}}{2}\sin\psi + U(\cos\beta\sin\beta'\cos\psi + \sin\beta\sin\psi) \\
& + r(\cos\beta\sin\phi\cos\psi + \cos\beta\cos\phi\sin\psi \\
& - \sin\beta\sin\beta'\cos\phi\cos\psi)
\end{aligned} \tag{3.5}
$$

$$
\begin{aligned}
z = {} & \frac{d_{\mathrm{m}}}{2}\cos\psi - U(\cos\beta\sin\beta'\sin\psi - \sin\beta\cos\psi) \\
& - r(\cos\beta'\sin\phi\sin\psi - \cos\beta\cos\phi\cos\psi \\
& - \sin\beta\sin\beta'\cos\phi\cos\psi)
\end{aligned} \tag{3.6}
$$

设任意滚动体位置角 ψ 等于 0°，按照牛顿第二运动定律，可以确定下列关系：

$$\mathrm{d}F_x = \ddot{x}\,\mathrm{d}m \tag{3.7}$$
$$\mathrm{d}F_y = \ddot{y}\,\mathrm{d}m \tag{3.8}$$
$$\mathrm{d}F_z = \ddot{z}\,\mathrm{d}m \tag{3.9}$$

$$
\begin{aligned}
\mathrm{d}M_z' = \{ & -\ddot{x}[U\cos\beta\sin\beta' + r(\cos\beta'\sin\phi - \sin\beta\sin\beta'\cos\phi)] \\
& + \ddot{y}[U\cos\beta\cos\beta' - r(\sin\beta'\sin\phi + \sin\beta\sin\beta'\cos\phi)]\}\mathrm{d}m
\end{aligned} \tag{3.10}
$$

$$
\begin{aligned}
\mathrm{d}M_y' = \{ & \ddot{x}(U\sin\beta + r\cos\beta\cos\phi) \\
& - \ddot{z}[U\cos\beta\cos\beta' - r(\sin\beta'\sin\phi + \sin\beta\cos\beta'\cos\phi)]\}\mathrm{d}m
\end{aligned} \tag{3.11}
$$

对于恒定的运动速度，关于 x 轴的净力矩必须是零。在每一个球位置 (ψ, β)，ω_{R}（球绕自身轴线 U 的转速 $\mathrm{d}\phi/\mathrm{d}t$）和 ω_{m}（球绕轴承轴线的轨道速度 $\mathrm{d}\psi/\mathrm{d}t$）是常数，因此 $\psi = 0$，

$$\ddot{x} = \frac{\mathrm{d}^2 x}{\mathrm{d}t^2} = r\omega_{\mathrm{R}}^2(\sin\beta'\sin\phi + \sin\beta\cos\beta'\cos\phi) \tag{3.12}$$

$$
\begin{aligned}
\ddot{y} = \frac{\mathrm{d}^2 y}{\mathrm{d}t^2} = {} & -2\omega_{\mathrm{R}}\omega_{\mathrm{m}}r\cos\beta\sin\phi \\
& + \omega_{\mathrm{m}}^2[-U\cos\beta\sin\beta' + r(-\cos\beta'\sin\phi + \sin\beta\cos\phi\sin\beta')]
\end{aligned}
$$

$$+ \omega_R^2 r(-\cos\beta'\cos\phi + \sin\beta\sin\beta'\sin\phi) \tag{3.13}$$

$$\ddot{z} = \frac{d^2z}{dt^2} = -2\omega_R\omega_m r(\cos\beta'\cos\phi + \sin\beta\sin\beta'\sin\phi)$$

$$-\omega_m^2\left(\frac{d_m}{2} + U\sin\beta + r\cos\beta\cos\phi\right) - \omega_R^2 r\cos\beta\cos\phi \tag{3.14}$$

将式(3.12)~式(3.14)代入式(3.7)~式(3.11),并将后者换成积分形式,

$$F_{x'} = -\rho\int_{-r_R}^{+r_R}\int_0^{(r_R^2-U^2)^{1/2}}\int_0^{2\pi}\ddot{x}r\,dr\,dU\,d\phi \tag{3.15}$$

$$F_{y'} = -\rho\int_{-r_R}^{+r_R}\int_0^{(r_R^2-U^2)^{1/2}}\int_0^{2\pi}\ddot{y}r\,dr\,dU\,d\phi \tag{3.16}$$

$$F_{z'} = -\rho\int_{-r_R}^{+r_R}\int_0^{(r_R^2-U^2)^{1/2}}\int_0^{2\pi}\ddot{z}r\,dr\,dU\,d\phi \tag{3.17}$$

$$M_{z'} = -\rho\int_{-r_R}^{+r_R}\int_0^{(r_R^2-U^2)^{1/2}}\int_0^{2\pi}\{-\ddot{x}[U\cos\beta\sin\beta'$$
$$+ r(\cos\beta'\sin\phi - \sin\beta\sin\beta'\cos\phi)] + \ddot{y}[U\cos\beta\cos\beta'$$
$$- r(\sin\beta'\sin\phi + \sin\beta\cos\beta'\cos\phi)]\}r\,dr\,dU\,d\phi \tag{3.18}$$

$$M_{y'} = -\rho\int_{-r_R}^{+r_R}\int_0^{(r_R^2-U^2)^{1/2}}\int_0^{2\pi}\{\ddot{x}(U\sin\beta + r\cos\beta\cos\phi)$$
$$[-\ddot{z}U\cos\beta\cos\beta' - r(\sin\beta'\sin\phi$$
$$+ \sin\beta\cos\beta'\cos\phi)]\}r\,dr\,dU\,d\phi \tag{3.19}$$

在式(3.15)至式(3.19)中,ρ 是球材料的质量密度,r_R 是球的半径。

完成式(3.15)至式(3.19)中的积分,并注意到 x' 和 y' 方向上的力是零,得

$$F_{z'} = \frac{1}{2}m d_m \omega_m^2 \tag{3.20}$$

$$M_{y'} = J\omega_R\omega_m\sin\beta \tag{3.21}$$

$$M_{z'} = -J\omega_R\omega_m\cos\beta\sin\beta' \tag{3.22}$$

式中,m 是球的质量,J 是惯性矩,它们定义如下:

$$m = \frac{1}{6}\rho\pi D^3 \tag{3.23}$$

$$J = \frac{1}{60}\rho\pi D^5 \tag{3.24}$$

3.2.2　离心力

3.2.2.1　绕轴承轴线的旋转

将式(3.23)代入式(3.20),并注意到

$$\omega_m = \frac{2\pi n_m}{60} \tag{3.25}$$

由式(3.20)得到球的离心力为

$$F_c = \frac{\pi^3\rho}{10\,800g}D^3 n_m^2 d_m \tag{3.26}$$

对于钢球

$$F_c = 2.26 \times 10^{-11} D^3 n_m^2 d_m \tag{3.27}$$

如果每个球承受的推力载荷为 Q_{ia}，同时在径向又受到向外的离心力 F_c 作用，如图 3.2 所示，假设轴承套圈为刚体，在平衡状态下，有

$$Q_{ia} - Q_{oa} = 0 \tag{3.28}$$

$$Q_{ir} + F_c - Q_{or} = 0 \tag{3.29}$$

或

$$Q_{ia} - Q_o \sin\alpha_o = 0 \tag{3.30}$$

$$Q_{ia}\cot\alpha_i + F_c - Q_o\cos\alpha_o = 0 \tag{3.31}$$

以 Q_o 和 α_o 为未知量，联立求解式(3.30)和式(3.31)，得

$$\alpha_o = \cot^{-1}\left(\cot\alpha_i + \frac{F_c}{Q_{ia}}\right) \tag{3.32}$$

$$Q_o = \left[1 + \left(\cot\alpha_i + \frac{F_c}{Q_{ia}}\right)^2\right]^{\frac{1}{2}} Q_{ia} \tag{3.33}$$

进而得

$$Q_i = \frac{Q_{ia}}{\sin\alpha_i} \tag{3.34}$$

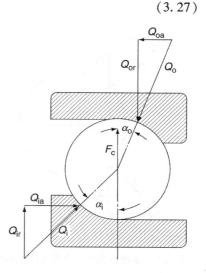

图 3.2　推力载荷和离心力
作用下的球

由于离心力的存在，从式(3.32)可以明显看出，$\alpha_o < \alpha_i$。α_i 是推力载荷下的接触角，如果自由接触角是 $\alpha°$，则 $\alpha_i > \alpha°$。这个条件曾在本书第 1 卷第 7 章中详细讨论过。

参看例 3.1。

公称接触角 $\alpha = 90°$ 的推力球轴承在高速、轻载下运转，会驱使球压靠在两个套圈（座圈和轴圈）上。此时，两个滚道上的接触角在同一方向上将相差90°。图 3.3 描述了这个状态，从中可以得到

$$Q = \frac{F_c}{2\cos\alpha} \tag{3.35}$$

以及

$$\alpha = \tan^{-1}\left(\frac{2Q_a}{F_c}\right) \tag{3.36}$$

参看例 3.2。

式(3.20)没有对几何形状做出限制，对圆柱（或接近圆柱的）滚子，其质量为

$$m = \frac{1}{4}\rho\pi D^2 l_t \tag{3.37}$$

以速度 n_m 绕轴承轴线转动的钢制滚子的离心力为

$$F_c = 3.39 \times 10^{-11} D^2 l_t d_m n_m^2 \tag{3.38}$$

但是，对圆锥滚子轴承，滚子离心力会改变外滚道和内圈挡边之间的载荷分布。图 3.4 表明了推力载荷 Q_{ia} 作用下的这种状况。

由平衡条件得

$$Q_{ia} + Q_{fa} - Q_{oa} = 0 \tag{3.39}$$

$$Q_{ir} - Q_{fr} + F_c - Q_{or} = 0 \tag{3.40}$$

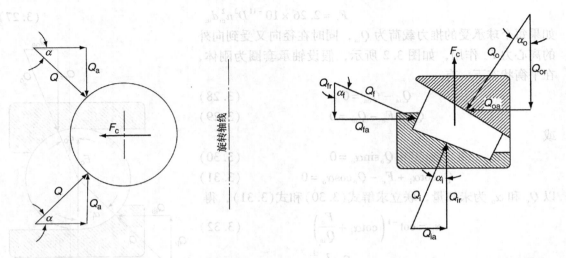

图 3.3　接触角为 90° 的推力球轴承中球的载荷　　　　图 3.4　推力载荷和离心力作用下的圆锥滚子

或

$$Q_{ia} + Q_f \sin\alpha_f - Q_o \sin\alpha_o = 0 \tag{3.41}$$

$$Q_{ia} \cot\alpha_i - Q_f \cos\alpha_f + F_c - Q_o \cos\alpha_o = 0 \tag{3.42}$$

联立求解式(3.41)和式(3.42)，得

$$Q_o = \frac{Q_{ia}(\cot\alpha_i \sin\alpha_f + \cos\alpha_f) + F_c \sin\alpha_f}{\sin(\alpha_o + \alpha_f)} \tag{3.43}$$

$$Q_f = \frac{Q_{ia}(\cot\alpha_i \sin\alpha_o - \cos\alpha_o) + F_c \sin\alpha_o}{\sin(\alpha_o + \alpha_f)} \tag{3.44}$$

参看例 3.3。

必须留心在很高转速下运行的圆锥滚子轴承。在与作用载荷大小相关的某些临界转速下，内滚道的接触力将接近于零，而全部轴向载荷将由滚子端部-套圈挡边接触区来承担。由于接触区内只有滑动，很大的摩擦将导致产生高温。

当今大多数球面滚子轴承都配有对称轮廓的(腰鼓形)的滚子，而且接触角偏小，例如 $\alpha \leqslant 15°$。当轴承在高速下运转时，滚子载荷如图 3.5 所示。

由径向力和轴向力的平衡给出

$$Q_o \cos\alpha_o - Q_i \cos\alpha_i - F_c = 0 \tag{3.45}$$

$$Q_o \sin\alpha_o - Q_i \sin\alpha_i = 0 \tag{3.46}$$

联立求解这两个方程，得

$$Q_o = \frac{F_c \sin\alpha_i}{\sin(\alpha_i - \alpha_o)} \tag{3.47}$$

$$Q_i = \frac{F_c \sin\alpha_o}{\sin(\alpha_i - \alpha_o)} \tag{3.48}$$

显然，滚子-滚道载荷是唯一由滚子离心力确定的。在这种情况下，内、外滚道的接触角显然是轴承径向和轴向载荷的函数，而它们必须由轴承的载荷平衡来确定。在此之前，还必须确定轴承的接触变形。

计算高速运转下球面滚子载荷的另一种方法是将离心力分解为与滚子旋转轴线平行和垂

直的两个分量，即

$$F_{ca} = F_c \sin\alpha° \qquad (3.49)$$

$$F_{cr} = F_c \cos\alpha° \qquad (3.50)$$

式中，$\alpha°$是公称接触角。由滚子径向平面内力的平衡
给出

$$Q_o = Q_i + F_c \cos\alpha° \qquad (3.51)$$

分量$F_c \cos\alpha°$将使内、外滚道的接触角从$\alpha°$向滚子轴向
载荷方向轻微变化。在一般情况下，球面滚子轴承不宜
在高速下运转，因为这将使公称接触角发生明显改变。
再考虑一下配有鼓形滚子的双列球面滚子轴承承受一个
径向载荷并在高速下运转的情况，此时，由速度引发的
滚子的轴向载荷在轴承内是自平衡的，但是外滚道承受
的推力分量要大于内滚道。

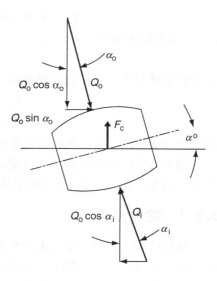

图 3.5　对称型球面滚子在离心力
作用下的载荷

3.2.2.2　绕偏心轴旋转

3.2.2.1 节讨论了轴承绕自身轴线旋转时滚动体的
离心载荷，这是通常的情况。然而在行星齿轮传动中，
行星齿轮轴承会绕输入和输出轴以及自身轴线旋转，因此会在滚动体上引入一个附加的惯性
力或离心力。图 3.6 给出了这个系统的示意图。根据余弦定理，从图中可以看出瞬时转动半
径为

$$r = \left(r_m^2 + r_e^2 - 2r_m r_e \cos\psi\right)^{\frac{1}{2}} \qquad (3.52)$$

因此，相应的离心力是

$$F_{ce} = m\omega_c^2 \left(r_m^2 + r_e^2 - 2r_m r_e \cos\psi\right)^{\frac{1}{2}} \qquad (3.53)$$

力F_{ce}在$\psi=180°$时达到最大，并在那个角度附加到F_c上。在$\psi=0$处，总的离心力是$F_c = -F_{ce}$。F_c与F_{ce}之间的角度由余弦定理确定

$$\theta = \arccos\left(\frac{r_m}{r} - \frac{r_e}{r}\cos\psi\right) \qquad (3.54)$$

F_{ce}可以分解为如下的径向力和切向力：

$$F_{cer} = F_{ce}\cos\theta \qquad (3.55)$$

$$F_{cet} = F_{ce}\sin\theta \qquad (3.56)$$

因此，作用于滚动体上的瞬时径向离心力是

$$F_{cr} = m\omega_m^2 r_m + m\omega_e^2 (r_m - r_e\cos\psi) \qquad (3.57)$$

或

$$F_{cr} = \frac{W}{g}\left[r_m(\omega_m^2 + \omega_e^2) - r_e\omega_e^2\cos\psi\right] \qquad (3.58)$$

这里分量F_c取为正方向。对于钢制球和滚子，径向离
心力分别表示如下

$$F_{cr} = 2.26 \times 10^{-11} D^3 \left[d_m(n_m^2 + n_e^2) - d_e n_e^2 \cos\psi\right] \qquad (3.59)$$

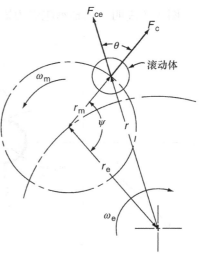

图 3.6　轴承绕偏心轴旋转时
滚动体的离心力

$$F_{cr} = 3.39 \times 10^{-11} D^2 l_t \left[d_m (n_m^2 + n_e^2) - d_e n_e^2 \cos\psi \right] \tag{3.60}$$

离心力的瞬时切向偏心分量为

$$F_{ct} = m\omega_e^2 r_e \sin\psi \tag{3.61}$$

对于钢制球和滚子，它们分别表示为

$$F_{ct} = 2.26 \times 10^{-11} D^3 d_e n_e^2 \sin\psi \tag{3.62}$$

$$F_{ct} = 3.39 \times 10^{-11} D^2 l_t d_e n_e^2 \sin\psi \tag{3.63}$$

该切向力交替改变方向并有可能使滚动体和滚道之间产生滑动。

轴承的保持架也会经历这种偏心运动，如果保持架由滚动体引导，它会将一个额外的载荷施加到滚动体上。选用质量密度较小的材料，可以减小该保持架载荷。

3.2.3 陀螺力矩

通常认为，忽略陀螺力矩产生的枢轴运动，对计算精度的影响很小。此时角度 β' 等于零，而式(3.22)已无关紧要。由式(3.21)定义的陀螺力矩将被球轴承滚道上的摩擦力或是滚子轴承的法向力所阻止。将式(3.25)代入式(3.21)，对球轴承可得到下面的表达式：

$$M_g = \frac{1}{60} \rho \pi D^5 \omega_R \omega_m \sin\beta \tag{3.64}$$

由于

$$\omega_R = \frac{2\pi n_R}{60} \tag{3.65}$$

以及

$$\omega_m = \frac{2\pi n_m}{60} \tag{3.66}$$

所以钢制球轴承的陀螺力矩为

$$M_g = 4.47 \times 10^{-12} D^5 n_R n_m \sin\beta \tag{3.67}$$

图3.7表明了球轴承陀螺力矩的方向。图3.8表明了承受推力载荷的球轴承中，由陀螺

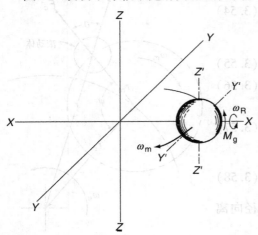

图3.7 绕非平行轴同步旋转时产生的陀螺力矩

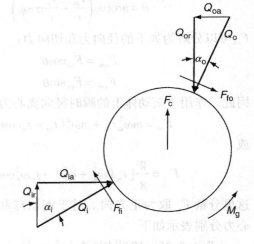

图3.8 在推力载荷作用下，高速球
轴承中球上的载荷

力矩和离心力引起的球的载荷。

　　参看例3.4。

　　陀螺力矩也作用于向心圆锥和球面滚子轴承以及所有类型的推力滚子轴承的滚子上。但是，滚子的几何形状限制了它在陀螺力矩作用下产生翻转。因此，很大的陀螺力矩可能改变滚子轮廓线上的载荷分布。对钢制滚子，陀螺力矩为

$$M_g = 8.37 \times 10^{-12} D^4 l_t n_R n_m \sin\beta \qquad (3.68)$$

3.3 高速球轴承

　　为了确定高速球轴承内的载荷分布，回顾一下图1.2，它表明了在包括径向、轴向和力矩载荷在内的一般载荷作用下球轴承的内圈相对于外圈的位移。图3.9表明了轴承中每个球的相对角位置（方位角）。

　　在零载荷下，两个滚道沟曲率半径中心相距 A，如图1.1a所示。在本书第1卷第2章中已表明 $A = BD$，其中 $B = f_i + f_o - 1$。在静载荷作用下，内、外沟道曲率中心之间的距离将增加接触变形 δ_i 和 δ_o，如图1.1b所示。两个中心之间的作用线与 $BD(A)$ 共线。然而，当离心力作用在球上时，由于球与内、外沟道的接触角不相同，则两个中心之间的作用线将不再与 BD 共线，而是成为一条折线，如图3.10所示。假定图3.10中外沟道曲率中心在空间上是固定的，而内沟道曲率中心相对于固定中心移动，此外，由于内、外沟道的接触角不相同，球中心也将随之移动。

　　在任意方位角 j 处，固定的外沟道曲率中心与球中心最终位置之间的距离是

$$\Delta_{oj} = r_o - \frac{D}{2} + \delta_{oj} \qquad (3.69)$$

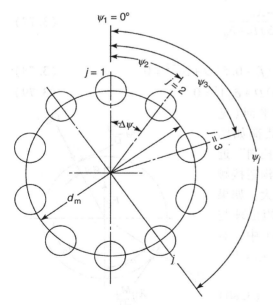

图3.9　yz 平面内滚动体的角位置

$$\Delta\psi = \frac{2\pi}{Z}, \quad \psi_j = \frac{2\pi(j-1)}{Z}$$

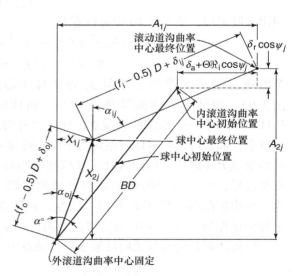

图3.10　载荷作用前后角位置 ψ_j 处球
中心和沟道曲率中心的位置

由于

$$r_o = f_o D$$

所以

$$\Delta_{oj} = (f_o - 0.5)D + \delta_{oj} \qquad (3.70)$$

同理

$$\Delta_{ij} = (f_i - 0.5)D + \delta_{ij} \qquad (3.71)$$

式中，δ_{ij} 和 δ_{oj} 分别是内、外滚道的法向接触变形。

根据内、外套圈的相对轴向位移 δ_a 和相对角位移 θ，在任意球位置处，内、外沟道曲率中心轨迹之间的轴向距离是

$$A_{1j} = BD\sin\alpha° + \delta_a + \Re_i\theta\cos\psi_j \qquad (3.72)$$

式中，$\Re_i$ 是内沟道曲率中心轨迹的半径，$\alpha°$ 是无载荷时的初始接触角。再者，根据内圈中心的相对径向位移 δ_r，沟道曲率中心轨迹之间的径向距离是

$$A_{2j} = BD\cos\alpha° + \delta_r\cos\psi_j \qquad (3.73)$$

这些数据的含义见图 3.10。

Jones[1] 发现引入图 3.10 中所表示的新的变量 X_1 和 X_2 是有助于分析的。从图中可以看出，在任意球位置

$$\cos\alpha_{oj} = \frac{X_{2j}}{(f_o - 0.5)D + \delta_{oj}} \qquad (3.74)$$

$$\sin\alpha_{oj} = \frac{X_{1j}}{(f_o - 0.5)D + \delta_{oj}} \qquad (3.75)$$

$$\cos\alpha_{ij} = \frac{A_{2j} - X_{2j}}{(f_o - 0.5)D + \delta_{ij}} \qquad (3.76)$$

$$\sin\alpha_{ij} = \frac{A_{1j} - X_{1j}}{(f_o - 0.5)D + \delta_{ij}} \qquad (3.77)$$

利用勾股定理，从图 3.10 中可以看到

$$(A_{1j} - X_{1j})^2 + (A_{2j} - X_{2j})^2 - [(f_i - 0.5)D + \delta_{ij}]^2 = 0 \qquad (3.78)$$

$$X_{1j}^2 + X_{2j}^2 - [(f_o - 0.5)D + \delta_{oj}]^2 = 0 \qquad (3.79)$$

考虑通过轴承轴线和方位角 ψ_j 处的球中心的平面（见图 3.9），如果非共面的摩擦力很小，则球的载荷如图 3.11 所示。在一个给定的球位置，如果"外沟道控制"近似成立，那么可以假定球的陀螺力矩完全被球-外沟道接触区的摩擦力所阻止，这样做对计算精度的影响不大。如果不是这样，偏于安全的做法是假定球的陀螺力矩由球与内、外沟道的接触区平均分担。因此，在图 3.11 中，对于外沟道控制，取 $\lambda_{ij} = 0$，$\lambda_{oj} = 2$；否则，取 $\lambda_{ij} = \lambda_{oj} = 1$。

球的法向载荷与与法向接触变形的关系为

$$Q_{oj} = K_{oj}\delta_{oj}^{1.5} \qquad (3.80)$$

$$Q_{ij} = K_{ij}\delta_{ij}^{1.5} \qquad (3.81)$$

考虑图 3.11 中水平和垂直方向上力的平衡：

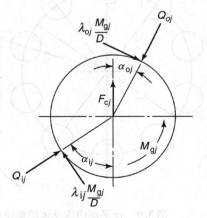

图 3.11　角位置 ψ_j 处的球载荷

$$Q_{ij}\sin\alpha_{ij} - Q_{oj}\sin\alpha_{oj} - \frac{M_{gj}}{D}(\lambda_{ij}\cos\alpha_{ij} - \lambda_{oj}\cos\alpha_{oj}) = 0 \tag{3.82}$$

$$Q_{ij}\cos\alpha_{ij} - Q_{oj}\cos\alpha_{oj} - \frac{M_{gj}}{D}(\lambda_{ij}\sin\alpha_{ij} - \lambda_{oj}\sin\alpha_{oj}) + F_{cj} = 0 \tag{3.83}$$

将式(3.80)、式(3.81)，式(3.74)~式(3.77)代入式(3.82)和式(3.83)，得

$$\frac{\dfrac{\lambda_{oj}M_{gj}X_{2j}}{D} - K_{oj}\delta_{oj}^{1.5}X_{1j}}{(f_o - 0.5)D + \delta_{oj}} + \frac{K_{ij}\delta_{ij}^{1.5}(A_{1j} - X_{1j}) - \dfrac{\lambda_{ij}M_{gj}}{D}(A_{2j} - X_{2j})}{(f_i - 0.5)D + \delta_{ij}} = 0 \tag{3.84}$$

$$\frac{\dfrac{\lambda_{oj}M_{gj}X_{1j}}{D} + K_{oj}\delta_{oj}^{1.5}X_{2j}}{(f_o - 0.5)D + \delta_{oj}} - \frac{K_{ij}\delta_{ij}^{1.5}(A_{2j} - X_{2j}) + \dfrac{\lambda_{ij}M_{gj}}{D}(A_{1j} - X_{1j})}{(f_i - 0.5)D + \delta_{ij}} - F_{cj} = 0 \tag{3.85}$$

一旦设定了 δ_a、δ_r 和 θ 的值，在每一个角位置处，式(3.78)，式(3.79)，式(3.84)和式(3.85)可以联立对 X_{1j}、X_{2j}、δ_{ij} 和 δ_{oj} 进行求解。最可能的求解方法是求解非线性联立方程组的 Newton-Raphson 法。

作用在球上的离心力计算如下：

$$F_c = \frac{1}{2}md_m\omega_m^2 \tag{3.20}$$

式中，ω_m 是球的轨道速度。将等式 $\omega_m^2 = (\omega_m/\omega)^2\omega^2$ 代入式(3.20)，可以得到下面的离心力：

$$F_{cj} = \frac{1}{2}md_m\omega^2\left(\frac{\omega_m}{\omega}\right)_j^2 \tag{3.86}$$

式中，ω 是旋转套圈的速度，ω_m 是角位置 ψ_j 处球的轨道速度。显然，由于轨道速度是接触角的函数，所以在每个球位置处它不是一个常数。

此外，必须记住这个分析没有考虑阻止球以及保持架运动的摩擦力。因此可以预料，在高速轴承中，ω_m 将小于式(2.47)的计算值而大于式(2.48)的计算值。除非轴承的载荷相对较轻，否则保持架的速度偏差对本章中涉及的计算精度通常不会有明显的影响。

每个球位置处的陀螺力矩可以定义如下：

$$M_{gj} = J\left(\frac{\omega_R}{\omega}\right)_j\left(\frac{\omega_m}{\omega}\right)_j\omega^2\sin\phi \tag{3.87}$$

式中，β 由式(2.43)确定，ω_R/ω 由式(2.44)确定，而 ω_m/ω 由式(2.47)或式(2.48)确定。

由于 K_{oj}、K_{ij} 和 M_{gj} 都是接触角的函数，在迭代过程中可以用式(3.74)~式(3.77)来推导这些值。

为了获得 δ_r、δ_a 和 θ 的值，还需要建立整个轴承的平衡条件，它们是

$$F_a - \sum_{j=1}^{j=Z}\left(Q_{ij}\sin\alpha_{ij} - \frac{\lambda_{ij}M_{gj}}{D}\cos\alpha_{ij}\right) = 0 \tag{3.88}$$

或

$$F_a - \sum_{j=1}^{j=Z}\left[\frac{K_{ij}(A_{1j} - X_{1j})\delta_{ij}^{1.5} - \dfrac{\lambda_{ij}M_{gj}}{D}(A_{2j} - X_{2j})}{(f_i - 0.5)D + \delta_{ij}}\right] = 0 \tag{3.89}$$

$$F_r - \sum_{j=1}^{j=Z}\left(Q_{ij}\cos\alpha_{ij} - \frac{\lambda_{ij}M_{gj}}{D}\sin\alpha_{ij}\right)\cos\psi_j = 0 \tag{3.90}$$

或

$$F_r - \sum_{j=1}^{j=Z} \left[\frac{K_{ij}(A_{2j} - X_{2j})\delta_{ij}^{1.5} - \frac{\lambda_{ij}M_{gj}}{D}(A_{1j} - X_{1j})}{(f_i - 0.5)D + \delta_{ij}} \right] \cos\psi_j = 0 \qquad (3.91)$$

$$M - \sum_{j=1}^{j=Z} \left[\left(Q_{ij}\sin\alpha_{ij} - \frac{\lambda_{ij}M_{gj}}{D}\cos\alpha_{ij} \right)\Re_i + \frac{\lambda_{ij}M_{gj}}{D}r_i \right] \cos\psi_j = 0 \qquad (3.92)$$

或

$$M - \sum_{j=1}^{j=Z} \left[\frac{K_{ij}(A_{1j} - X_{1j})\delta_{ij}^{1.5} - \frac{\lambda_{ij}M_{gj}}{D}(A_{2j} - X_{2j})}{(f_i - 0.5)D + \delta_{ij}} \Re_i + \lambda_{ij}f_iM_{gj} \right] \cos\psi_j = 0 \qquad (3.93)$$

式中

$$\Re_i = \frac{1}{2}d_m + (f_i - 0.5)D\cos\alpha° \qquad (1.3)$$

在已知 F_a、F_r 和 M 并计算出每个球位置处的 X_{1j}、X_{2j}、δ_{ij} 和 δ_{oj} 之后，就可以用式(3.89)、式(3.91)和式(3.93)来求得 δ_a、δ_r 和 θ 的值。在得到主要的未知量 δ_a、δ_r 和 θ 后，必须重复计算 X_{1j}、X_{2j}、δ_{ij}、δ_{oj} 以及其他一些变量，直至主未知量 δ_a、δ_r 和 θ 满足精度要求为止。

求解由式(3.78)，式(3.79)，式(3.84)，式(3.85)和式(3.89)构成的联立方程组必须使用数值计算机。为了验证这个计算结果，对 218 角接触球轴承(自由接触角 40°)在推力载荷为 0~44 450N，轴的转速为 3 000~15 000r/min 范围内的轴承性能进行了计算。图 3.12 至图 3.14 给出了计算结果。

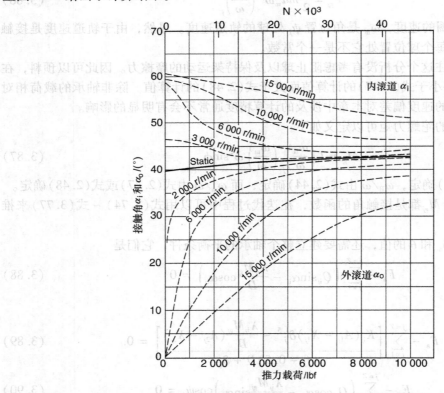

图 3.12 218 角接触球轴承($\alpha° = 40°$)球与内、外滚道的接触角 α_i 和 α_o

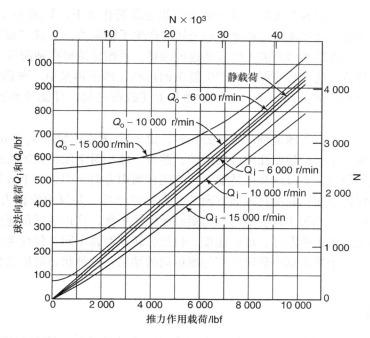

图 3.13 218 角接触球轴承($\alpha° = 40°$)球与内、外滚道的法向接触载荷 Q_i 和 Q_o。

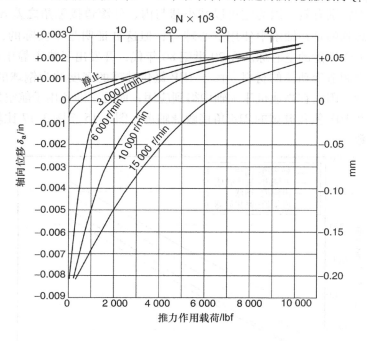

图 3.14 218 角接触球轴承($\alpha° = 40°$)的轴向变形 δ_a

3.3.1 球的漂移

对于仅仅承受推力载荷的角接触球轴承，球的运行轨道位于单一的径向平面内，它的轴向位置由图 3.10 中的 X_{1j} 确定；而 X_{1j} 在所有球的方位角 ψ_j 处都是相同的。当轴承在径向和轴向组合载荷作用下，或者在径向、轴向和力矩组合载荷作用下，X_{1j}在各个球的方位角ψ_j处是不同的。因此说，球在绕轴或轴承中心公转时产生了轴向移动，或"漂移"。除非球和保持架兜孔之间有足够的轴向游隙可以容纳这种漂移，否则保持架在轴向将承受非均匀的而且可能是很大的载荷。这也将使保持架产生复杂的运动，即不再是单一平面内的简单转动，而会引起一个偏离平面的振动分量。这种运动和上述载荷一起，可能导致轴承迅速破坏和咬死。

在组合载荷作用下，当球绕轴承线公转时，由于球-滚道接触角α_{ij}和α_{oj}的变化，可能使球产生超前或滞后于保持架兜孔中心的运动。然而，球相对于保持架的轨道或圆周运动会受到保持架兜孔的限制，所以球和保持架兜孔之间在圆周方向会产生一个载荷。当保持架稳态旋转时，球和保持架兜孔载荷在圆周方向的总和接近于零，并仅由摩擦力平衡。进一步，在轴承的旋转平面内，作用于球上的力和力矩必须保持平衡，这也包括加速或减速载荷以及摩擦力。为了满足这个平衡条件，球的速度，包括公转速度将不同于仅仅考虑运动状态的计算结果，甚至也不同于第2章中假定没有陀螺运动的结果。这种状态被称之为打滑，它将在第5章中涉及。

3.3.2 轻质球

为了使球轴承能在更高转速下运转，可以通过减小球的质量来降低球惯性的不利影响。这对角接触球轴承特别有效，因为它可以减小球与内、外滚道接触角之差$\alpha_{ij} - \alpha_{oj}$。为了做到这一点，首先想到的是在轴承中使用空心球[2]；但这被证明是不实际的，因为很难制造出有着各向同性力学性能的空心球。在20世纪80年代，开发出了热等静压(HIP)氮化硅陶瓷，它是一种适合制造滚动体的材料。由于HIP氮化硅球的密度约为钢球的42%，而且具有卓越的抗压强度，因而在高速机床主轴中得到应用，而且正准备用于航空发动机主轴轴承上。对配有钢球和HIP氮化硅球的218角接触球轴承，图3.15至图3.17比较了在高速运转下轴承的性能参数。

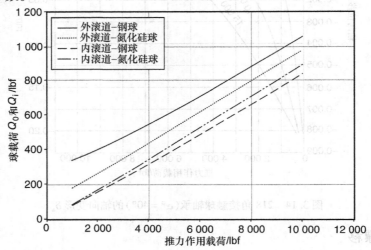

图 3.15　配有钢球或氮化硅球的218角接触球轴承在转速15 000r/min
时球与内、外滚道的载荷与轴承推力载荷的关系

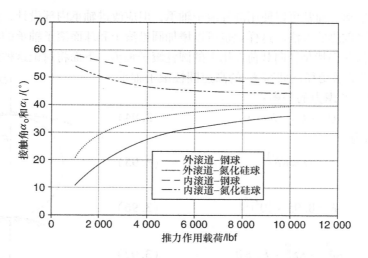

图 3.16 配有钢球或氮化硅球的 218 角接触球轴承在转速 15 000r/min 时球与内、外滚道的接触角与轴承推力载荷的关系

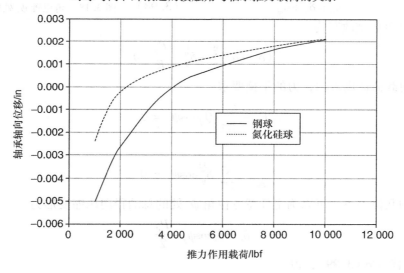

图 3.17 配有钢球或氮化硅球的 218 角接触球轴承在转速 15 000r/min 时轴向位移与轴承推力载荷的关系

氮化硅的弹性模量约为 3.1×10^5 MPa。对于混合球轴承，即有着钢制套圈和氮化硅球的轴承，由于球有着更高的弹性模量，球与滚道之间的接触区域要小于全钢轴承，这就会引起更高的接触应力。取决于载荷大小的应力水平，对球的材料而言也许可以接受，但对滚道材料就可能不被接受。通过增加球与沟道的吻合度，可以改善这种情况，但代价是要增加接触摩擦；例如可以减小沟道的曲率半径，减小的量因应用情况而各不相同，这要取决于轴承的作用载荷和速度。

3.4 高速向心圆柱滚子轴承

由于相对高的摩擦力矩会产生高的发热率，所以，在历来的高速应用场合，都不采用圆锥滚子和球面滚子轴承。通常可以使用圆柱滚子轴承,但应改进轴承内部设计,提高制造精度以及改善循环油润滑散热的方法。这样做也可以增加圆锥滚子和球面滚子轴承的容许转速。分析研究的最简单的情况仍然是径向载荷作用下的圆柱滚子轴承,下面将讨论这种情况。

图 3.18 表明了承受径向载荷 F_r 的高速圆柱滚子轴承的滚子受载情况,考虑力的平衡:

$$Q_{oj} - Q_{ij} - F_c = 0 \qquad (3.94)$$

将式(1.33)重写为

$$Q = K\delta^{\frac{10}{9}} \qquad (3.95)$$

式中

$$K = 8.05 \times 10^4 l^{\frac{8}{9}} \qquad (3.96)$$

于是

$$K\delta_{oj}^{\frac{10}{9}} - K\delta_{ij}^{\frac{10}{9}} - F_c = 0 \qquad (3.97)$$

因为

$$\delta_{rj} = \delta_{ij} + \delta_{oj} \qquad (3.98)$$

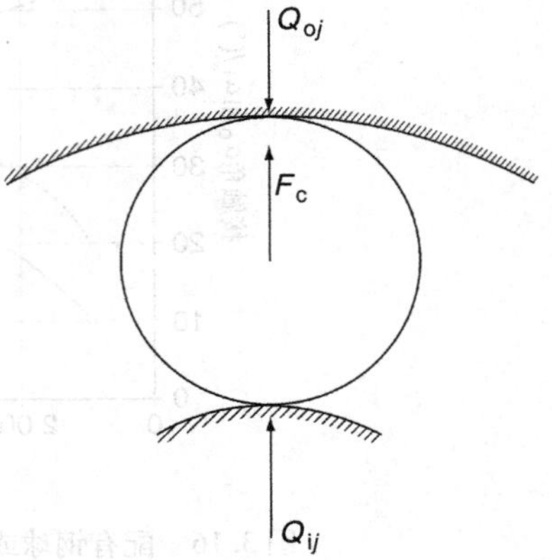

图 3.18 角位置 ψ_j 处的滚子载荷

所以式(3.97)可以被改写为

$$(\delta_{rj} - \delta_{ij})^{\frac{10}{9}} - \delta_{ij}^{\frac{10}{9}} - \frac{F_c}{K} = 0 \qquad (3.99)$$

在轴承的径向载荷作用方向,力的平衡要求

$$F_r - \sum_{j=1}^{j=Z} Q_{ij}\cos\psi_j = 0 \qquad (3.100)$$

或

$$\frac{F_c}{K} - \sum_{j=1}^{j=Z} \delta_{ij}^{\frac{10}{9}}\cos\psi_j = 0 \qquad (3.101)$$

从受载轴承的几何关系,可以确定任意方位角 ψ_j 处的总的径向压缩变形为

$$\delta_{rj} = \delta_r\cos\psi_j - \frac{P_d}{2} \qquad (3.102)$$

将式(3.102)代入式(3.99),得

$$\left(\delta_r\cos\psi_j - \frac{P_d}{2} - \delta_{ij}\right)^{\frac{10}{9}} - \delta_{ij}^{\frac{10}{9}} - \frac{F_c}{K} = 0 \qquad (3.103)$$

式(3.101)和式(3.103)构成了以 δ_r 和 δ_{ij} 为未知量的非线性联立方程组。它们可以用 Newton-Raphson 法对 δ_r 和 δ_{ij} 进行求解。一旦获得了 δ_r 和 δ_{ij} 之后,就可以计算滚子载荷:

$$Q_{ij} = K\delta_{ij}^{\frac{10}{9}} \qquad (3.104)$$

$$Q_{oj} = K\delta_{ij}^{\frac{10}{9}} + F_c \qquad (3.105)$$

滚子离心力可以用式(3.38)计算。

上述方程适用于线接触或是修正线接触的滚子轴承。全凸的滚子或滚道可能引起点接触,此时 K_i 将不同于 K_o,它们可由式(3.106)确定,该式已在本书第 1 卷第 7 章中给出:

$$K_p = 2.15 \times 10^5 (\Sigma\rho)^{-\frac{1}{2}} (\delta^*)^{-\frac{3}{2}} \qquad (3.106)$$

有着柔性支承套圈的高速滚子轴承的分析已由 Harris[3] 给出。

参看例 3.5。

图 3.19 给出了承受一个径向载荷且径向游隙为零的 209 圆柱滚子轴承的分析结果。图 3.20 给出了轴承位移与转速的变化曲线。

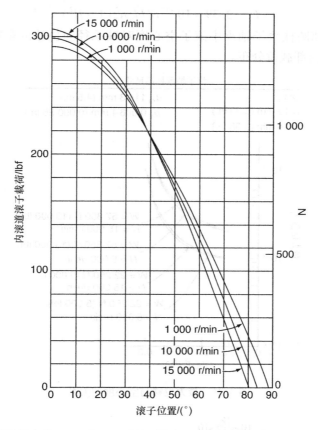

图 3.19　209 圆柱滚子轴承在 $P_d = 0$，$F_r = 4\,450$N，转速 1 000、10 000 和 15 000r/min 时滚子的载荷分布

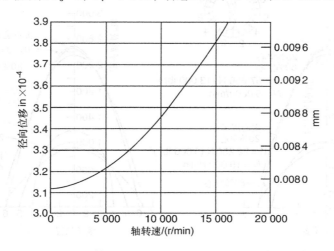

图 3.20　209 圆柱滚子轴承在 $P_d = 0$，$F_r = 4\,450$N 时径向位移与转速的关系

3.4.1 空心滚子

为了减小滚子的离心力,可以将滚子制成空心的。空心滚子是柔性的,而且应特别注意在载荷作用下保持轴位置的精度。滚子的离心力是空心度 $H = D_i/D$ 的函数,由下式给出:

$$F_c = 3.39 \times 10^{-11} D^2 l d_m n_m^2 (1 - H^2) \tag{3.107}$$

图 3.21[4] 给出了高速圆柱滚子轴承中滚子空心度对轴承径向位移的影响。对同一套轴承,图 3.22 表明了它的内部载荷分布。

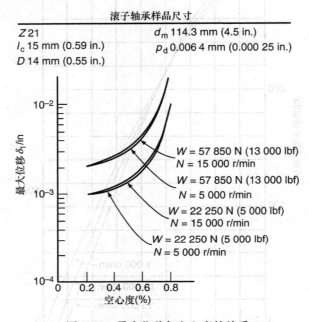

图 3.21　最大位移与空心度的关系

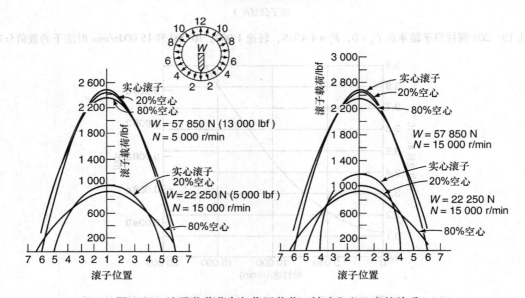

图 3.22　滚子载荷分布与作用载荷、转速和空心度的关系

评估空心滚子轴承的一个附加的准则是滚子的弯曲应力。图3.23表明了滚子空心度对滚子最大弯曲应力的影响，图中还表明了对滚子空心度的实际限制。

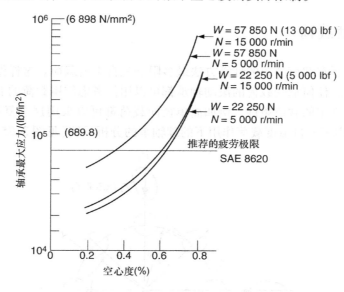

图3.23 最大弯曲应力与空心度的关系

制造过程中应特别关注空心滚子内表面的精整加工，因为内表面的不良加工将使应力升高，这将降低滚子的容许空心度，图3.22也说明了这种情况。

由陶瓷材料，比如氮化硅制成的轻质滚子更易于减小滚子的离心力。

3.5 高速圆锥和球面滚子轴承

利用数值计算机和与第一章中介绍的相似的方法，还可以分析其他类型的高速滚子轴承的载荷分布，Harris[5]给出了所有必要的方程。图3.24表明了作用于一般滚子上的力，在这种情况下，滚子的陀螺力矩为

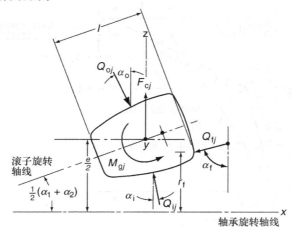

图3.24 滚子受力和几何关系

$$M_{gj} = J\omega_{mj}\omega_{Rj}\sin\left[\frac{1}{2}(\alpha_i + \alpha_o)\right] \tag{3.108}$$

3.6 五自由度载荷

到目前为止，所有载荷分布的计算方法最多限于三自由度载荷。这样做的目的是简化分析方法和便于理解。任何承受载荷的滚动轴承都可以用仅考虑作用载荷的五自由度系统来分析。这样，对任何确定的载荷条件，例如简单径向载荷都可以采用这个复杂的系统来分析。文献[5]给出了应用于五自由度载荷作用下的球轴承的分析系统(见图 3.25)。

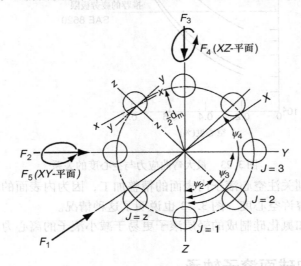

图 3.25 在 YZ 平面内运转的轴承

注意作用载荷的编号，即，用 $F_1, \cdots, F_5$ 代替 F_a，F_r 和 M。图 3.26 给出了方位角 ψ_j 处

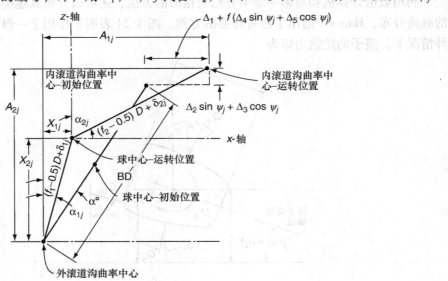

图 3.26 接触角，接触变形和位移的几何关系

球-滚道接触的接触角，接触变形和位移的关系。图 3.27 给出了方位角 ψ_j 处关于球中心的球的速度向量和惯性载荷。注意滚道的编号：1 = o，2 = i。这样做是为了便于数值编程。

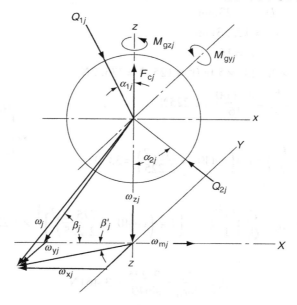

图 3.27　球的速度与惯性载荷

3.7　结束语

正如前面讨论所表明的，高速滚子轴承性能分析是复杂的，而且必须使用计算机才能获得数值结果。对于球轴承来说，这种复杂性可能还要大一些。在这一章以及第 1 章和第 2 章中，为了简化说明，大多数分析都限于载荷通过轴承旋转轴线并在轴承径向平面内成轴对称的情况，对更一般和更复杂的五自由度作用载荷系统也进行了讨论。

在这些讨论中忽略了润滑的影响。对于球轴承，已经假定陀螺枢轴运动很小，因而可以忽略。当然，这要取决于接触区内的摩擦力，而摩擦力在很大程度上受到润滑的影响。在高速运转下，轴承打滑也是润滑的函数。如果轴承出现打滑，离心力将会变小，其性能也因此有所不同。

尽管有上面的限制，本章介绍的分析方法对于评估在已知高速应用条件下轴承的优化设计还是非常有用的。

例题

例 3.1　推力载荷和离心力引起的球-滚道接触角

问题：公称接触角为 40° 的 218 角接触球轴承承受推力载荷 35 600N，转速为 5 000r/min，忽略推力载荷和接触变形对接触角的影响，计算球-外滚道的接触角，并比较球与内、外滚道的法向载荷。

解：由式（3.27）得

$$F_c = 2.26 \times 10^{-11} D^3 n_m^2 d_m$$

因

$$\alpha = 40°$$

$$D = 22.23\text{mm}$$

$$d_m = 125.3\text{mm}$$

$$Z = 16$$

$$F_c = 2.26 \times 10^{-11} \times 22.23^3 \times 5\ 000^2 \times 125.3 = 775.2\text{N}$$

$$Q_{ia} = \frac{F_a}{Z} = \frac{35\ 600}{16} = 2\ 225\text{N}$$

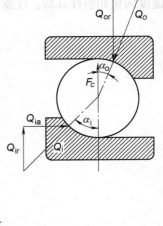

由式(3.32)得

$$\alpha_o = \cot\left(\cot\alpha_i + \frac{F_c}{Q_{ia}}\right) = \cot\left(\cot 40° + \frac{775.2}{2\ 225}\right) = 33.0°$$

由式(3.33)得

$$Q_o = \left[1 + \left(\cot\alpha_i + \frac{F_c}{Q_{ia}}\right)^2\right]^{\frac{1}{2}} Q_{ia} = \left[1 + \left(\cot 40° + \frac{775.2}{2\ 225}\right)^2\right]^{\frac{1}{2}} \times 2\ 225 = 4\ 086\text{N}$$

由式(3.34)得

$$Q_i = \frac{Q_{ia}}{\sin\alpha_i} = \frac{2\ 225}{\sin 40°} = 3\ 461\text{N}$$

$$Q_o > Q_i$$

例 3.2 高速推力球轴承的球-滚道接触角

问题：一个 90°接触角的推力球轴承尺寸和运转条件如下：

$$D = 12.7\text{mm}$$

$$d_m = 127\text{mm}$$

$$Q_a = 445\text{N 每个球}$$

$$N_m = 5\ 000\text{r/min}$$

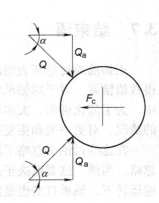

工作接触角是多少？

解：由式(3.27)得

$$F_c = 2.26 \times 10^{-11} D^3 n_m^2 d_m$$

$$F_c = 2.26 \times 10^{-11} \times 12.7^3 \times 5\ 000^2 \times 127 = 146.7\text{N}$$

$$\alpha = \tan^{-1}\left(\frac{2Q_a}{F_c}\right) = \tan^{-1}\left(\frac{2\ 445}{146.7}\right) = 80.63°$$

例 3.3 高速圆锥滚子轴承挡边和滚子与外滚道的载荷

问题：9000 系列 TRB 大锥角圆锥滚子轴承内部尺寸

如下：

$$D = 22.86\text{mm 平均}$$

$$d_m = 142.24\text{mm 平均}$$

$$l_t = 30.48\text{mm 滚子总长度}$$

$$\alpha_i = 22°$$

$$\alpha_o = 29°$$

$$\alpha_f = 64°$$

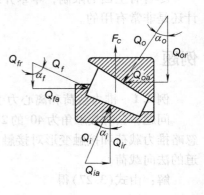

轴承保持架转速 1 700r/min，推力载荷 22 250N。滚子端部与挡边以及外滚道的最大载荷是多少？

解：由式(3.38)得

$$F_c = 3.39 \times 10^{-11} D^2 l_i n_m^2 d_m$$

$$F_c = 3.39 \times 10^{-11} \times 22.86^3 \times 30.48 \times 1\,700^2 \times 142.2 = 221.9N$$

由式(3.34)得

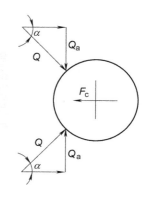

$$Q_f = Q_{ia} \frac{(\cot\alpha_i \sin\alpha_o - \cos\alpha_o) + F_c \sin\alpha_o}{\sin(\alpha_o + \alpha_f)}$$

$$Q_f = 22\,250 \frac{(\cot 22° \sin 29° - \cos 29°) + 221.9\sin 29°}{\sin(29° + 64°)} = 7\,351N$$

$$7\,351N > 7\,245N(见本书第 1 卷例 5.3,静载荷)$$

由式(3.43)得

$$Q_o = Q_{ia} \frac{(\cot\alpha_i \sin\alpha_f + \cos\alpha_f) + F_c \sin\alpha_f}{\sin(\alpha_o + \alpha_f)}$$

$$Q_o = 22\,250 \times \frac{(\cot 22° \sin 64° + \cos 64°) + 221.9\sin 64°}{\sin(29° + 64°)} = 595N$$

例 3.4　推力球轴承中对陀螺运动的抵抗力

问题：例 3.2 中的 90°TBB 轴承以 50 000r/min 绕轴转动。试确定：

① 球的陀螺力矩

② 阻止球陀螺运动的球-滚道接触的摩擦系数。

解：由式(3.67)得

$$M_g = 4.47 \times 10^{-12} D^5 n_R n_m \sin\beta$$

$$M_g = 4.47 \times 10^{-12} \times 12.7^5 \times 50\,000 \times 5\,000\sin 90° = 369N \cdot mm$$

从图 3.8 可得

$$(F_{fi} + F_{fo})\frac{D}{2} - M_g = 0$$

或

$$\mu(Q_i + Q_o)\frac{D}{2} - M_g = 0$$

$$\mu = \frac{2M_g}{D(Q_i + Q_o)} = \frac{2.369}{12.7 \times (450.8 \times 450.8)} = 0.064\,5$$

例 3.5　高速圆柱滚子轴承中滚子的载荷分布

问题：已知 209CRB 轴承尺寸如下：

$$D = 10mm$$

$$d_m = 65mm$$

$$l_t = 10mm \ 滚子总长度$$

$$l = 9.6mm \ 滚子有效长度$$

$$Z = 14$$

轴承转速分别为 1 000，10 000 和 15 000r/min。在径向载荷 4 450N 作用下，比较滚子的载荷分布。假定游隙为 0。

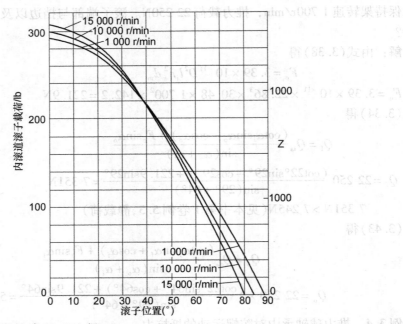

解：由本书第 1 卷的式(2.27)得

$$\gamma = \frac{D\cos\alpha}{d_{\mathrm{m}}} = \frac{10\cos0°}{65} = 0.153\ 8$$

由本书第 1 卷的式(10.13)得

$$n_{\mathrm{m}} = \frac{n_{\mathrm{i}}}{2}(1-\gamma) = n_{\mathrm{i}}(1-0.153\ 8) = 0.423\ 1n_{\mathrm{i}}$$

由式(3.38)得

$$F_{\mathrm{c}} = 3.39 \times 10^{-11}D^2 l_{\mathrm{i}} n_{\mathrm{m}}^2 d_{\mathrm{m}}$$

$$F_{\mathrm{c}} = 3.39 \times 10^{-11}D^2 l d_{\mathrm{m}} n_{\mathrm{m}}^2 = 3.39 \times 10^{-11} \times 10^2 \times 9.6 \times 65 \times (0.423 l n_{\mathrm{i}})^2 = 3.788 \times 10^{-7} n_{\mathrm{i}}^2$$

由式(3.101)得

$$\frac{F_{\mathrm{r}}}{K} = \frac{4\ 450}{5.869 \times 10^5} = 0.007\ 581 = \sum_1^Z \delta_{ij}^{\frac{10}{9}}\cos\psi_j = \sum_1^{14} \delta_{ij}^{\frac{10}{9}}\cos\psi_j \qquad (\mathrm{a})$$

由式(3.103)得

$$\left(\delta_{\mathrm{r}}\cos\psi_j - \frac{P_{\mathrm{d}}}{2} - \delta_{ij}\right)^{\frac{10}{9}} - \delta_{ij}^{\frac{10}{9}} - \frac{F_{\mathrm{c}}}{K} = (\delta_{\mathrm{r}}\cos\psi_j - 0 - \delta_{ij})^{\frac{10}{9}} - \delta_{ij}^{\frac{10}{9}}$$

$$-\frac{3.788 \times 10^{-7} n_{\mathrm{i}}^2}{5.869 \times 10^5}(\delta_{\mathrm{r}}\cos\psi_j - \delta_{ij})^{\frac{10}{9}} - \delta_{ij}^{\frac{10}{9}} - 6.453 \times 10^{-11} n_{\mathrm{i}}^2 = 0 \qquad (\mathrm{b})$$

对每一个 $n_{\mathrm{i}}(1\ 000, 10\ 000, 15\ 000)$，方程(a)+14 个方程(b)构成了 15 个非线性方程，未知数为( )$_{\mathrm{r}}$ 和( )$_{ij}$。可以用 Newton-Raphson 法对它们进行联立求解。

参 考 文 献

[1] Jones, A., General theory for elastically constrained ball and roller bearings under arbitrary load and speed conditions, *ASME Trans., J. Basic Eng.*, 82, 1960.
[2] Harris, T., On the effectiveness of hollow balls in high-speed thrust bearings, *ASLE Trans.*, 11, 209–214, 1968.

[3] Harris, T., Optimizing the fatigue life of flexibly mounted rolling bearings, *Lub. Eng.*, 420–428, October 1965.

[4] Harris, T. and Aaronson, S., An analytical investigation of cylindrical roller bearings having annular rollers, *ASLE Preprint No.* 66LC-26, October 18, 1966.

[5] Harris, T. and Mindel, M., Rolling element bearing dynamics, *Wear*, 23(3), 311–337, February 1973.

[3] Harris, T., Optimizing the fatigue life of flexibly mounted rolling bearings, Lub. Eng., 420-428, October 1965.

[4] Harris, T. and Aaronson S., An analytical investigation of cylindrical roller bearings having annular rollers, A.

[5] Harris, T. and Mindel M., Rolling element bearing dynamics, Wear, 23(3), 311-337, February 1973.

第 4 章　滚动体与滚道接触时的润滑膜

符号表

符　号	定　义	单　位
a	椭圆接触区长半轴	mm
α	膨胀系数	$℃^{-1}$
A	粘-温关系常数	
b	矩形接触区半宽，椭圆接触区短半轴	mm
B	杜利特尔参数	
C	润滑状态和油膜厚度计算常数	
D	滚子或球直径	mm
d_m	轴承节圆直径	mm
E	弹性模量	MPa
E'	$E/(1-\xi^2)$	MPa
F	作用力	N
F_a	离心力	N
$\bar{F}$	$F/E'\Re$	N
g	重力加速度	mm/s^2
$\mathbf{g}$	$\lambda E'$	
G	切变模量	MPa
h	油膜厚度	mm
h^0	最小油膜厚度	mm
H	$h/\Re$	
I	粘滞应力积分	
J	单位长度上的极惯性矩	$N \cdot s^2$
$\bar{J}$	$J/E'\Re$	$mm \cdot s^2$
k_b	润滑剂导热系数	$W/(m \cdot ℃)$
K_0	体积模量	$Pa \cdot K$
K_∞	体积模量	Pa
l	滚子有效长度	mm
L	热效应引起的油膜厚度减小系数	
M	力矩	$N \cdot mm$
n	转速	r/min
p	压力	MPa

Q	作用在滚子或球上的力	N
$\overline{Q}$	$Q/E'\mathfrak{R}$	
R	圆柱体半径	mm
$\mathfrak{R}$	当量半径	mm
s	表面粗糙度的均方根值	mm
SSU	赛波特粘度单位	s
t	时间	s
T	润滑剂温度	℃，K
u	流体速度	mm/s
U	卷吸速度$(U_1 - U_2)$	mm/s
$\overline{U}$	$\eta_0 U/2E'\mathfrak{R}$	
W	z 方向变形	mm
y	y 方向距离	mm
z	z 方向距离	mm
β'	粘-温系数	
...		

角 标

b	接触入口区	
e	接触出口区	
G	润滑脂	
i	内滚道油膜	
j	滚子位置	
m	公转	
NN	非牛顿流体	
o	外滚道油膜	
R	滚子	
S	乏油	
SF	表面粗糙度	
T	温度	
TS	温度和乏油	
x	x 方向，即垂直于滚动方向	
y	y 方向，即滚动方向	
z	z 方向	
μ	旋转滚道	
v	非旋转滚道	
0	最小油膜厚度	
1，2	接触体	

4.1　概述

　　长期以来，人们一直认为，球和滚子轴承需要流体润滑才能长期良好地运转。尽管在高温、高压及航天真空环境下，滚动轴承已经成功地应用了二硫化钼之类的固体润滑剂，但这些轴承还不能满足重载和长寿命的要求。人们进一步认识到，在非高温环境下轴承只需要很少的润滑剂就能很好地运转。因此，很多轴承只需填充少量的润滑剂，并采用机械密封来保持润滑剂，这种轴承通常可以运转很长时间。相反润滑油或脂过量时也可能使轴承出现"过热"和"烧伤"。

　　直到 20 世纪 40 年代末，滚动体与滚道间集中接触的润滑机理才在数学上建立起来，到 20 世纪 60 年代初才得到实验验证。而滑动轴承的流体润滑理论早在 19 世纪 80 年代就由 Reynolds 提出来了。众所周知，如果轴承设计合理，油膜能把支承表面和轴颈表面完全隔开。此外在不同的应用场合下，润滑剂可以是油、水、气体或其他具有一定粘度特性的流体。然而，对滚动轴承而言，认识到润滑油膜事实上也能将承受极高压力的滚动接触表面完全隔开还是不太久远的事情。今天，在滚动轴承许多成功的应用中都存在润滑油膜，这些油膜可有效地隔开滚动接触表面。这一章将提出计算滚动轴承油膜厚度的方法。

4.2　流体动压润滑

4.2.1　Reynolds 方程

　　在一定载荷、速度条件下，滚动体和滚道接触区内确实存在润滑油膜，一些学者应用经典流体动压润滑理论研究了滚动轴承中润滑剂的流体动压作用。早在 1916 年，Martin[1] 就提出了刚性圆柱体的解，1959 年，Osterle[2] 分析了滚子轴承流体动压润滑。

　　本节所关注的是介绍二维流体动压润滑机理。为此，假设一个无限长滚子在无限平面上滚动，并采用粘度为 η 的不可压缩等粘度牛顿流体润滑。对于牛顿流体，任意一点的流体剪切力 τ 服从下列关系

$$\tau = \eta \frac{\partial u}{\partial z} \tag{4.1}$$

式中，$\partial u / \partial z$ 是局部流体 z 方向上的速度梯度(如图 4.1 所示)。由于流体具有粘性，流体惯性力相对于粘性剪切力较小。因此，从图 4.2 可以看出流体质点仅受流体压力和剪切力作用。

　　注意到图 4.2 中的各个应力是静力平衡的，即在任何方向上，合力必定为零，因此，

$$\sum F_y = 0$$

$$p\mathrm{d}z - \left(p + \frac{\partial p}{\partial y} \right)\mathrm{d}z + \tau\mathrm{d}y - \left(\tau + \frac{\partial \tau}{\partial z} \right)\mathrm{d}y = 0$$

所以

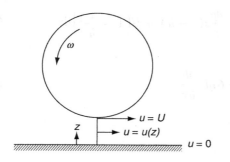

图 4.1　平面上滚动的圆柱体(圆柱体和平面间有润滑剂)

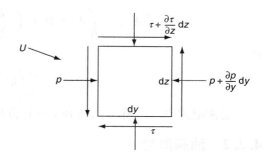

图 4.2　二维流体微单元上的应力

$$\frac{\partial p}{\partial y} = -\frac{\partial \tau}{\partial z} \tag{4.2}$$

将式(4.1)对 z 微分，得

$$\frac{\partial \tau}{\partial z} = -\eta \frac{\partial^2 u}{\partial z^2} \tag{4.3}$$

把式(4.3)代入式(4.2)，得

$$\frac{\partial p}{\partial y} = \eta \frac{\partial^2 u}{\partial z^2} \tag{4.4}$$

假设 $\partial p / \partial y$ 为常数，将式(4.4)对 z 进行二次积分，可以得到局部流体速度 u 的表达式：

$$u = \frac{1}{2\eta} \frac{\partial p}{\partial y} z^2 + c_1 z + c_2 \tag{4.5}$$

设速度 u 是滚子表面的流体移动速度，而在另一界面，假定 $u=0$，即 $z=0$ 时 $u=U$；$z=h$ 时 $u=0$。把这些边界条件代入式(4.5)可得

$$u = \frac{1}{2\eta} \frac{\partial p}{\partial y} z(z-h) + U\left(1 - \frac{z}{h}\right) \tag{4.6}$$

式中，h 是油膜厚度。

考虑流体微单元周围的流体速度，如图 4.3 所示，可应用稳态流体连续定律，即流入的流体质量一定等于流出的流体质量。由于不可压缩流体的密度不变，于是

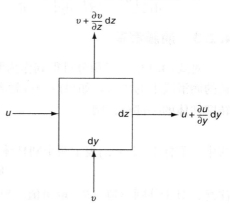

图 4.3　二维流体微单元的速度

$$u \mathrm{d}z - \left(u + \frac{\partial u}{\partial y} \mathrm{d}y\right)\mathrm{d}z + v\mathrm{d}y - \left(v + \frac{\partial v}{\partial z}\mathrm{d}z\right)\mathrm{d}y = 0 \tag{4.7}$$

因此，

$$\frac{\partial u}{\partial y} = -\frac{\partial v}{\partial z} \tag{4.8}$$

将式(4.6)对 y 微分，并将其代入式(4.8)，得

$$\frac{\partial v}{\partial z} = -\frac{\partial}{\partial y}\left[\frac{1}{2\eta}\frac{\partial p}{\partial y}z(z-h) + u\left(1 - \frac{z}{h}\right)\right] \tag{4.9}$$

将式(4.9)对 z 积分得到

$$\int \frac{\partial v}{\partial z} dz = -\int_0^h dv = 0 = \int_0^h \frac{\partial}{\partial y}\left[\frac{1}{2\eta}\frac{\partial p}{\partial y}z(z-h) + U\left(1-\frac{z}{h}\right)\right]dz \qquad (4.10)$$

即

$$\frac{\partial}{\partial y}\left(h^3\frac{\partial p}{\partial y}\right) = 6\eta U \frac{\partial h}{\partial y} \qquad (4.11)$$

通常把式(4.11)称为二维 Reynolds 方程。

4.2.2　油膜厚度

为了求解 Reynolds 方程，还需知道油膜厚度 h 与 y 的函数关系，即 $h = h(y)$。对于在平面上滚动的圆柱滚子，如图 4.4 所示，可以看出，

$$h = h^0 + \frac{y^2}{2R} \qquad (4.12)$$

式中，h^0 是最小油膜厚度。把式(4.12)代入式(4.11)，得

$$\frac{\partial}{\partial y}\left[\left(h^0 + \frac{y^2}{2R}\right)^3\frac{\partial p}{\partial y}\right] = \frac{6\eta U y}{R} \qquad (4.13)$$

式(4.13)仅随 y 变化，因此

$$\frac{d}{dy}\left[\left(h^0 + \frac{y^2}{2R}\right)^3\frac{dp}{dy}\right] = \frac{6\eta U y}{R} \qquad (4.14)$$

4.2.3　油膜载荷

对式(4.14)进行积分可得到作为距离 y 的函数的润滑膜上的压力。如果两个接触表面都是旋转圆柱体的一部分，则

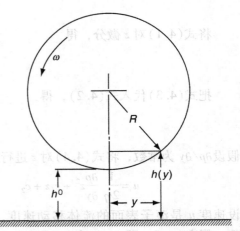

图 4.4

$$U = U_1 + U_2 \qquad (4.15)$$

式中，下标 1、2 分别表示两个圆柱体。同时，定义等效半径 $\mathfrak{R}$ 为

$$\mathfrak{R} = \left(R_1^{-1} + R_2^{-1}\right)^{-1} \qquad (4.16)$$

注意，对于外圈滚道，R^{-1} 取负值。单位轴向长度上由润滑膜承受的载荷为

$$q = \int p(y)dy \qquad (4.17)$$

对于等粘性流体的动压润滑问题，在相对轻的接触载荷下，比如对流体润滑的轴颈轴承，允许使用上述方程的解。

4.3　等温弹流润滑

4.3.1　粘压关系

在球和滚子轴承中，两个滚动接触体之间的法向压力大约为 700MPa 以上。图 4.5 给出了几种不同的轴承润滑剂粘度随压力变化的一些实验数据。可以看出，在给定温度条件

下，粘度和压力之间成指数函数关系。因此，载荷作用下滚动轴承的接触表面间流体粘度比大气压下基础粘度高几个数量级。

1893 年，Barus[3]建立了等温条件下的粘压关系经验公式。Barus 方程是

$$\eta = \eta_0 e^{\lambda p} \qquad (4.18)$$

式中，λ 是粘压系数，在恒定温度条件下是一个常数。1953 年，ASME[4]发表一项关于不同润滑油的粘压关系曲线的研究文章。根据 ASME 的数据，Barus 方程显然是一个粗略的近似值，原因是大多数润滑剂的粘压系数都随压力和温度的减小而减小。由于已经建立了油膜厚度与接触区入口处润滑剂粘度的函数关系，因此，利用大气压下的粘压系数就可以确定油膜厚度。

后来，Roelands[5]建立了考虑温度对粘度影响的粘压关系的方程：

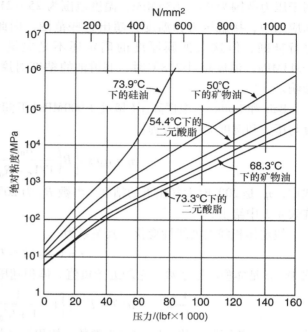

图 4.5　润滑剂的粘度关系（ASME data[5]）

$$\frac{\lg\eta + 1.2}{\lg\eta_0 + 1.2} = \left(\frac{T_0 + 135}{T + 135}\right)^{S_0}\left(1 + \frac{p}{200}\right)^{z} \qquad (4.19)$$

式中，压力单位是 MPa，温度单位是 K；对于不同润滑油，指数 S_0 和 z 根据经验确定。在高压情况下，式（4.19）充分说明了该公式得出的粘度低于采用式（4.18）得到的结果。

Sorab 和 VanArsdale[6]提出了一个粘度与压力和温的关系式，它适用于 ASME[4]研究中提到的几种润滑剂。

$$\ln\frac{\eta}{\eta_0} = A_1\left(\frac{p}{p_0} - 1\right) + A_2\left(\frac{T_0}{T} - 1\right) + A_3\left(\frac{p}{p_0} - 1\right)^2 + A_4\left(\frac{T_0}{T} - 1\right)^2$$

$$+ A_5\left(\frac{p}{p_0} - 1\right)\left(\frac{T_0}{T} - 1\right) \qquad (4.20)$$

式中，温度采用热力学温度。文献[6]给出了文献[4]中不同润滑油的系数 A_i 值。例如，图 4.5 中二酯润滑油粘压曲线系数为

A_1 　　1.48×10^{-3}

A_2 　　11.78

A_3 　　-7.7×10^{-8}

A_4 　　14.31

A_5 　　2.17×10^{-3}

该润滑剂是航空动力传送流体润滑的典型代表。Sorab 和 VanArsdale[6]表明，式（4.20）在接近 ASME 粘度、压力和温度数据方面要优于 Roelands 公式。但是，无论哪一种近似都仅适

用于压力范围为0~1034MPa、温度范围为25~218℃的ASME数据。在许多球或滚子轴承应用中，接触压力和温度会超出这些范围，因此，很有必要对此范围之外的试验数据进行推断，但这对油膜厚度的确定还不是关键。在计算轴承摩擦力时，当压力大于1043MPa、温度超过218℃时，润滑油的粘度对摩擦力的大小和计算精度却有着很大的影响。

Bair和Kottke[7]根据高压(超过2000MPa)下润滑油的试验研究，得出如下描述绝对粘度与压力和温度关系的方程：

$$\eta = \eta_0 \exp\left[B\left(\frac{R_0 r}{V/V_0 - R_0 r} - \frac{R_0}{1-R} \right) \right] \tag{4.21}$$

式中，η_0 是20℃时大气压下的粘度，参数 R_0 为20℃时的相对体积，B 由 Doolittle[8] 确定并在表4.1中给出。

假定体积随温度线性变化，其关系为

$$r = 1 + \varepsilon(T - T_0) \tag{4.22}$$

式中，ε 是体积膨胀系数，它趋近于负值。体积随压力和温度的变化量由下式决定：

$$\frac{V}{V_0} = \left[1 + a(T - T_0) \right] \left\{ 1 - \frac{1}{1 + K_0'} \ln\left[1 + \frac{p}{K_0}(1 + K_0') \right] \right\} \tag{4.23}$$

式中，a 是热膨胀系数，K_0' 假定为常数，体积模量与温度的关系为：

$$K_0 = K_\infty + \frac{K_0}{T} \tag{4.24}$$

式中，T 为热力学温度。当压力增加时，式(4.21)至式(4.24)给出了比 Roelands[5] 更好的粘度预测结果。然而，这些值仍然高于球和滚子轴承应用中的经验预测。

表4.1　Doolittle-Tait 参数 $T_0 = 20℃$

润滑剂	η_0 /(Pa·s)	a /(10^4/C)	ε /(10^3/C)	R_0	B	K_0	K_∞' /GPa	K_0 /(GPa·K)
SAE 20	0.108 9	8	−1.034	0.698 0	3.520	10.40	−0.928 2	580.7
PAO ISO 68	0.081 9	8	−1.035	0.662 2	3.966	11.38	−0.988 1	580.8
Mil-L-23699	0.046 67	7.42	−1.28	0.664 1	3.382	10.741	−1.014 9	570.8

Harris[9] 介绍了利用由式(4.25)定义的 S 形曲线来拟合 ASME[4] 的数据。

$$\eta = C_1 + \frac{C_2}{1 + e^{\frac{-(p - C_3)}{C_4}}} \tag{4.25}$$

在式(4.25)中，C_1、$\cdots$、C_4 是给定润滑剂在给定温度下通过拟合程序确定的常数。图4.6给出了 Mil-L-7808 润滑脂在37.8、98.9 和218.3℃下的 ASME 数据的 S 曲线。粘度-压力曲线的显著特征是当压力增大到一定程度时粘度趋近于常数。与 Bair 和 Winer[10,11] 解释的一样，流体在高压下，集中接触区将转变成玻璃态，即流体固化，因此对接触区压力下流体粘度是常数的假设显得很有道理。为了准确预测轴承摩擦力矩，考虑用 S 曲线来描述接触区润滑油粘度变得尤为重要。相反，在大气压和低压下，用 S 曲线近似润滑油粘度没有 Roelands[5] 和 VanArsdale[6] 模型精确。以上这些模型都可以用来估算润滑油粘度并计算油膜厚度。

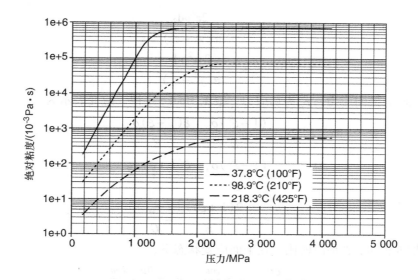

图 4.6　Mil-L-7808 润滑脂不同压力和温度与粘度的关系

4.3.2　接触表面变形

滚动接触体间的流体压力造成粘度增加，如图 4.5 所示。很显然滚动表面变形与表面的流体油膜厚度成正比，同时考虑表面变形和流体动压润滑作用，就构成弹性流体动压润滑（EHD）问题。这个问题的解给出了滚动轴承中的油膜厚度、局部压力和拖动力最有效的计算方法。

对于图 4.7 的模型，Dowson 和 Higginson[12] 采用的接触区内任一点的油膜厚度公式为

$$h = h^0 + \frac{y^2}{2R_1} + \frac{y^2}{2R_2} + w_1 + w_2 \qquad (4.26)$$

物体位移 w 是在平面应变状态下对半无限体计算得出的。由于载荷区宽度比接触体尺寸小得多，可以近似的认为 $w_1 = w_2$，等效圆柱体半径为

$$\Re = (R_1^{-1} + R_2^{-1})^{-1} \qquad (4.16)$$

油膜厚度表示为

$$h = h^0 + \frac{y^2}{2}R + w \qquad (4.27)$$

为求解平面问题，假定下面的应力函数：

$$\Phi = -\frac{Q}{\pi} y \tan^{-1} \frac{y}{z} \qquad (4.28)$$

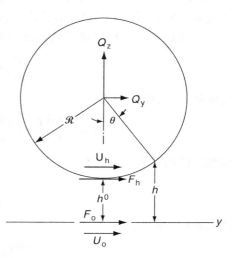

图 4.7　等效滚子上的作用力和速度

应用这个应力函数，沿 y 方向宽度为 ds 的窄条上的压力所产生的应力，可由下式确定：

$$\sigma_y = -\frac{2y^2 z p \, ds}{\pi(y^2 + z^2)^2} \qquad (4.29)$$

$$\sigma_z = -\frac{2z^3 p \mathrm{d}s}{\pi(y^2 + z^2)^2} \tag{4.30}$$

$$\tau_{yz} = -\frac{2yz^2 p \mathrm{d}s}{\pi(y^2 + z^2)^2} \tag{4.31}$$

式中，σ_y 和 σ_z 为法向应力，τ_{yz} 为切应力。根据 Hooke 定律，应变表示为

$$\varepsilon_y = \frac{(1 - \xi^2)\sigma_y}{E} - \frac{\xi(1 + \xi)\sigma_z}{E} \tag{4.32}$$

$$\varepsilon_z = \frac{(1 - \xi^2)\sigma_z}{E} - \frac{\xi(1 + \xi)\sigma_y}{E} \tag{4.33}$$

$$\varepsilon_{yz} = \frac{2(1 + \xi)\tau_{yz}}{E} = \frac{\tau_{yz}}{G} \tag{4.34}$$

式中，G 是切变模量，ξ 是泊松比。在平面应变状态下，

$$\varepsilon_y = \frac{\partial \nu}{\partial y}, \quad \varepsilon_z = \frac{\partial w}{\partial z}, \quad \varepsilon_{yz} = \frac{\partial \nu}{\partial z} + \frac{\partial w}{\partial y}$$

应用这些关系式以及式(4.29)~式(4.34)，在 $z = 0$ 的表面上，可建立下面位移公式：

$$w = -\frac{2(1 - \xi^2)}{\pi E} \int_{s_1}^{s_2} p \ln(y - S) \mathrm{d}S + \text{constant} \tag{4.35}$$

为求解 w，Dowson 和 Higginson[12] 等人把压力曲线划分为小段，并将小段上的压力表示为

$$p = \zeta_1 + \zeta_2 S + \zeta_3 S^2 \tag{4.36}$$

式中，ζ_1、ζ_2、ζ_3 是对应段的常数。利用 p 的这种表达式，可对式(4.35)进行积分，从而得到表面变形，当然采用这个方法需要假定压力分布。

为得到 h^0，采用考虑压粘关系的 Reynolds 方程，即

$$\frac{\mathrm{d}}{\mathrm{d}y}\left(h^2 \mathrm{e}^{-\lambda p} \frac{\mathrm{d}p}{\mathrm{d}y}\right) = 6\eta_0 U \frac{\mathrm{d}h}{\mathrm{d}y} \tag{4.37}$$

完成微分并整理，可得

$$h^3 \mathrm{e}^{-\lambda p}\left[\frac{\mathrm{d}^2 p}{\mathrm{d}y^2} - \lambda\left(\frac{\mathrm{d}p}{\mathrm{d}y}\right)^2\right] + \frac{\mathrm{d}h}{\mathrm{d}y}\left(6u\eta_0 + 3h^2 \mathrm{e}^{-\lambda p} \frac{\mathrm{d}p}{\mathrm{d}y}\right) = 0 \tag{4.38}$$

接触区的出口和入口处有

$$\frac{\mathrm{d}^2 p}{\mathrm{d}y^2} - \lambda\left(\frac{\mathrm{d}p}{\mathrm{d}y}\right)^2 = 0 \tag{4.39}$$

因此式(4.38)变为

$$\frac{\mathrm{d}h}{\mathrm{d}y}\left(6U\eta_0 + 3h^2 \mathrm{e}^{-\lambda p} \frac{\mathrm{d}p}{\mathrm{d}y}\right) = 0 \tag{4.40}$$

在压力曲线终端，$\mathrm{d}h/\mathrm{d}y = 0$，在最小油膜厚度的位置上也满足这种条件。在入口区，式(4.40)变为

$$\frac{\mathrm{d}p}{\mathrm{d}y} = -\frac{2\eta_0 \mathrm{e}^{\lambda p} U}{h^2} \tag{4.41}$$

因此，如果粘度和速度已知，只要入口区内某点满足式(4.40)，就可以求出该点对于给定

压力曲线的 h 值。由式(4.41)求解入口处的 h_b，得

$$h_b = \left[-\frac{2\eta_0 e^{\lambda p} U}{\left(\dfrac{dp}{dy} \right)_b} \right]^{\frac{1}{2}} \tag{4.42}$$

一旦确定 h_b 后，采用 Reynolds 方程的积分形式即可求出油膜厚度，即

$$\frac{dp}{dy} = -6\eta_0 e^{\lambda p} U \left(\frac{1}{h^2} - \frac{h_e}{h^3} \right) \tag{4.43}$$

在 $h = h_b$ 点，将式(4.41)代入上式，得 $h_e = 2h_b/3$。在 y 的其他位置，可用下列三次方程计算，它是由式(4.43)推导得来的：

$$\frac{\dfrac{dp}{dy}}{6\eta_0 e^{\lambda p} U} h^3 + h - h_e = 0 \tag{4.44}$$

在最大压力点，$dh/dp = 0$，式(4.38)变为

$$\frac{dh}{dy} = -\frac{h^3}{6\eta_0 e^{\lambda p} U} \frac{d^2 p}{dy^2} \tag{4.45}$$

接触区的大部分压力曲线接近于赫兹分布，即

$$p = p_0 \left[1 - \left(\frac{y}{b} \right) \right]^{\frac{1}{2}} \tag{4.46}$$

式中，p_0 是最大压力，b 是接触区半宽度。于是，$y = 0$，$p = p_o$，式(4.45)变为

$$\frac{dh}{dy} = \frac{p_0 h^3}{3\eta_0 e^{\lambda p_0} U b^2} \tag{4.47}$$

因此，如果 h 很小(载荷作用下的滚动轴承内一定如此)，粘度很高(压力下粘度增大)，则 dh/dy 很小，而油膜厚度基本不变。Dowson 和 Higginson[12]，以及 Grubin[13] 都得到了这一结果。

4.3.3　压力和应力分布

Dowson 和 Higginson[12]，以及 Grubin[13] 后来给出了无量纲油膜厚度 $H = h/\Re$ 的表达式：

$$H = f(\overline{Q}_z, \overline{U}, \vartheta) \tag{4.48}$$

式中

$$\overline{Q} = \frac{Q_z}{l E' \Re} \tag{4.49}$$

$$\overline{U} = \frac{\eta_0 U}{2 E' \Re} \tag{4.50}$$

$$\vartheta = \lambda E' \tag{4.51}$$

$$E' = \frac{E}{1 - \xi^2} \tag{4.52}$$

在 H 表达式以及式(4.47)和式(4.48)中，滚动轴承旋转方向的当量半径表达式为

$$\Re = \frac{D}{2}(1 \mp \gamma) \qquad (4.53)$$

式(4.53)中，负号用于内沟道接触，正号用于外沟道接触。对于内、外滚道接触，滚动体和滚道之间入口处流体速度分别由式(4.54)和式(4.55)给出。

$$U_i = \frac{d_m}{2}\left[(1-\gamma)(\omega-\omega_m)+\gamma\omega_R\right]$$

$$(4.54)$$

$$U_o = \frac{d_m}{2}\left[(1+\gamma)\omega_m+\gamma\omega_R\right]$$

$$(4.55)$$

Dowson 和 Higginson[14] 给出了 $\mathcal{G} = 2\,500$ 和 $\mathcal{G} = 5\,000$ 时的计算结果，如图 4.8 和图 4.9 所示。$\mathcal{G} = 2\,500$ 对应于青铜滚子、矿物油润滑；$\mathcal{G} = 5\,000$ 对应于钢制滚子、矿物油润滑。为 1 的载荷 $\overline{Q}_z = 0.000\,03$，大约相当于 $483\mathrm{N/mm^2}$；$\overline{Q}_z = 0.000\,3$，大约相当于 $1\,380\mathrm{MPa}$。为 1 的速度 $\overline{U}$ 对应于表面速度 $1\,524\mathrm{mm/s}$，这时等效滚子半径为 $25.4\mathrm{mm}$，采用矿物油润滑。

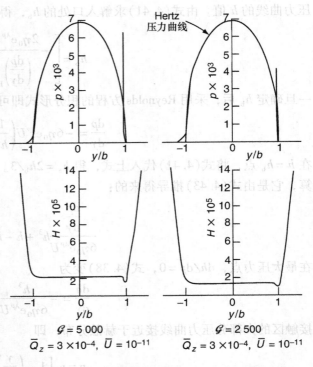

图 4.8　重载条件下的压力分布和油膜厚度

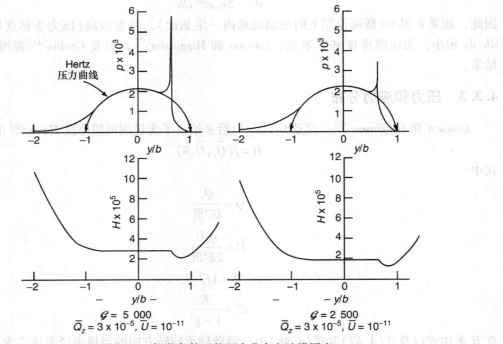

图 4.9　轻载条件下的压力分布和油膜厚度

　　从图 4.8 和图 4.9 可以看出，随着载荷增加，其压力分布与赫兹压力分布相差很小。出口区的第二压力峰对应于该点油膜厚度变小，其他的主油膜厚度基本均匀。Sibley 和 Orcutt[15] 通过试验已验证这一点。

　　另外，Dowson 和 Higginson[14] 研究了油膜压力分布对次表面最大切应力的影响。图 4.10 给出了最大切应力-最大赫兹压力的等值线图。可以看出，在第二压力峰值附近，切应力有所增加，且向表面靠近。

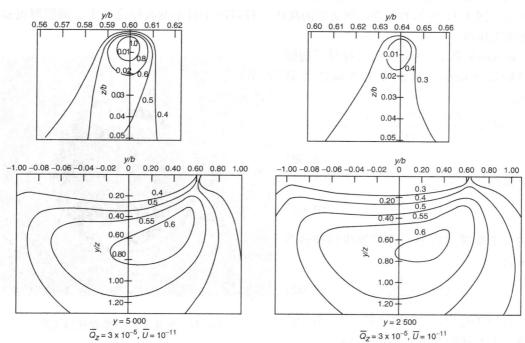

图 4.10　最大切应力-最大赫兹压力的等值线图

4.3.4　油膜厚度

　　Grubin[13] 提出了线接触弹流润滑的最小油膜厚度的计算公式。所谓最小油膜厚度就是等效滚子接触表面出口区隆起处与相对接触平面间的油膜厚度。Grubin 公式基于假定滚动表面的变形与干接触变形相同，以无量纲形式表示为

$$H^0 = \frac{1.95(\vartheta \overline{U})^{0.727}}{\overline{Q}_z^{0.091}} \tag{4.56}$$

式中，$H^0 = h^0/\Re_y$。

　　在理论分析和实验研究的基础上，Dowson 和 Higginson[14] 提出的最小油膜厚度的计算公式为

$$H^0 = \frac{2.65 \overline{U}^{0.7} \vartheta^{0.54}}{\overline{Q}_z^{0.13}} \tag{4.57}$$

上述两个公式的显著特点是，油膜厚度受速度和润滑剂粘度的影响很大，而受载荷的影响很小。Sibley 和 Orcutt[15] 用放射技术似乎验证了 Grubin 公式的正确性。很显然，Dowson 公式和 Grubin 公式一致。现在，在线接触润滑状态推荐采用 Dowson[16] 公式。

　　式(4.56)和式(4.57)讨论了最小油膜厚度的计算，接触区中心油膜厚度近似为

$$H_c = \frac{4}{3}H^0 \tag{4.58}$$

Archard 和 Kirk[17] 提出了两个球体接触的最小油膜厚度计算公式:

$$H^0 = \frac{0.84(\mathfrak{g}\,\overline{U})^{0.741}}{\overline{Q}_z^{0.074}} \tag{4.59}$$

利用装有洁净蓝宝石盘的球盘试验机和干涉测量法可以得到运动球盘接触油膜厚度分布的图像。图 4.11 所示的马蹄形图案中的高压力峰对应于最小油膜厚度。中心油膜厚度被马蹄形图案围绕。

Hamrock 和 Dowson[18] 随后推导了椭圆点接触最小油膜厚度的更为普遍的计算公式:

$$H^0 = \frac{3.63\,\overline{U}^{0.68}\mathfrak{g}^{0.49}(1 - e^{-0.68\kappa})}{\overline{Q}_z^{0.073}} \tag{4.60}$$

对点接触, $\overline{Q}_z$ 为

$$\overline{Q}_z = \frac{Q}{E'\mathfrak{R}^2} \tag{4.61}$$

有时对于椭圆点接触, 将等效线接触载荷表示为

$$\overline{Q}_{ez} = \frac{3Q}{4E'\mathfrak{R}_y a} \tag{4.62}$$

图 4.11　流体润滑钢球-盘接触图像

式(4.60)中, k 为椭圆率 a/b。对于点接触, 中心油膜厚度由下式给出:

$$H^0 = \frac{2.69\,\overline{U}^{0.67}\mathfrak{g}^{0.53}(1 - 0.61e^{-0.73\kappa})}{\overline{Q}_z^{0.067}} \tag{4.63}$$

Kotzalas[20] 对油膜厚度公式进行了研究, 他根据 Reynolds 方程[式(4.19)]和 S 形拟合曲线公式[式(4.25)]来定义给定温度下润滑油的粘度和压力。不论使用两种粘压模型中的哪一种, 他得到的计算油膜厚度分布都是相同的。

参见例 4.1 和例 4.2。

4.4　高压效应

滚动体和滚道之间的最大接触压力在 1 000 ~ 2 000MPa 范围内, 然而在现代轴承应用中, 特别是在耐久试验中, 最大赫兹压力可达到 4 000MPa。为了预防对试验设备和试验材料的破坏, 通过使用油膜厚度公式所获得的经验, 已能限制压力不超过 1 500MPa。Venner[22] 对高压下的弹流润滑进行了分析, 并得出油膜最小厚度和中心厚度的计算公式, 它们值稍小于以上公式的值。利用碳化钨球和蓝宝石盘的超薄干涉测量以及数值分析技术, Smeeth 和 Spikes[23] 测得了最大接触压力达到 3 500MPa 时的润滑油膜厚度。他们证实了 Venner 的结论, 并发现当接触载荷超过 2 000MPa 时, 最小油膜厚度与无量纲载荷的 0.3 次方成

反比，而不是式（4.60）中的 0.073 次方。Smeeth 和 Spikes[23] 获得的数据可以进一步用式（4.64）和式（4.65）表示：

$$\left(\frac{h_{0hp}}{h_0}\right)^{\frac{1}{2}} = 1.094\ 3 - 4.597 \times 10^{-12} p_{max}^3 \tag{4.64}$$

$$\frac{h_{chp}}{h_{cen}} = 0.873\ 6 - 8.543 \times 10^{-9} p_{max}^2 \tag{4.65}$$

这些公式确定了极高压力下的最小和中心油膜厚度与由式（4.60）和式（4.63）计算结果的比值。

4.5 入口处润滑剂的摩擦热效应

轴承高速运转时，接触区产生的摩擦热部分被进入接触入口区的润滑油带走。Cheng[24] 首先研究了这种影响，它造成润滑油温度升高。Vogels[25] 给出了下面的粘-温方程：

$$\eta_b = A_1 e^{\frac{\beta'}{T_b + A_2}} \tag{4.66}$$

式中，T_b 的单位为℃，A_1，A_2，β' 是和润滑剂有关的三个参数，为了确定 A_1，A_2，β'，需要三组粘度-温度数据，即：

$$A_1 = \eta_1 e^{\frac{-\beta'}{T_b + A_2}} \tag{4.67}$$

$$A_2 = \frac{A_3 T_1 - T_3}{1 - A_3} \tag{4.68}$$

$$\beta' = \frac{(T_2 + A_2)(T_1 + A_2)}{(T_2 - T_1)} \ln\left(\frac{\eta_1}{\eta_2}\right) \tag{4.69}$$

$$A_3 = \frac{(T_3 - T_2)}{(T_2 - T_1)} \frac{\ln\left(\frac{\eta_1}{\eta_2}\right)}{\ln\left(\frac{\eta_2}{\eta_3}\right)} \tag{4.70}$$

如果仅知道两组粘度-温度数据，可将 A_2 取为 273，式（4.66）可简化为

$$\eta_b = \eta_{ref} e^{\beta\left(\frac{1}{T_b} - \frac{1}{T_{ref}}\right)} \tag{4.71}$$

式中，T 的单位为°K，η_{ref} 为参考温度 T_{ref} 下的绝对粘度。由于 T_{ref} 一般为室温，而 T_b 通常高于 T_{ref}，式（4.71）可变为下面形式：

$$\eta_b = \eta_{ref} e^{-A_4\beta} \tag{4.72}$$

可以看出，温度升高润滑剂粘度下降。

以上的分析表明，由于接触区温度升高，油膜厚度将减小。Cheng[26]、Murch 和 Wilson[27]，Wilson[28] 以及 Wilson 和 Sheu[29] 等人利用滚动-滑动接触的热弹流问题的数值解提出了油膜厚度的热减小系数。Gupta 等人[30] 推荐的膜厚降低系数为：

$$\phi_t = \frac{1 - 13.2\left(\frac{p_0}{E}\right)L^{0.42}}{1 + 0.213(1 + 2.23S^{0.83})L^{0.64}} \tag{4.73}$$

式中，p_0 为赫兹接触压力，量纲为 1 的参数 L 和 S 定义如下：

$$L = -\left(\frac{\partial \eta}{\partial T}\right)_b \frac{(u_1 + u_2)^2}{4k_b} \tag{4.74}$$

$$S = 2\frac{u_1 - u_2}{u_1 + u_2} \tag{4.75}$$

对于线接触，Hsu 和 Lee[31] 提出了式(4.76)：

$$\phi_T = \frac{1}{1 + 0.076\ 6\ g^{0.687}\overline{Q}_L^{0.447}L^{0.527}e^{0.875S}} \tag{4.76}$$

4.6 乏油

计算油膜厚度的基本公式都假定接触区供油充足。当进入接触表面的油量不足以形成完整油膜时称为乏油。已经发现油膜厚度的减少系数与入口区润滑油弯液面到接触区中心的距离有关。但至今尚无精确计算油膜起始点距离的定量公式，因此，必须通过实验才能确定这个油膜弯液面起始点距离。图 4.12 说明了弯液面起始点距离的概念。文献[33-37]中有更为详细的说明。

为研究弯液面距离的问题，定义了无逆流条件。在这种条件下，弯液面起始点的最小速度应为零。如果弯液面距离过大，后面的点将有负的速度，即将发生逆流。因此，无逆流是一个准稳定的状态，此时不会发生由于逆流而损失接触区润滑油的现象。当供油量很小时，例如油雾润滑或脂润滑时，由文献[33,36]可知，由于乏油，油膜厚度的减少系数位于 0.71（纯滚动）和 0.46（纯滑动）之间。对于线接触，Castle 和 Dowson[36] 给出以下公式：

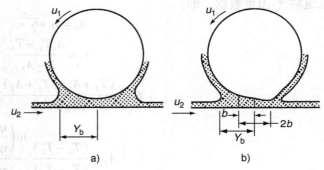

图 4.12　油膜起始点距离
a）流体动压润滑　b）弹性流体动压润滑

$$\varphi_s = 1 - e^{-1.347\Phi^{0.69}\Phi^{0.13}} \tag{4.77}$$

式中

$$\Phi = \frac{\dfrac{y_b}{b} - 1}{\left[2\left(\dfrac{\Re_y}{b}\right)^2 H_c\right]^{\frac{2}{3}}} \tag{4.78}$$

显然，如果弯液面距离为 b，则 $\Phi = 0$，这时 $\varphi_s = 0$。因此，为了有效地使用乏油系数，必须精确计算油膜起始点距离。如果不知道这个值，无逆流就成为一个可行的极限条件，这时，乏油系数 $\varphi_s = 0.7$。

接近乏油状态下，热效应对油膜形成的影响非常显著，这是因为缺少足够的润滑油把接触区内的摩擦热带走。因此，不能把热效应和乏油引起的两个膜厚减少系数简单相乘，而需要一个综合的系数。对于弹流线接触，Goksem 等[33]给出了以下表达式：

$$\varphi_{TS} = \varphi_T \left(1 - \frac{1}{(4.6 + 1.15L^{0.6})\left(\frac{0.67\overline{Q}_z\overline{Y}}{\varphi_T H_c}\right)\left(\frac{0.52}{1+0.001L}\right)} \right) \tag{4.79}$$

式中，L 由式（4.74）给出，而

$$\overline{Y} = y_b(y_b^2 - 1)^{\frac{1}{2}} - \ln\left[y_b + (y_b^2 - 1)^{\frac{1}{2}}\right] \tag{4.80}$$

对于无逆流状态，中心油膜厚度的综合减少系数为

$$\varphi_{TS} = \varphi_T \left(1 - \frac{1}{(4.6 + 1.15L^{0.6})\left(\frac{0.6345}{\varphi_T}\right)\left(\frac{0.52}{1+0.001L}\right)} \right) \tag{4.81}$$

对点接触，式（4.79）至式（4.81）可以和式（4.62）一起用来确定等效线接触载荷。

4.7　表面形貌的影响

到目前为止，本章用于计算油膜厚度的方法和公式仅仅考虑了滚动元件的宏观几何尺寸，即假定元件表面是光滑的。实际上，每个球、滚子或是滚道的表面都在主要尺寸上叠加了粗糙度。这种表面粗糙度，或者更准确地说是表面形貌与叠加在行星球面上的地球表面相似，它是在元件制造时由超精过程带来的。近年来，随着制造水平的快速发展，已经可以生产极其光滑的滚动部件表面。图 4.13 给出了滚动元件表面粗糙峰的示意图。

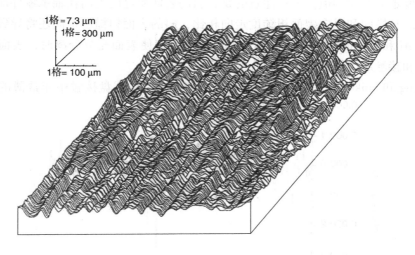

1格 = 7.3 μm
1格 = 300 μm
1格 = 100 μm

图 4.13　研磨后表面粗糙峰立体图

对于给定的表面，表面粗糙度一般用峰谷距离的算术平均值（AA）来定义，使用泰勒形貌仪等触针式仪器很容易测量。使用表面测量仪还可以了解到表面微观尺寸更广泛的性质，参见文献[38]。现在，对于直径 600mm 的球轴承滚道，已经能够加工出 AA 表面粗糙度 R_a 达到 0.05μm。然而，从有效润滑或疲劳寿命的观点来看，$R_a = 0$ 并非就是理想

的微观形貌。

表面粗糙度纹理方向可能影响到润滑膜的形成能力,这要取决于与滚动接触表面粗糙度有关的润滑膜的厚度。如果沟道的表面粗糙度纹理垂直于运动方向,这会有利于润滑膜的建立;反之,如果表面粗糙度纹理平行于运动方向,则会减小润滑膜厚度。滚动轴承最成功的应用是使滚动体与滚道之间的油膜厚度大到足以完全隔分开这两个元件。这种状态可用参数 Λ 来定义:

$$\Lambda = \frac{h^0}{\sqrt{s_r^2 + s_{RE}^2}} \qquad (4.82)$$

式中, h^0 是最小油膜厚度, S_r 是滚道表面的方均根粗糙度(rms), S_{RE} 是钢球或滚子表面的 rms。一般情况下,表面粗糙度 rms 的值取为 $1.25 R_a$。

Pater 和 Cheng[39] 首先研究了表面形貌对油膜厚度产生的影响。基于在垂直和平行于运动方向的接触表面峰谷之间的距离,他们对润滑膜厚度提出了一个修正系数。Tonder 和 Jakobsen[40] 采用球盘实验验证了 Pater 和 Cheng 的结论。Kaneta 等人[41] 用类似的实验证明了在薄油膜区($\Lambda < 1$),横向表面的油膜厚度会随着因粗糙峰变形引起的滑-滚比而增加。但是,当 $\Lambda > 3$ 时,粗糙峰变形可以被忽略。

Chang 等人[42] 分析研究了计入摩擦发热引起润滑剂剪切稀释对表面粗糙度的影响。Ai 和 Cheng[43] 考虑了图 4.14 所示的表面随机粗糙度,对表面形貌的影响做了广泛的分析。他们给出了横向、纵向和斜向表面形貌的点接触压力和油膜厚度分布的三维图形。图 4.15 至图 4.17 说明了随机表面粗糙度的影响。他们指出,粗糙度的方向对压力波动有显著的影响。他们进一步提到,斜的表面粗糙度走向会引起局部三维压力波动,其最大压力可能大于由横向表面粗糙度走向产生的值。值得注意的是,斜的表面粗糙度走向在轴承零件加工中可能更具有代表性。与横向和纵向表面粗糙度走向相比,斜的表面粗糙度走向还将导致最小的油膜厚度。但是 Ai 和 Cheng[43] 进一步指出,当 Λ 大到足以使表面充分分离时,表面粗糙度走向对油膜厚度和接触压力的影响将是很小的。

Guangteng 和 Spikes[44] 采用超薄油膜和光干涉方法测得球盘接触中非常薄的弹流润滑油

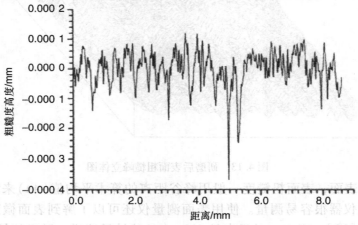

图 4.14 Ai 和 Cheng 所考虑的随机表面粗糙度表面轮廓图

膜厚度。他们发现 $\Lambda < 2$ 时，最薄油膜厚度小于光滑表面时的油膜厚度。Cann 等人[45]
采用间隔层成像方法得到弹流润滑油膜图像，Guangteng 等人[46]给出了滚动轴承零件真
实的、随机粗糙表面的图像。平均油膜厚度小于有着光滑表面滚动体的计算油膜厚度。
这就意味着，在混合弹流润滑区，如 $\Lambda < 1.5$ 时，平均油膜厚度将小于基于光滑表面滚
动接触油膜公式给出的值。二者之间的误差只能依靠实验测定，并需要建立一套经验
公式。

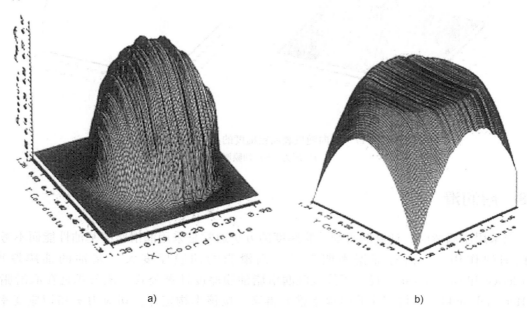

a)　　　　　　　　　　　　　　　　　b)

图 4.15　横向随机表面粗糙度的点接触弹流分布
a）压力　b）油膜厚度

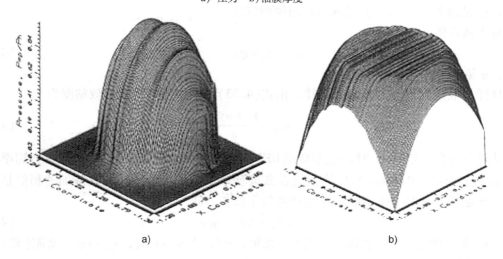

a)　　　　　　　　　　　　　　　　　b)

图 4.16　纵向随机表面粗糙度的点接触弹流分布
a）压力　b）油膜厚度

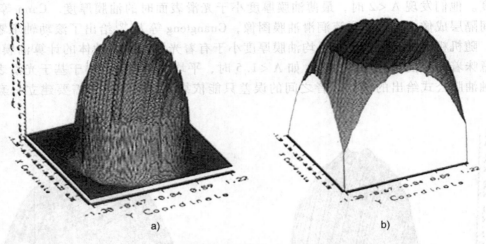

a)　　　　　　　　　　　　　b)

图 4.17　斜向随机表面粗糙度的点接触弹流分布
a) 压力　b) 油膜厚度

4.8　脂润滑

当采用脂润滑时，计算润滑剂油膜厚度的方法通常是采用润滑脂的基油性能而不考虑稠化剂的作用。然而有证据表明[47~50]，润滑脂的油膜厚度大于基油的油膜厚度。Kauzlarich 和 Greenwood[51] 提出了线接触润滑脂油膜厚度计算公式。该公式是在润滑脂遵循 Herschel-Bulkley 本构定律的前提下推导得来。按该本构定律，切应力 τ 和切应变率 $\dot{\gamma}$ 符合下式关系：

$$\tau = \tau_y + \alpha\dot{\gamma}^\beta \tag{4.83}$$

式中，τ_y 是屈服应力，α，β 是润滑脂的物理特性。

对牛顿流体，

$$\tau = \eta\dot{\gamma} \tag{4.84}$$

式中，η 是粘度。

这样，根据 Herschel-Bulkley 定律，由式(4.83)和式(4.84)可得有效粘度为

$$\eta_{\text{eff}} = \frac{\tau_y + \alpha\dot{\gamma}^\beta}{\dot{\gamma}} \tag{4.85}$$

从上式可以看出，当 $\alpha > 1$ 时，η_{eff} 将随剪切率而无限增大；而当 $\alpha < 1$ 时，随着剪切率的增大，η_{eff} 将趋于零。Palacios 等人[49] 假设在高剪切率下润滑脂的特性与其基础油相似是更合理的，于是他们对 Herschel-Bulkley 定律进行了修正，即

$$\tau = \tau_y + \alpha\dot{\gamma}^\beta + \eta_b\dot{\gamma} \tag{4.86}$$

式中，η_b 是基础油粘度。在这种形式下，如果 $\alpha < 1$，当 $\dot{\gamma} \to \infty$ 时，$\eta_{\text{eff}} \to \eta_b$。文献[52]给出了三种润滑脂在 35~80℃时的 τ_y，α，β，η_b 值。

在式(4.63)中，由于油膜厚度与粘度的 0.67 次方成正比，因此，Palacios 和 Palacios[52] 提出，润滑脂膜厚 h_G 和基础油膜厚 h_b 有下列比例关系：

$$\frac{h_G}{h_b} = \left(\frac{\eta_{\text{eff}}}{\eta_b}\right)^{0.67} \tag{4.87}$$

他们提出，取剪切率等于 $0.68u/h_G$ 进行计算，用迭代法确定 h_G。他们建议的方法是用式 (4.63) 计算一个近似值 h_b，利用 $\dot\gamma = 0.68u/h_b$，再用式 (4.87) 得到 h_G。然后再用 h_G 重新计算剪切率。这个过程重复进行，直到收敛为止。这种分析方法适用于线接触，但对 a/b 值在 $8 \sim 10$ 之间的长椭圆接触同样有效（典型为球轴承中的点接触）。

Cann[53,54] 在她的研究中指出与脂的稠化有关的部分油膜是沉积在轴承滚道表面的退化脂组成的残留油膜。流体动是由滚道上的油和残存在滚道上的脂提供的油面相对运动产生的。她进一步指出在通常低温下润滑脂形成的油膜比液态油浴形成的油膜要薄。这是由于润滑脂的高粘度造成接触面的供油不足决定的。在高温状态下，润滑脂具有比单纯基础油相对厚的油膜。这是由于温度提升、粘度降低、导致生成局部 EHL 油膜，该油膜又由于稠化形成的边界膜而增大，从而使接触区的润滑剂局部供应量增加。

因此可以说脂润滑的乏油程度随基础油的粘度、稠化和转速而增加，随温度的升高而减少。就滚动轴承应用而言，油膜厚度可能仅仅是富油润滑条件下计算厚度的一小部分。一个最可能的例外因素是，油膜变薄，摩擦增加，温度升高，这导致粘度降低，使得滚动体-滚道接触区的回流增加。无论如何，由于前面提到的使用条件，如润滑脂基础油的粘度、稠化剂含量、转速等因素，期望的润滑膜的厚度，可能只是式 (4.57)，式 (4.60) 和式 (4.63) 计算结果的一小部分。

4.9 润滑机制

虽然本章重点是滚动接触中的弹流润滑问题，但 Reynolds 方程的一般解却覆盖了全部的润滑机制；例如：

- 等粘度流体动力润滑 (IHD) 或经典流体动力润滑。
- 压粘流体动力润滑状态 (PHD)，润滑剂的粘度是接触压力的函数。
- 弹性流体动压润滑状态 (EHD)，同时考虑粘度随压力增加以及滚动部件表面的变形。

Dowson 和 Higginson[55] 根据量纲为 1 的油膜厚度、载荷、滚动速度等参数，确定了线接触的各种机制，建立了图 4.18。见式 (4.48) 到式 (4.50)。

当 θ 值固定时，Markho 和 Clegg[56] 提出了参数 C_1，用来确定润滑机制。

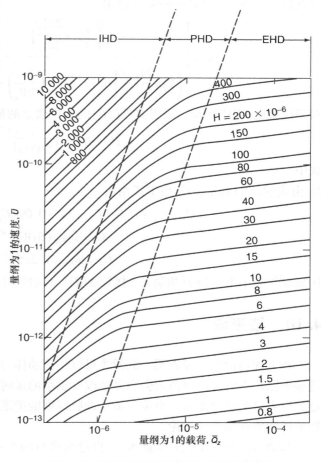

图 4.18 线接触膜厚与速度，载荷的关系

随后，Dalmaz[57]给出了式(4.88)。它考虑了所有 $\mathcal{G}$ 的实际值。

$$C_1 = \log_{10}\left[1.5 \times 10^6 \left(\frac{\mathcal{G}}{5\,000}\right)^2 \frac{\overline{Q}_z^3}{\overline{U}}\right] \tag{4.88}$$

表4.2 给出了参数 C_1 和运转润滑机制的关系。

表 4.2　润滑机制

参数 限 制	润滑机制	特　　点
$C_1 \leqslant -1$	IHD	低接触压力　无明显表面变形
$-1 < C_1 < 1$	PHD	无明显表面变形，润滑剂粘度随压力增加
$C_1 \geqslant 1$	EHD	表面有变形，润滑剂粘度随压力增加

在计算滚动体与滚道接触表面上的油膜厚度时，只需考虑 PHD 和 EHD 两种状态。在计算保持架—滚动体接触时，仅需考虑流体动力润滑（IHD）状态，这种情况下，Martin[1] 给出的线接触油膜厚度的计算公式为

$$H = 4.9\,\frac{\overline{U}}{\overline{Q}_z} \tag{4.89}$$

对点接触，Brewe 和 Hamrock[58] 给出

$$H = \left\{\frac{\dfrac{\overline{Q}_z}{\overline{U}}\left(1 + \dfrac{2\mathfrak{R}_x}{3\mathfrak{R}_y}\right)}{\left(128\,\dfrac{\mathfrak{R}_y}{\mathfrak{R}_x}\right)^{\frac{1}{2}}\left[0.131\tan^{-1}\left(\dfrac{\mathfrak{R}_y}{2\mathfrak{R}_x}\right) + 1.163\right]} + 2.651\,1\right\}^{-2} \tag{4.90}$$

对于线接触 PHD 机制，采用文献[56]的数据建立的最小油膜厚度方程为

$$H = 10^{C_4} \times \left(\frac{\mathcal{G}}{5\,000}\right)^{0.35(1 + C_1)} \tag{4.91}$$

式中

C_1 由式(4.88)确定，C_4 由下式给出

$$C_4 = C_2 + C_1 C_3 (C_1^2 - 3) - 0.094 C_1 (C_1^2 - 0.77 C_1 - 1) \tag{4.92}$$

$$C_2 = \log_{10}(618\,\overline{U}^{0.661\,7}) \tag{4.93}$$

$$C_3 = \log_{10}(1.285\,\overline{U}^{0.002\,5}) \tag{4.94}$$

Dalmaz[57] 还给出了 PHD 机制下点接触油膜厚度的数值计算结果，但至今仍未推导出解析方程。

4.10　结束语

在上述讨论中已经表明，润滑膜可以将滚动体与接触滚道隔开。除此之外，滚动体和滚道接触区存在的流体摩擦力会明显地改变轴承的运转状态。从防止金属与金属接触所造成的过大应力这个观点来说，也希望最小油膜厚度能把滚动表面完全隔开。油膜厚度对轴承耐久性的影响将在第8章讨论。

从20世纪60年代直至进入21世纪所进行的大量理论和实验研究，大大加深了我们对滚动轴承中集中接触润滑机理的理解。Grubin[13] 的原创性工作或许将被证明与 Reynolds 在

19 世纪 80 年代的贡献一样重要。

润滑剂除了隔开滚动表面外，还常常作为吸收和消散轴承摩擦热量的介质，否则，热量将从高温环境传递给轴承。这个问题将在第 7 章讨论。

例题

例 4.1　圆柱滚子轴承的最小油膜厚度

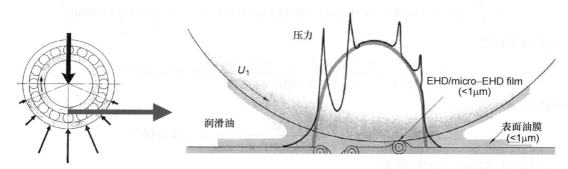

问题：例 3.5 中的 209 圆柱滚子轴承，采用环烷油润滑，工作温度下油的运动粘度 ν 为 100SSU。径向载荷为 4 450N，转速为 10 000r/min，计算最小油膜厚度。

解：209 圆柱滚子轴承几何尺寸如下：

$$D = 10\text{mm}$$
$$d_{\text{m}} = 65\text{mm}$$
$$l = 9.6\text{mm}　滚子有效长度$$
$$Z = 14$$

由参考文献[4.21]

$$\nu_{\text{b}} = 2.26 \times 10^{-3}\nu - \frac{1.95}{\nu} = 2.26 \times 10^{-3} \times 100 - \frac{1.95}{100} = 0.207(\text{cm}^2/\text{s})$$

对常温条件下的典型矿物油，文献[4.4]给出了粘压系数：

$$\lambda = 0.112\,2\left(\frac{\nu_{\text{b}}}{10^4}\right)^{0.163} = 0.112\,2\left(\frac{0.207}{10^4}\right)^{0.163} = 0.019\,34\ \frac{\text{mm}^2}{\text{N}}$$

由式(4.52)得

$$E' = \frac{E}{1 - \xi^2} = \frac{206\,900}{1 - 0.30^2} = 227\,400\text{MPa}$$

由式(4.51)得

$$G = \lambda E' = 0.019\,34 \times 227\,400 = 4\,398$$

$$\eta_{\text{b}} = \nu_{\text{b}}\rho g = 0.207 \times 0.86\ \frac{\text{g}}{\text{cm}^3} \times \frac{1\text{kg}}{10^3\text{g}} \times \frac{1\text{cm}}{10\text{mm}} \times \frac{1\text{m}}{10^3\text{mm}} = 1.780 \times 10^{-8}\frac{\text{N}\cdot\text{s}}{\text{mm}^2}$$

由式(4.53)得

$$\mathfrak{R}_i = \frac{D(1 - \gamma)}{2} = \frac{10(1 - 0.153\,8)}{2} = 4.231\text{mm}$$

由例3.5，$n_{\mathrm{m}} = 0.423\ 1n_{\mathrm{i}}$

$$\omega_{\mathrm{i}} - \omega_{\mathrm{m}} = (n_{\mathrm{i}} - n_{\mathrm{m}})\frac{2\pi}{60} = (n_{\mathrm{i}} - 0.423\ 1n_{\mathrm{i}})\frac{2\pi}{60} = 0.060\ 42n_{\mathrm{i}}$$

由本书第 1 卷中的式(10.14)得

$$\omega_{\mathrm{R}} = \frac{n_{\mathrm{i}}d_{\mathrm{m}}\pi}{60D}(1 - \gamma^2) = \frac{\pi n_{\mathrm{i}}}{60 \times 0.153\ 8}(1 - 0.153\ 8^2) = 0.332\ 4n_{\mathrm{i}}$$

由式(4.54)得

$$U_{\mathrm{i}} = \frac{65}{2}\big[(1 - 0.153\ 8) \times 0.060\ 42 + 0.153\ 8 \times 0.332\ 4\big] \times 10\ 000 = 33\ 240\mathrm{mm/s}$$

由式(4.50)得

$$\overline{U}_{\mathrm{i}} = \frac{\eta_{\mathrm{o}}U_{\mathrm{i}}}{2E'R_{\mathrm{i}}} = \frac{1.780 \times 10^{-8} \times 3.324 \times 10^4}{2 \times 2.074 \times 10^5 \times 4.231} = 3.075 \times 10^{-10}$$

由式(4.49)得

$$\overline{Q}_{\mathrm{zi}} = \frac{Q_{\mathrm{zi}}}{lE'R_{\mathrm{yi}}} = \frac{1\ 335}{9.6 \times 2.274 \times 10^5 \times 4.231} = 1.44 \times 10^{-4}$$

由式(4.57)得最小油膜厚度为

$$H_{\mathrm{i}}^0 = \frac{2.65\overline{U}_{\mathrm{i}}^{0.7}G^{0.54}}{\overline{Q}_{\mathrm{zi}}^{0.13}} = \frac{2.65 \times (3.075 \times 10^{-10})^{0.7} \times 4\ 398^{0.54}}{(1.44 \times 10^{-4})^{0.13}} = 1.704 \times 10^{-4}$$

$$h_{\mathrm{i}}^0 = H_{\mathrm{i}}^0\mathfrak{R}_{\mathrm{yi}} = 1.704 \times 10^{-4} \times 4.231 = 0.721 \times 10^{-3}\mathrm{mm} = 0.721\mu\mathrm{m}$$

由式(4.58)，接触区中心油膜厚度为

$$h_{\mathrm{ci}} = \frac{4}{3}h_{\mathrm{i}}^0 = \frac{4}{3} \times 0.721 \times 10^{-3} = 9.61 \times 10^{-3}\mathrm{mm} = 0.961\mu\mathrm{m}$$

例4.2 圆柱滚子轴承的最小油膜厚度

问题：例4.1 中的 209 轴承用环烷油润滑，工作温度下油的运动粘度 ν 为 40SSU，径向载荷为 4 450N，转速为 10 000r/min，计算最小油膜厚度。

解：由参考文献[4.21]

$$\nu_{\mathrm{b}} = 2.26 \times 10^{-3}\nu - \frac{1.95}{\nu} = 2.26 \times 10^{-3} \times 40 - \frac{1.95}{40} = 0.011\ 38\mathrm{cm}^2/\mathrm{s}$$

对常温条件下典型矿物油，文献[4.4]给出了粘压系数：

$$\lambda = 0.112\ 2\left(\frac{V_{\mathrm{b}}}{10^4}\right)^{0.163} = 0.112\ 2 \times \left(\frac{0.011\ 38}{10^4}\right)^{0.163} = 0.012\ 06\ \frac{\mathrm{mm}^2}{\mathrm{N}}$$

$$h_{\mathrm{i}}^0 = 0.721 \times \left(\frac{\lambda_{40\mathrm{SSU}}}{\lambda_{100\mathrm{SSU}}}\right)^{0.54} \times \left(\frac{\nu_{\mathrm{b}-40\mathrm{SSU}}}{\nu_{\mathrm{b}-100\mathrm{SSU}}}\right)^{0.7}$$

$$= 0.721 \times \left(\frac{0.012\ 06}{0.019\ 34}\right)^{0.54} \times \left(\frac{0.011\ 38}{0.207}\right)^{0.7} = 0.073\ 3\mu\mathrm{m}$$

参 考 文 献

[1] Martin, H., Lubrication of gear teeth, *Engineering*, 102, 199, 1916.

[2] Osterle, J., On the hydrodynamic lubrication of roller bearings, *Wear*, 2, 195, 1959.

[3] Barus, C., Isothermals, isopiestics, and isometrics relative to viscosity, *Am. J. Sci.*, 45, 87–96, 1893.

[4] ASME Research Committee on Lubrication, Pressure–viscosity report—Vol. 11, *ASME*, 1953.

[5] Roelands, C., *Correlation Aspects of Viscosity–Temperature–Pressure Relationship of Lubricating Oils*, Ph.D. Thesis, Delft University of Technology, 1966.

[6] Sorab, J. and VanArsdale, W., A correlation for the pressure and temperature dependence of viscosity, *Tribol. Trans.*, 34(4), 604–610, 1991.

[7] Bair, S. and Kottke, P., Pressure–viscosity relationships for elastohydrodynamics, Preprint AM03-1, STLE Annual Meeting, New York, 2003.

[8] Doolittle, A., Studies in Newtonian flow II, the dependence of the viscosity of liquids on free-space, *J. Appl. Phys.*, 22, 1471–1475, 1951.

[9] Harris, T., Establishment of a new rolling bearing life calculation method, Final Report, U.S. Navy Contract N68335-93-C-0111, January 15, 1994.

[10] Bair, S. and Winer, W., Shear strength measurements of lubricants at high pressure, *Trans. ASME, J. Lubr. Technol., Ser. F*, 101, 251–257, 1979.

[11] Bair, S. and Winer, W., Some observations in high pressure rheology of lubricants, *Trans. ASME, J. Lubr. Technol., Ser. F*, 104, 357–364, 1982.

[12] Dowson, D. and Higginson, G., A numerical solution to the elastohydrodynamic problem, *J. Mech. Eng. Sci.*, 1(1), 6, 1959.

[13] Grubin, A., Fundamentals of the hydrodynamic theory of lubrication of heavily loaded cylindrical surfaces, *Investigation of the Contact Machine Components*, Kh. F. Ketova (ed.) [Translation of Russian Book No. 30, Chapter 2], Central Scientific Institute of Technology and Mechanical Engineering, Moscow, 1949.

[14] Dowson, D. and Higginson, G., The effect of material properties on the lubrication of elastic rollers, *J. Mech. Eng. Sci.*, 2(3), 1960.

[15] Sibley, L. and Orcutt, F., Elastohydrodynamic lubrication of rolling contact surfaces, *ASLE Trans.*, 4, 234–249, 1961.

[16] Dowson, D. and Higginson, G., *Proc. Inst. Mech. Eng.*, 182(Part 3A), 151–167, 1968.

[17] Archard, G. and Kirk, M., Lubrication at point contacts, *Proc. R. Soc. Ser. A*, 261, 532–550, 1961.

[18] Hamrock, B. and Dowson, D., Isothermal elastohydrodynamic lubrication of point contacts—Part III—fully flooded results, *Trans. ASME, J. Lubr. Technol.*, 99, 264–276, 1977.

[19] Wedeven, L., *Optical Measurements in Elastohydrodynamic Rolling Contact Bearings*, Ph.D. Thesis, University of London, 1971.

[20] Kotzalas, M., *Power Transmission Component Failure and Rolling Contact Fatigue*, Ph.D. Thesis, Pennsylvania State University, 1999.

[21] Avallone, E. and Baumeister, T., *Standard Handbook for Mechanical Engineers*, 9th ed., McGraw-Hill, New York, 1987.

[22] Venner, C., Higher order mutlilevel solvers for the EHL line and point contact problems, *ASME Trans., J. Tribol.*, 116, 741–750, 1994.

[23] Smeeth, S. and Spikes, H., Central and minimum elastohydrodynamic film thickness at high contact pressure, *ASME Trans., J. Tribol.*, 119, 291–296, 1997.

[24] Cheng, H., A numerical solution to the elastohydrodynamic film thickness in an elliptical contact, *Trans. ASME, J. Lubr. Technol.*, 92, 155–162, 1970.

[25] Vogels, H., Das Temperaturabhängigkeitsgesetz der Viscosität von Flïssigkeiten, *Phys. Z.*, 22, 645–646, 1921.

[26] Cheng, H., A refined solution to the thermal-elastohydrodynamic lubrication of rolling and sliding cylinders, *ASLE Trans.*, 8(4), 397–410, 1965.

[27] Murch, L. and Wilson, W., A thermal elastohydrodynamic inlet zone analysis, *Trans. ASME, J. Lubr. Technol., Ser. F*, 97(2), 212–216, 1975.

[28] Wilson, A., An experimental thermal correction for predicted oil film thickness in elastohydrodynamic contacts, *Proc. 6th Leeds–Lyon Symp. Tribol.*, 1979.

[29] Wilson, W. and Sheu, S., Effect of inlet shear heating due to sliding on elastohydrodynamic film thickness, *Trans. ASME, J. Lubr. Technol., Ser. F*, 105(2), 187–188, 1983.

[30] Gupta, P., et al., Viscoelastic effects in Mil-L-7808 type lubricant, Part I: Analytical formulation, *Tribol. Trans.*, 35(2), 269–274, 1992.

[31] Hsu, C. and Lee, R., An efficient algorithm for thermal elastohydrodynamic lubrication under rolling/sliding line contacts, *J. Vibr. Acoust. Reliab. Des.*, 116(4), 762–768, 1994.

[32] MacAdams, W., *Heat Transmission*, 3rd ed., McGraw-Hill, New York, 1954.

[33] Goksem, P. and Hargreaves, R., The effect of viscous shear heating in both film thickness and rolling traction in an EHL line contact—Part II: Starved condition, *Trans. ASME, J. Lubr. Technol.*, 100, 353–358, 1978.

[34] Dowson, D., Inlet boundary conditions, *Leeds–Lyon Symp.*, 1974.

[35] Wolveridge, P., Baglin, K., and Archard, J., The starved lubrication of cylinders in line contact, *Proc. Inst. Mech. Eng.*, 185, 1159–1169, 1970–1971.

[36] Castle, P. and Dowson, D., A theoretical analysis of the starved elastohydrodynamic lubrication problem, *Proc. Inst. Mech. Eng.*, 131, 131–137, 1972.

[37] Hamrock, B. and Dowson, D., Isothermal elastohydrodynamic lubrication of point contact—Part IV: Starvation results, *Trans. ASME, J. Lubr. Technol.*, 99, 15–23, 1977.

[38] McCool, J., Relating profile instrument measurements to the functional performance of rough surfaces, *Trans. ASME, J. Tribol.*, 109, 271–275, April 1987.

[39] Patir, N. and Cheng, H., Effect of surface roughness orientation on the central film thickness in EHD contacts, *Proc. 5th Leeds–Lyon Symp. Tribol.*, 15–21, 1978.

[40] Tønder, P. and Jakobsen, J., Interferometric studies of effects of striated roughness on lubricant film thickness under elastohydrodynamic conditions, *Trans. ASME, J. Tribol.*, 114, 52–56, January 1992.

[41] Kaneta, M., Sakai, T., and Nishikawa, H., Effects of surface roughness on point contact EHL, *Tribol. Trans.*, 36(4), 605–612, 1993.

[42] Chang, L., Webster, M., and Jackson, A., On the pressure rippling and roughness deformation in elastohydrodynamic lubrication of rough surfaces, *Trans. ASME, J. Tribol.*, 115, 439–444, July 1993.

[43] Ai, X. and Cheng, H., The effects of surface texture on EHL point contacts, *Trans. ASME, J. Tribol.*, 118, 59–66, January 1996.

[44] Guangteng, G. and Spikes, H., An experimental study of film thickness in the mixed lubrication regime, *Proc. 24th Leeds–Lyon Symp., Elastohydrodynamics*, 159–166, September 1996.

[45] Cann, P., Hutchinson, J., and Spikes, H., The development of a spacer layer imaging method (SLIM) for mapping elastohydrodynamic contacts, *Tribol. Trans.*, 39, 915–921, 1996.

[46] Guangteng, G., et al., Lubricant film thickness in rough surface, mixed elastohydrodynamic contact, ASME Paper 99-TRIB-40, October 1999.

[47] Wilson, A., The relative thickness of grease and oil films in rolling bearings, *Proc. Inst. Mech. Eng.*, 193, 185–192, 1979.

[48] Minnich, H. and Glöckner, H., Elastohydrodynamic lubrication of grease-lubricated rolling bearings, *ASLE Trans.*, 23, 45–52, 1980.

[49] Palacios, J., Cameron, A., and Arizmendi, L., Film thickness of grease in rolling contacts, *ASLE Trans.*, 24, 474–478, 1981.

[50] Palacios, J., Elastohydrodynamic films in mixed lubrication: an experimental investigation, *Wear*, 89, 303–312, 1983.

[51] Kauzlarich, J. and Greenwood, J., Elastohydrodynamic lubrication with Herschel–Bulkley model reases, *ASLE Trans.*, 15, 269–277, 1972.

[52] Palacios, J. and Palacios, M., Rheological properties of greases in EHD contacts, *Tribol. Int.*, 17, 167–171, 1984.

[53] Cann, P., Starvation and reflow in a grease-lubricated elastohydrodynamic contact, *Tribol. Trans.*, 39(3), 698–704, 1996.

[54] Cann, P., Starved grease lubrication of rolling contacts, *Tribol. Trans.*, 42(4), 867–873, 1999.

[55] Dowson, D. and Higginson, G., Theory of roller bearing lubrication and deformation, *Proc. Inst. Mech. Eng.*, 117, 1963.

[56] Markho, P. and Clegg, D., Reflections on some aspects of lubrication of concentrated line contacts, *Trans. ASME, J. Lubr. Technol.*, 101, 528–531, 1979.

[57] Dalmaz, G., Le Film Mince Visquex dans les Contacts Hertziens en Regimes Hydrodynamique et Elastohydrodynamique, Docteur d'Etat Es Sciences Thesis, I.N.S.A. Lyon, 1979.

[58] Brewe, D. and Hamrock, B., Analysis of starvation on hydrodynamic lubrication in non-conforming contacts, ASME Paper 81-LUB-52, 1981.

第 5 章　滚动体—滚道接触产生的摩擦

符号表

符　号	定　义	单　位
a	接触椭圆长半轴	mm(in)
A_c	实际平均接触面积	$mm^2(in^2)$
A_0	表观接触面积	$mm^2(in^2)$
b	接触椭圆短半轴	mm(in)
d	平面距峰值平面的距离	mm(in)
d_i	滚道直径	mm(in)
D	滚动体直径	mm(in)
D_{sum}	波峰密度	$mm^{-2}(in^{-2})$
E_1、E_2	物体 1 和 2 的弹性模量	MPa
E'	当量弹性模量	MPa
F	接触摩擦力	N(lbf)
$F_o()$, $F_1()$, $F_{3/2}()$	Greenword-Williamson 模型的函数	
h	油膜厚度	mm(in)
h_c	中心油膜厚度	mm(in)
L	滚子长度	mm(in)
l_{eff}	滚子有效长度	mm(in)
m_0	零阶矩，$\equiv R_q^2 \equiv s^2$	$\mu m^2(\mu in^2)$
m_2	二阶矩	
m_4	四阶矩	$mm^{-2}(in^{-2})$
n	接触密度	$mm^{-2}(in^{-2})$
n_p	塑性接触密度	$mm^{-2}(in^{-2})$
q	x/a	N(lbf)
Q	接触载荷	N(lbf)
Q_a	微凸体承受的载荷	N(lbf)
Q_f	流体承受的载荷	N(lbf)
R	变形表面的半径	mm(in)
R	波峰球形半径	mm(in)
R_q	表面轮廓的方均根(rms)	$\mu m(\mu in)$
S	物体表面粗糙度方均根(rms)	$\mu m(\mu in)$
S_s	物体波峰高度标准偏差	mm(in)

s_1，s_2	物体 1 和 2 表面粗糙度方均根（rms）	$\mu m(\mu in)$
t	y/a	
T	温度	$\text{℃}(\text{℉})$
u	表面速度	$mm/s(in/s)$
u_m	滚道表面速度	$mm/s(in/s)$
u_{RE}	滚动体表面速度	$mm/s(in/s)$
U	滚动速度 $=1/2(u_{RE}+u_m)$	$mm/s(in/s)$
v	滑动速度	$mm/s(in/s)$
w	波峰变形量	$\mu m(\mu in)$
w_p	反映塑性微凸体密度的变量	$\mu m(\mu in)$
Y	简单拉伸的屈服强度	$MPa(lbf/in^2)$
z_s	相对于波峰基准平面的波峰高度	$mm(in)$
$\bar{z}_s$	表面和波峰基准平面间的距离	$mm(in)$
$z(x)$	表面轮廓	$mm(in)$
α	带宽参数	
γ	剪切率	s^{-1}
η	绝对粘度	$N \cdot s/m^2$
Λ	油膜参数，h/s	
μ	摩擦或拖动系数	
μ_a	粗糙表面对粗糙表面的摩擦系数	
ν_1，ν_2	物体 1 和物体 2 的泊松比	
σ	法向接触应力或压力	$MPa(lbf/in^2)$
σ_o	最大法向接触应力或压力	$MPa(lbf/in^2)$
ϕ_o	最大法向接触应力或压力	$MPa(lbf/in^2)$
τ	切应力	$MPa(lbf/in^2)$
τ_f	由流体产生的切应力	$MPa(lbf/in^2)$
τ_{lim}	流体中极限切应力	$MPa(lbf/in^2)$
τ_N	牛顿流体润滑中切应力	$MPa(lbf/in^2)$
$\phi()$	高斯概率密度函数	$mm^{-1}(in^{-1})$

5.1 概述

　　球轴承和滚子轴承有时被称为减磨轴承，用以强调其在工作中具有较小的摩擦功耗。实际上，与滚动轴承有关的摩擦与接触表面产生的滑动行为有关，这些接触包括滚动体与滚道的接触、滚动体与保持架的接触、滚子端部与滚子引导面之间的接触、保持架与引导挡边之间的接触。本章中的摩擦不包含轴承密封圈与内外套圈之间的摩擦，密封圈与内外套圈产生的摩擦力要远远大于其他因素引起的摩擦的总和。在本章中，主要研究滚动体与滚道之间的摩擦。

　　滚动轴承一般都是在油润滑条件下运行的。润滑方法包含有：循环油润滑、油浴润滑、油雾润滑及脂润滑。润滑脂是含油的有机或无机稠化剂，油从稠化剂中渗出而起到主要的润滑作用。第 4 章表明，润滑油膜起到分隔滚动体与滚道的作用。这种分隔可以是全部的也可以是部分的。全部分离时，摩擦力主要取决于接触温度和压力条件下，润滑剂的性能。在部分分离时，滚动/滑动表面的波峰在边界润滑条件下互相接触，导致摩擦力增大。因此，在接触表面建立润滑油膜是很重要的。

在第4章中，介绍了在流体润滑（油润滑）时形成的润滑油膜，滚动体与滚道之间的接触与接触几何外形及负荷、滚动速度、润滑油的性能有关。润滑油的性能与接触区内部和入口的温度有关。温度又与摩擦产生的热和轴承热量扩散途径有关。在第7章将会介绍检测轴承温度的几种方法；在本章中，假设温度是已知的。

轴承除了油润滑和脂润滑外，还有固体润滑，例如：石墨、二硫化钼及其他合成物润滑。固体润滑比流体润滑产生的摩擦大，温度高。润滑形式近似于边界润滑。它比滚动零件直接接触产生的摩擦要小一点；但是热扩散能力要大大降低。

5.2 滚动摩擦

5.2.1 变形

通常，滚动轴承中球和滚子承受垂直于接触点切平面的载荷。在这些法向载荷的作用下，滚动体和滚道在接触处发生变形。根据赫兹接触理论，公共接触表面的曲率半径等于两接触体半径的调和平均值。当滚子直径为 D、滚道直径为 d_i 时，接触表面等效曲率半径为

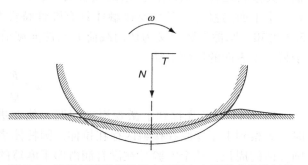

图 5.1 滚子与滚道接触处由于切向力而形成的隆起状

$$R = \frac{d_i D}{d_i + D} \tag{5.1}$$

由于上述的变形以及滚子在滚道上的运动，需要切向力来克服滚动阻力，这样，在接触区的前部，滚道材料被挤压形成隆起状，如图5.1所示。而在接触区后部发生凹陷，这样，需要一个附加切向力来克服隆起材料的阻力。由于隆起很小，所以摩擦力也很小。

5.2.2 弹性滞后

可以观察到，当压力载荷作用下的滚动体通过滚道时，在滚动方向上，接触表面前部的材料将受到挤压，而接触表面后部的材料将释放应力。现已知道，在相同的应力水平下，加载产生的变形小于卸载时产生的变形（见图5.2）。图5.2中的两条曲线之间的面积称之为弹性滞后带，表示能量损失（摩擦功耗）。一般说来，弹性滞后引起的摩擦与滚动轴承中的其他类型摩擦相比是很小的。Drutowski[1]通过

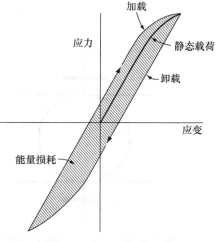

图 5.2 应力循环下弹性材料的滞后带

用球在两平板之间进行滚动，验证了弹性滞后的存在。在文献[1]中，用 φ12.7mm 的铬钢球在铬钢板上滚动，在大约 356N 法向力下，测得的摩擦系数只有 0.000 1。Greenwood 和 Tabor[2] 估算了弹性滞后引起的滚动阻力。他们发现如果法向载荷足够大时，滚动摩擦阻力本质上要比滑动引起的摩擦力小。

Drutowski[3] 也已证明，滚动摩擦力与受力材料体积呈线性关系。在文献[1,3]中，他进一步指出，弹性滞后与受力材料在接触区上的载荷和应力有关。

5.3　滑动摩擦

5.3.1　微观滑动

向心滚子轴承如果滚子和滚道长度相等，滚子由无摩擦的挡边精确引导且在中等转速下轴承无倾斜运转，则在滚子-滚道接触处不会产生宏观滑动。宏观滑动为一个平面相对于另外一个平面的移动。但只要接触体具有弹性特性和摩擦系数，微观滑动就可能发生。由图 5.3 可知，摩擦系数定义为切向载荷 F 与法向载荷 Q 的比值。微观滑动定义为一个表面相对于另一个表面的局部滑动：

$$\mu = \frac{F}{Q} \tag{5.2}$$

Reynolds[4] 首先提到了微观滑动问题，他在进行有关高刚性圆柱体在橡胶上滚动试验时，观察到由于橡胶在接触区存在拉伸，圆柱体绕自身轴线旋转一周时向前滚过的距离小于圆柱体的周长。整个实验是在没有润滑即干摩擦的条件下进行的。

Poritsky[5] 证明了火车驱动轮中的二维微观滑动或蠕动现象，同样也是在干摩擦条件下。假定圆柱体之间的法向载荷在接触表面上产生抛物线形状的应力分布，σ_z 与赫兹应力分布相似，如图 5.4 所示。在应力分布 σ_z 上叠加一个切应力 τ_x，此时，接触区内的局部摩擦系数为

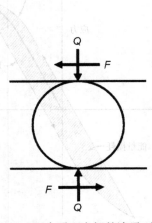

图 5.3　两个平面之间的滚子-法向
载荷 Q 和切向载荷 F 作用

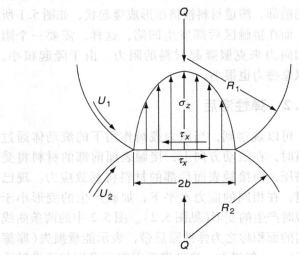

图 5.4　表面切应力作用下的滚动

$$\mu_x = \frac{\tau_x}{\sigma_z} \qquad (5.3)$$

利用这个模型，Poritsky 证明了接触区内存在两个区域，一个是不发生滑动的"粘着"区域，另一个是存在相对移动或滑动的区域，而此前一直认为接触区内只存在滚动。图 5.5 表明了这种情况。

　　Cain[6]进一步指出，在纯滚动中，"粘着"区与接触区前缘相重合，必须强调的是，只有当无润滑表面之间的摩擦系数足够大时，粘着区才会存在。

　　Heathcote[7]认为硬球在高密合度的沟道滚动时，仅在两条窄带上不发生滑动。最终，Heathcote 推导出了这种条件下的"滚动"摩擦计算公式。Heathcote 滑动与滚动体—滚道变形产生的滑动很相似。Heathcote 的分析没有考虑表面弹性变形的能力，但考虑了不同伸长引起的表面速度差的影响。Johnson[8]通过将接触椭圆，例如球与滚道接触区域，划分成微小的带状区，如图 5.6 所示，对带状区域进行 Porisky 二维分析，从而完善了 Heathcote 的分析。Johnson 使用切向弹性变形进行的分析证明，微滑动假设所得的摩擦系数低于滑动假设分析所得的摩擦系数，图 5.7 显示的是接触椭圆上存在的"粘着区"和滑动区。

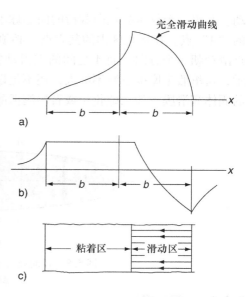

图 5.5　接触区内存在的粘着区和滑动区
a）表面切向牵引　b）表面应变
c）粘着区和微观滑动区

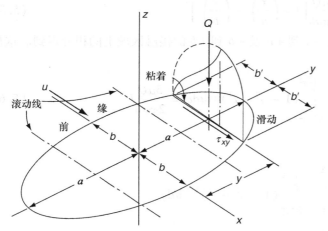

图 5.6　深沟球轴承球与滚道接触区
接触椭圆上的粘着区与微观滑动区

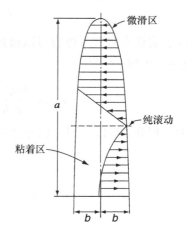

图 5.7　接触椭圆上存在的
粘着区和微观滑动区

5.3.2　滚动产生的滑动：固体膜或边界润滑

5.3.2.1　滑动方向

　　尽管被称为滚动轴承，在轴承运转过程中摩擦主要来源于滑动。在第 2 章，已经介绍了由于宏观几何学，即轴承内部基本几何尺寸的影响，绝大部分滚子轴承和球轴承会出现滑动。对于一个仅承受径向载荷的向心球轴承来说，纯滚动仅发生在两点，即图 2.7 中所标示的"A"点。在接触区内的其它点，必须产生滑动，滑动的方向与滚动方向平行。A 之外的点滑动朝一个方向；而 A 之间的点滑动方向相反。椭圆区域内各点的滑动方向如图 5.8 所示，这里假定摩擦系数不够大，还不足以产生粘着区。这个假设一般适用于油润滑或有充分的固体润滑膜，如二硫化钼或石墨润滑的轴承。

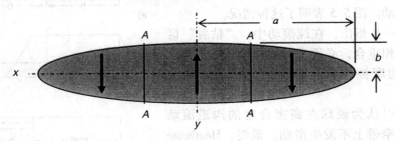

图 5.8   径向载荷下向心轴承球-滚道椭圆接触区域
黑箭头表示滑动方向

5.3.2.2   滑动摩擦

在本书第 1 卷第 6 章中，接触区内任意一点 (x,y) 的应力可由下式表示：

$$\sigma = \frac{3Q}{2\pi ab}\Big[1-\Big(\frac{x}{a}\Big)^2-\Big(\frac{y}{b}\Big)^2\Big]^{\frac{1}{2}} \tag{5.4}$$

根据式(5.3)，在任意一点 (x,y)，平行于滚动方向的表面摩擦切应力为

$$\tau = \frac{3\mu Q}{2\pi ab}\Big[1-\Big(\frac{x}{a}\Big)^2-\Big(\frac{y}{b}\Big)^2\Big]^{\frac{1}{2}} \tag{5.5}$$

平行于滚动方向的摩擦力可以通过从 $-a$ 到 $+a$ 及 $-b$ 到 $+b$ 的接触区域上的积分得到。这里令 $q = x/a$ 和 $t = y/b$，

$$F_y = \frac{3\mu Q}{2\pi ab}\int_{-1}^{+1}\int_{-\sqrt{1-q^2}}^{+\sqrt{1-q^2}}(1-q^2-t^2)^{\frac{1}{2}}\mathrm{d}t\mathrm{d}q = \frac{3\mu Q}{2\pi ab}I \tag{5.6}$$

其中，积分 I 可按下列三部分计算：

$$I_1 = c_{v1}\int_{-1}^{-\frac{A}{a}}\int_{-\sqrt{1-t^2}}^{+\sqrt{1-t^2}}(1-q^2-t^2)^{1/2}\mathrm{d}t\mathrm{d}q$$

$$I_2 = c_{v2}\int_{-\frac{A}{a}}^{+\frac{A}{a}}\int_{-\sqrt{1-t^2}}^{+\sqrt{1-t^2}}(1-q^2-t^2)^{1/2}\mathrm{d}t\mathrm{d}q \tag{5.7}$$

$$I_3 = c_{v3}\int_{+\frac{A}{a}}^{+1}\int_{-\sqrt{1-t^2}}^{+\sqrt{1-t^2}}(1-q^2-t^2)^{1/2}\mathrm{d}t\mathrm{d}q$$

式中，c_{vn} 为滑动方向系数，其值为 +1 或 -1，跟滑动方向有关。

式(5.6)和式(5.7)对固体润滑和边界润滑运转条件下的轴承是有效的,其中摩擦系数 μ 可以认为是常数。

5.3.3　滚动产生的滑动：全油膜润滑

5.3.3.1　牛顿流体润滑

当润滑油膜完全将滚动表面隔开时,可以假定形成了牛顿流体润滑,在第 4 章之中给出了如下表面摩擦切应力:

$$\tau = \eta \frac{\partial u}{\partial z} \tag{4.1}$$

式中, η 为流体粘度, u 为滚动方向的流体速度, z 为到接触表面之间的间隔距离。由于这个间隔与滚动元件的尺寸相比很小,因此式(4.1)可以简化为

$$\tau = \eta \frac{v}{h} \tag{5.8}$$

式中, v 为滑动速度, h 为润滑膜厚度。该公式假设粘度为常数。由第 4 章可知, h 为接触区入口处润滑剂粘度的函数。对于给定的润滑剂,粘度主要取决于温度。但为了计算表面摩擦切应力,必须用到润滑剂粘度。由于粘度是变化的,不是常数,因此在滚动接触中使用简单的牛顿流体润滑只能局限于低载荷情况。

5.3.3.2　润滑油膜参数

在 20 世纪 60 年代引入了参数 Λ,用来表示润滑膜隔开滚动"接触"表面的程度:

$$\Lambda = \frac{h}{(s_{\mathrm{m}}^2 + s_{\mathrm{R}}^2)^{\frac{1}{2}}} \tag{5.9}$$

式中, s_{m} 为滚道表面粗糙度的方均根值(rms)。 s_{R} 为滚动体表面粗糙度的方均根值。这些值通常由 R_{a} 的算术平均值得到;rms $= 1.25 \times R_{\mathrm{a}}$。对于完全油膜隔离,可假定 $\Lambda \geqslant 3$。

5.3.3.3　弹性流体动力润滑接触下的非牛顿流体润滑

按照式(4.1),非牛顿流体中不会产生摩擦切应力。一些学者[9~12]研究了弹性流体动力润滑(EHL)模型中非牛顿流体行为的影响。Bell[10]研究了 Ree—Eyring 流体的影响,该流体的切应力由式(5.10)描述:

$$\dot{\gamma} = \frac{\tau_0}{\eta} \sinh\left(\frac{\tau}{\tau_0}\right) \tag{5.10}$$

这里 Eyring 应力 τ_0 和粘度 η 均为温度和压力的函数。Houpert[13],Evans 和 Johson[14]利用 Ree—Eyring 模型分析了 EHL 拖动力。当 τ 很小时,式(5.10)表示出近似于牛顿流体的线性粘度特征。然而,已经表明,在高的润滑剂剪切率下,非牛顿特性会导致粘度的下降。需要指出,如果除滚动之外还存在实质上的滑动时就会出现这种情况。由于油膜厚度主要跟接触入口区润滑剂的特性有关,因此,非牛顿流体对油膜厚度的影响不大。

然而,非牛顿流体对接触区内的摩擦影响很大。由于摩擦,接触区内润滑剂温度会升高并引起粘度的降低。由于接触区内的压力大大增加并发生变化,显然式(4.10)将变为

$$\tau = \eta(T,p) \frac{\partial u}{\partial z} \tag{5.11}$$

假设点接触和线接触的接触区域和压力分布图分别如图 5.9 和图 5.10 所示(见本书第 1 卷第 6 章),则式(5.11)定义了接触表面任意一点(x,y)的局部切应力 τ。由于与滚动元件的宏观尺寸相比油膜厚度很小,因此式(5.11)可以合理地近似为

$$\tau = \eta(T,p)\frac{v}{h} \tag{5.12}$$

式中,v 为滑动速度,h 为油膜厚度。在第 4 章中,介绍了几个表述润滑油粘度与温度和压力关系的公式。在这些公式中,由 Bair 和 Kottke(见第 4 章参考文献[7])给出的式(4.21)和由 Harris(见第 4 章参考文献[9])推荐的式(4.25)可以代入式(5.12)中 $\eta(T,p)$,这会有助于计算 τ 并得到满意的结果。

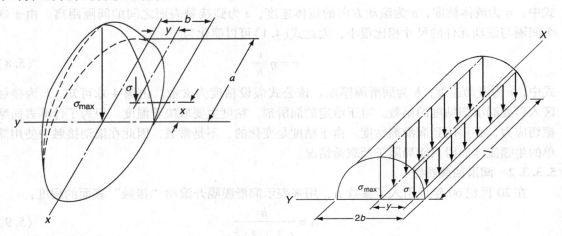

图 5.9　点接触中的半椭球压应力分布　　　　图 5.10　理想线接触的半柱面压应力分布

5.3.3.4　极限切应力

Gecim 和 Winer[12] 以及 Bair 和 Winer[15] 建议切应力与应变率之间的关系表达式应该包含极限切应力。他们提出,对给定的压力、温度和滑动,存在一个可以承受的最大切应力。基于圆盘机的试验数据,出自文献[16]的图 5.11 说明了这一现象,它给出了拖动系数与压力和滑-滚比的关系曲线。拖动系数定义为平均切应力与平均法向应力之比。根据试验,Shipper 等

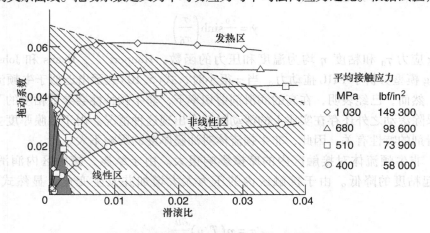

图 5.11　线接触条件下圆盘机拖动力曲线

人[17] 指 出 了 极 限 切 应 力 的 范 围，例 如，$0.07 < \tau_{lim}/p_{ave} < 0.11$。

5.3.3.5　全膜润滑条件下的流体切应力

Trachman 和 Cheng[18] 以 及 Tevaarwerk 和 Johnson[19] 研 究 了 滚 动-滑 动 接 触 中 的 拖 动 力，并 在 相 对 低 的 滑-滚 比 条 件 下 确 定 了 式(4.1)；例 如：在 图 5.11 中，当 滑-滚 比 小 于 0.003 时，根 据 Trachman 和 Cheng 的 方 法，在 给 定 的 温 度 和 压 力 下，接 触 摩 擦 可 以 定 义 如 下：

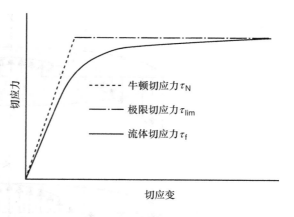

图 5.12　式(5.13) 的图示说明

$$\tau_f = (\tau_N^{-1} + \tau_{lim}^{-1})^{-1} \qquad (5.13)$$

式 中，τ_N 是 由 式(4.1) 定 义 的 摩 擦 切 应 力 的 牛 顿 部 分，τ_{lim} 为 在 接 触 压 力 作 用 下 可 以 承 受 的 最 大 切 应 力。图 5.12 用 图 形 表 示 了 式 (5.13)。

5.3.4　滚动产生的滑动：部分油膜润滑

5.3.4.1　全表面摩擦切应力

当 润 滑 油 膜 不 足 以 完 全 隔 开 滚 动 接 触 表 面 时，即 当 $\Lambda < 3$ 时，表 面 的 一 些 凸 峰，也 被 称 作 粗 糙 峰，会 穿 透 油 膜 而 彼 此 接 触，如 图 5.13 所 示。在 边 界 润 滑 机 制 下，由 凸 峰 与 凸 峰 相 互 作 用 而 产 生 的 滑 动 摩 擦 切 应 力 可 以 用 球-滚 道 接 触 或 点 接 触 的 式(5.5) 计 算。然 而，仅 仅 是 一 部 分 区 域 按 这 种 方 式 接 触，接 触 表 面 的 其 余 部 分 仍 为 油 膜 润 滑，即 应 按 式(5.13) 计 算。所 以，根 据 Harris 和 Barnsby[20]，接 触 区 域 内 任 意 一 点 (x,y) 的 摩 擦 切 应 力 可 以 用 式(5.14) 表 示：

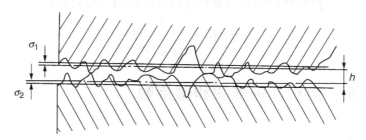

图 5.13　穿透部分油膜的粗糙峰接触

$$\tau = c_v \frac{A_c}{A_0} \mu_a \sigma + \left(1 - \frac{A_c}{A_0}\right)(\tau_N^{-1} + \tau_{lim}^{-1})^{-1} \qquad (5.14)$$

式 中，A_c 为 凸 峰 与 凸 峰 的 接 触 面 积，A_0 为 总 面 积，σ 为 法 向 应 力 或 接 触 压 力。滑 动 系 数 $c_v = +1$ 或 -1 取 决 于 滑 动 速 度 的 方 向。在 式(5.14) 中，定 义 τ_{lim} 和 μ 的 值 很 有 必 要。这 些 值 只 能 靠 实 际 轴 承 试 验 获 得。通 过 比 较 轴 承 发 热 率 的 预 测 值 和 试 验 值，对 于 油 润 滑 轴 承，可 以 确 定 τ_{lim} 约 为 $0.1p_{ave}$，$\mu_a \approx 0.1$。

对 于 油 润 滑，在 主 要 是 滚 动 运 动 的 椭 圆 接 触 区 内，滑 动 速 度 与 表 面 切 应 力 分 布 如 图 5.14 所 示。

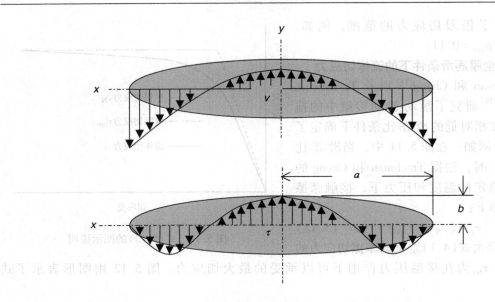

图 5.14   在径向载荷作用下，向心球轴承滚动体与滚
道接触椭圆上的滑动速度与表面摩擦切应力的分布

5.3.4.2   摩擦力

从图 5.13 可知，虽然式(5.14)包含了微接触部分，但是摩擦切应力 τ 仍然是滑动速度 v 的强函数。接触表面上的摩擦力可以通过积分获得：

$$F_y = \int \tau \mathrm{d}A = ab \int_{-1}^{+1} \int_{-\sqrt{1-q^2}}^{-\sqrt{1-q^2}} c_v \frac{A_c}{A_0} \mu_a \sigma + \left(1 - \frac{A_c}{A_0}\right)(\tau_N^{-1} + \tau_{\lim}^{-1}) \mathrm{d}t \mathrm{d}q \quad (5.15)$$

任意一点 (x, y) 的接触压力 σ(或 p)可由式(5.4)得到。

在给定的温度下，接触区内的润滑剂粘度可以用式(4.25)计算：

$$\eta = C_1 + \frac{C_2}{1 + e^{\frac{-(\sigma - C_3)}{C_4}}} \quad (4.25)$$

5.4   真实表面、微观几何形貌和微接触

5.4.1   真实表面

为了计算式(5.15)中的摩擦力 F，必须确定比值 A_c / A_0。因此，必须考虑到滚动接触表面的微观形貌。在第 4 章中为了计算油膜厚度，认为接触表面是完全光滑的。现在假定，在计算油膜厚度时用假设的平均平面来代表各自的"粗糙"表面，如图 5.13 所示。

表面形貌关于它们的平均平面的随机变化服从某一概率分布。上、下表面随机分布的方均根值(rms)分别用 σ_1 和 σ_2 表示。在任意给定位置，当上、下表面的变动超过油膜间隙 h 时，就会发生微接触。在微接触中表面变形可能是弹性的，也可能是塑性的。当 $1 \leqslant \Lambda \leqslant 3$ 时，微接触面积总合一般仅占名义接触面积的很小一部分(<5%)。

微接触模型采用表面微观几何形貌数据，至少可以预测微接触密度、实际接触面积和弹

性变形承受的平均载荷。最早和最简单的微接触模型之一是 Greenwood 和 Williason(GW)[21]
模型。这个模型已被 Bush 等人[22]以及 O'Callaghan 和 Cameron[23]推广应用于各向同性表面。
Bush 等人[24]还用来处理了非常各向异性的表面。ASPERSIM[25]提出了一个最复杂的模型，
它采用九个微观几何参数来描述和说明各向同性以及各向异性的表面。McCool[26]对各种微
接触模型进行了比较，结果表明，尽管 GW 很简单，但它优于其他模型。由于 GW 模型比其
他模型更容易实现，所以我们用 GW 模型来考虑微接触问题。

5.4.2　GW 模型

对于真实表面的接触，Greenwood 和 Williason[21]最先提出了一个模型，用来特别处理表
面现象的随机特性。这个模型适用于两个弹性平面的接触，其中一个为粗糙表面，另一个为
光滑表面。下一步将讨论，它很快被应用到两个粗糙表面的情况。在 GW 模型中，假设粗
糙表面有很多局部高点或粗糙峰，其峰顶为球形，半径都是 R，但高度随机变化，而且以已
知的密度 D_{sum}（单位面积上的粗糙峰）均匀地分布在粗糙表面上。

从整体上讲，粗糙峰的平均高度大于表面平均高度，二者相差 $\overline{Z}_s$，如图 5.15 所示。假
设粗糙峰高度 Z_s 服从方均差为 σ_s 的高斯概率分布。图 5.16 表明了假设的粗糙峰高度分布

图 5.15　表面和粗糙峰平均平面及其分布

或概率密度函数 $f(Z_s)$，它关于粗糙峰平均高度对称。在区间 $(z_s, z_s + dz_s)$ 内，粗糙峰高度相
对于粗糙峰平均平面差值的概率，用概率密度函数可表示为 $f(z_s)dz_s$。随机选择的超过某个
值 d 的粗糙峰高度的概率等于 d 右边概率密度函数曲线下的面积。概率密度函数为

$$f(z_s) = \frac{e^{-\left(\frac{z_s}{2S_s}\right)^2}}{S_s \sqrt{2\pi}} \qquad (5.16)$$

所以，随机选择的超过某个值 d 的粗糙峰
高度的概率是

$$P[z_s > d] = \int_d^\infty f(z_s)ds \qquad (5.17)$$

该积分必须用数值计算来完成。然而幸运
的是，可借助平均值为 0，方均差为 1.0
的标准正态曲线表下的面积来进行计算。

由标准正态密度函数 $\phi(x)$ 可知，相
对于粗糙峰平均平面，粗糙峰高度大于 d
的概率为

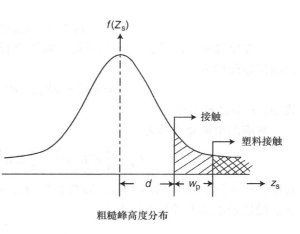

图 5.16　接触中的球顶粗糙峰

$$P[z_s > d] = \int_{\frac{d}{S_s}}^{\infty} \phi(x)\,\mathrm{d}x = F_0\left(\frac{d}{S_s}\right) \tag{5.18}$$

式中，$F_0(t)$ 是标准正态曲线下 t 值右边的面积。表 CD5.1 的第二列给出了 t 从 1.0 到 4.0 范围内 $F_0(t)$ 的值。

当两个很大的平面相互接触时，假设它们的平均平面保持平行。这样，如果一个粗糙表面与一个光滑表面相互靠近，直到粗糙表面的粗糙峰平均平面与光滑表面的平均平面之间的距离为 d，则随机选择的将产生微接触的粗糙峰的概率为

$$P[\text{波峰处于接触}] = P[z_s > d] = F_0\left(\frac{d}{S_s}\right) \tag{5.19}$$

由于单位面积上粗糙峰的数目为 D_{sum}，因此在任意单位面积上期望的平均接触数目是

$$n = D_{\mathrm{SUM}} F_0\left(\frac{d}{S_S}\right) \tag{5.20}$$

由于粗糙峰高度 z_s 超过 d，并处于接触状态，因此，该粗糙峰一定会产生数量为 $W = Z_s - d$ 的变形，如图 5.17 所示。

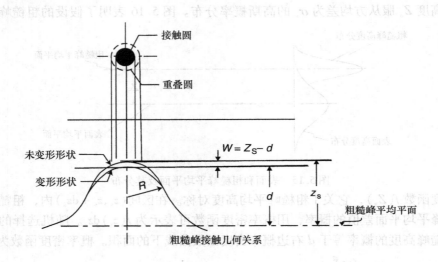

图 5.17　粗糙峰高度分布

为简单起见，以下省去 z_s 的下标。对于半径为 R，弹性变形量为 w 的球体，赫兹解给出的接触面积为

$$A = \pi R_w = \pi R(z - d) = \pi a^2 \qquad z > d \tag{5.21}$$

式中，a 为接触半径。

对应的粗糙峰载荷为

$$Q_a = \frac{4}{3} E' R^{\frac{1}{2}} w^{\frac{3}{2}} = \frac{4}{3} E' R^{\frac{1}{2}} (z - d)^{\frac{3}{2}} \qquad z > d \tag{5.22}$$

式中，$E' = \left[(1 - v_1^2)/E_1 + (1 - v_1^2)/E_1\right]^{-1}$，$E_i$，$v_i\,(i = 1,2)$ 是两接触物体的弹性模量和泊松比。微接触中最大的赫兹压力为

$$\sigma = 1.5\frac{P}{A} = \frac{2E'w^{\frac{1}{2}}}{\pi R^{\frac{1}{2}}} = \left(\frac{2E'}{\pi R^{\frac{1}{2}}}\right)(z-d)^{\frac{1}{2}} \tag{5.23}$$

A 和 Q_{a} 都是随机变量 z 的函数。在随机变量取值范围内，对随机变量函数和随机变量概率密度进行积分就得到了随机变量函数的均值或期望值。因此，粗糙峰接触面积的期望值是

$$A = \int_d^\infty \pi R(z-d)f(z)\,\mathrm{d}z \tag{5.24}$$

对它进行变换得

$$A = \pi R\sigma_{\text{s}}\int_{\frac{d}{\sigma_{\text{s}}}}^\infty \left(x-\frac{d}{S_{\text{s}}}\right)\phi_x\mathrm{d}x = \pi RS_{\text{s}}F_1\left(\frac{d}{\sigma_{\text{s}}}\right) \tag{5.25}$$

式中

$$F_1(t) = \int_t^\infty (x-t)\phi_x\mathrm{d}x \tag{5.26}$$

　　总的微接触面积仅占接触区的一部分，由随机粗糙峰得到的粗糙峰接触面积平均值乘以粗糙峰密度可得到总的微接触面积期望值。因此，微接触面积和接触区面积之比 A_{c}/A_0 为

$$\frac{A_{\text{c}}}{A_0} = \pi RS_{\text{S}}D_{\text{SUM}}F_1\left(\frac{d}{S_{\text{S}}}\right) \tag{5.27}$$

同理，单位面积上粗糙峰承受的总载荷为

$$\frac{Q_{\text{a}}}{A_0} = \frac{4}{3}E'R^{\frac{1}{2}}S_{\text{S}}^{\frac{3}{2}}D_{\text{SUM}}F_{\frac{3}{2}}\left(\frac{d}{S_{\text{S}}}\right) \tag{5.28}$$

式中

$$F_{\frac{3}{2}}(t) = \int_t^\infty (x-t)^{\frac{3}{2}}\phi(x)\,\mathrm{d}x \tag{5.29}$$

5.4.3　塑性接触

　　当最大切应力超过简单拉伸屈服应力的一半时，接触粗糙峰将产生一定程度的塑性流动。在球和平面的接触中，最大切应力和最大赫兹应力的关系为

$$\tau_{\max} = 0.31\sigma_0 \tag{5.30}$$

因此，如果 $\tau_{\max} > Y/2$，接触区将产生一定程度的塑性变形。由 σ_0 的表达式(5.23)可得

$$\frac{0.31\times 2E'(z-d)^{\frac{1}{2}}}{\pi R^{\frac{1}{2}}} > \frac{Y}{2} \tag{5.31}$$

或

$$z-d > 6.4R\left(\frac{Y}{E'}\right)^2 \equiv w_{\text{p}} \tag{5.32}$$

$$z > d + w_{\text{p}} \tag{5.33}$$

于是，高度超过 $d+w_{\text{p}}$ 的任意粗糙峰将产生一定程度的塑性变形。粗糙峰发生塑性变形的概率为图 5.16 中 $d+w_{\text{p}}$ 右边的阴影面积。单位面积上塑性变形数目的期望值变为

$$n_{\mathrm{p}} = D_{\mathrm{SUM}} F_0 \left(\frac{d}{S_{\mathrm{S}}} + w_{\mathrm{p}}^* \right) \tag{5.34}$$

式中

$$w_{\mathrm{p}}^* \equiv \frac{w_{\mathrm{p}}}{S_{\mathrm{S}}} = 6.4 \left(\frac{R}{S_{\mathrm{S}}} \right) \left(\frac{Y}{E'} \right)^2 \tag{5.35}$$

对于固定的 d/σ_{s}，w_{p}^* 的值决定了塑性粗糙峰相互作用的程度；w_{p}^* 越大，塑性接触就越少。因此 GW 模型采用 $1/w_{\mathrm{p}}^*$ 来度量界面塑性变形的程度。对于给定的名义压力 Q/A_0，假设大部分载荷是由弹性变形承受的，则求解式(5.28)就可得到 d/σ_{s} 的值。

5.4.4　GW 模型的应用

为了把 GW 模型应用于润滑接触，①首先要确定相对于粗糙峰平均平面的粗糙峰高度 d 以及接触表面之间的油膜厚度 h，②然后确定 GW 参数 R，D_{sum} 和 σ_{s} 的值。对于①，第一步计算两个表面合成粗糙度的方均根值：

$$s = (s_1^2 + s_2^2)^2 \tag{5.36}$$

当具有该方均根值的粗糙表面平均平面在光滑平面之上，且高度为 h 时，间隙宽度的方均根值与两个粗糙表面给出的图 5.17 相同。从这个意义上讲，两个粗糙表面的接触可以转换为一个等效的粗糙表面和一个光滑表面的接触。如图 5.15 所示，粗糙峰与平均平面之间的距离为 Z_{s}。

对于高度变化服从正态分布的各向同性表面，Bush 等人[22]得到的 Z_{s} 值为

$$\bar{z}_{\mathrm{s}} = \frac{4s}{\sqrt{\pi \alpha}} \tag{5.37}$$

α 称为带宽参数，定义为

$$a = \frac{m_0 m_4}{m_2^2} \tag{5.38}$$

式中，m_0，m_2，m_4 称为轮廓的零阶、二阶和四阶谱矩。它们分别等效于任意方向上轮廓的方均高度、斜率和二阶导数，即

$$m_0 = E(z^2) = s^2 \tag{5.39}$$

$$m_2 = E\left[\left(\frac{\mathrm{d}z}{\mathrm{d}x} \right)^2 \right] \tag{5.40}$$

$$m_4 = E\left[\left(\frac{\mathrm{d}^2 z}{\mathrm{d}x^2} \right)^2 \right] \tag{5.41}$$

式中，$z(x)$ 是在任意方向 x 的轮廓函数，$E[\ ]$ 表示统计期望值，m_0 是表面的方均高度。m_0 的平方根或方均根(rms)有时表示为 S 或 R_{q}，是触针式测量仪通常输出的参数之一。一些轮廓测量仪也给出方均根斜率，它与由弧度转换而来的 $(m_2)^{\frac{1}{2}}$ 相同。至今还没有商业仪器可以测量 m_4，目前只能对轮廓测量仪的输出信号进行计算机处理来获得 m_4 的值。

Bush 等人[24]还表明，表面粗糙峰高度分布的变动量 S_{S}^2 与合成表面变动量 S^2 相关，它们之间的关系为

$$S_{\mathrm{S}}^2 = \left(1 - \frac{0.8968}{\alpha} \right) S^2 \tag{5.42}$$

如果粗糙峰与粗糙峰平均平面之间的距离为 d，则粗糙峰高度与表面平均平面之间的距离为 $h = d + \bar{z}_s$，于是

$$d = h - \bar{z}_s \tag{5.43}$$

由式(5.37)得到 $\bar{z}_s$，再用式(5.42)可得到 S_s：

$$\frac{d}{S_s} = \frac{\dfrac{h}{s} - \dfrac{4}{\sqrt{\pi \alpha}}}{\left(\dfrac{1 - 0.896\,8}{\alpha}\right)^{\frac{1}{2}}} \tag{5.44}$$

式(5.44)表明 d/S_s 与润滑油膜参数 Λ 成线性关系。

对于给定的 Λ 值，可以通过式(5.44)计算出 d/S_s。对于各向同性表面，两参数 D_{SUM} 和 R 可以表示为(出自文献[27])

$$D_{SUM} = \frac{m_4}{6\pi m_2 \sqrt{3}} \tag{5.45}$$

$$R = \frac{3}{8} \sqrt{\frac{\pi}{m_4}} \tag{5.46}$$

对于各向异性表面，m_2 的值随着表面轮廓方向的不同而变化。最大和最小值一般发生在两个正交的"主"方向上。对于等效各向同性表面，Sayles 和 Thomas[28] 推荐 m_2 采用主方向上 m_2 的调和平均值。相似地，m_4 采用两个主方向上 m_4 的调和平均值。

5.4.5 粗糙峰和流体承受的载荷

对于半轴为 a 和 b、载荷为 Q、中心油膜厚度为 h，且已知 m_0、m_2 和 m_4 值的特定接触，由式(5.28)计算出 Q/A_0，就可以确定粗糙峰承受的载荷 Q_a：

$$Q_a = \pi ab \left(\frac{Q}{A_0}\right) \tag{5.47}$$

流体承受的载荷为

$$Q_f = Q - Q_a \tag{5.48}$$

如果 $Q_a > Q$，说明润滑油厚度小于光滑表面理论计算的润滑油膜厚度。在这种情况下，可以通过迭代法求解式(5.28)，直到 $Q_a = Q$。

参见例子5.1。

5.4.6 滚动产生的滑动：滚子轴承

5.4.6.1 滑动速度和摩擦切应力

对于以滚动运动为主的滚子轴承来说，滚子与滚道接触的摩擦分析与球与滚道的接触很相似。正如在本书第1卷第6章指出的，为避免或减少边缘载荷，滚子和滚道是带有凸度的，而且在载荷作用下，通过轴承旋转轴线和滚动接触中心的接触面是一个曲面。只有在接触微元不存在相对运动的那些瞬时中心上，才会出现纯滚动，即只有在这些点上，表面速度才是相同的。因此，对于带有凸度的向心圆柱滚子轴承，在接触区域的长轴上只存在两个纯滚动点，而其余各点都会发生滑动。这对于滚子-滚道在径向发生接触的球面滚子轴承和圆

锥滚子轴承同样也是如此。图 5.18 是带有凸度的圆柱滚子-滚道接触面上的滑动速度和摩擦切应力的示意图。

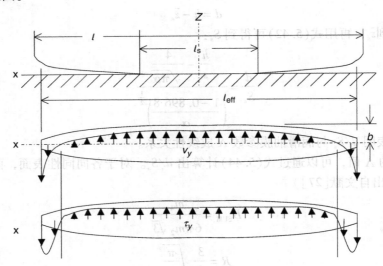

图 5.18 圆柱轴承滚子在载荷作用下凸度滚子-滚道接触面上的
滑动速度和摩擦应力分布
上图是滚子凸度示意，这种凸度不会产生理想的接触应力分布

5.4.6.2 接触摩擦力

正如第 1 章和第 3 章所表明的，接触表面的摩擦力可以通过把接触区域划分成 n 个片状单元来计算；这就应该

- 构建每个单元 k 上的法向应力分布；
- 利用接触温度下的压力-粘度关系确定平均润滑剂粘度 η_k；
- 计算中心油膜厚度，利用 GW 模型求出 A_c/A_0；
- 根据接触变形规则确定滑动速度 v_k；
- 利用式(5.14)计算每个单元 k 的摩擦切应力 τ_k；
- 采用 Simpson 法则，在接触表面进行 $\tau_k \times A_k$ 的数值积分，此处 $A_k = 2b_k \times w$，b_k 为单元的宽度。

随着滚动部件的尺寸和它们之间法向载荷的不同，与基本的滚动运动相伴而生的滑动相对于由滚动产生的摩擦来说可能会有明显变化。一般来说，在主要是滚动运动的情况下，滚动接触摩擦的总量是比较小的。

5.4.7 自旋和陀螺运动产生的滑动

5.4.7.1 滑动速度和摩擦切应力

以非零接触角运转的球轴承，例如角接触和推力球轴承，将产生自旋接触运动以及引起陀螺运动的陀螺力矩。非零接触角的滚子轴承也会经历自旋运动；但是，陀螺力矩将被滚子-滚道单位长度上的非均匀负荷所平衡。球轴承的自旋运动和陀螺运动在第 2 章已做了介绍。受载角接触球轴承接触区内的滑动速度分布及表面摩擦切应力分布如图 5.19 所示。在图 5.19 中，v_y 为滚动方向的滑动速度，v_x 为陀螺运动产生的垂直于滚动方向的滑动速度；v_y 使得摩擦切应力

分量 τ_y 增加，v_x 使得摩擦切应力分量 τ_x 增加。这可通过扩展式(5.14)而表示如下：

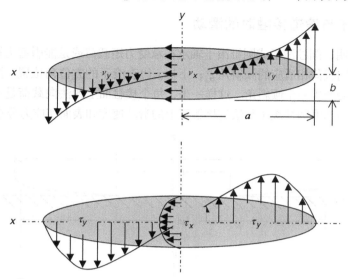

图 5.19　角接触球轴承球-滚道椭圆接触区内的滑动速度和表面摩擦切应力分布

$$\tau_y = c_v \frac{A_c}{A_0} \mu_a \sigma + \left(1 - \frac{A_c}{A_0}\right)\left(\frac{h}{\eta v_y} + \frac{1}{\tau_{\lim}}\right)^{-1} \tag{5.49}$$

$$\tau_x = c_v \frac{A_c}{A_0} \mu_a \sigma + \left(1 - \frac{A_c}{A_0}\right)\left(\frac{h}{\eta v_x} + \frac{1}{\tau_{\lim}}\right)^{-1} \tag{5.50}$$

作为式(5.49)和式(5.50)的替代式，Harris[29]利用 37 组拖动系数与滑滚比关系的数据以及由 V 型环单列球试验机获得的油膜参数 Λ，建立了以下经验公式：

$$\mu = -2.066 \times 10^{-3} + 2.612 \times 10^{-6}\left[\frac{1}{\Lambda}\ln\left(\frac{\eta}{\eta_0}\right)\right]^2 - 5.605 \times 10^{-2}\left[\frac{\nu}{U}\ln\left(\frac{\nu}{U}\right)\right] \tag{5.51}$$

式中，η 为接触压力下润滑油粘度，η_0 为大气压下润滑油粘度，U 为滚动速度。拖动系数 μ 是有方向的，即 μ_y 或 μ_x，由接触区内平均法向应力计算得到。但它也可以看作是在一个接触点产生的，即 $\tau_y = \mu_y \sigma$ 和 $\tau_x = \mu_x \sigma$。在 V 型环钢球试验中所使用的润滑剂为 Mil-L-23699 脂类合成油。

5.4.7.2　接触摩擦力分量

摩擦力在滚动方向的分量 F_y 和在陀螺方向的分量 F_x 可以通过在整个接触区域的积分得到

$$F_y = \int \tau_y \mathrm{d}A = ab\int_{-1}^{+1}\int_{-\sqrt{1-q^2}}^{+\sqrt{1-q^2}} c_v \frac{A_c}{A_0} \mu_a \sigma + \left(1 - \frac{A_c}{A_0}\right)\left(\frac{h}{\eta v_y} + \frac{1}{\tau_{\lim}}\right)^{-1} \mathrm{d}t\mathrm{d}q \tag{5.52}$$

$$F_x = \int \tau_x \mathrm{d}A = ab\int_{-1}^{+1}\int_{-\sqrt{1-q^2}}^{+\sqrt{1-q^2}} c_v \frac{A_c}{A_0} \mu_a \sigma + \left(1 - \frac{A_c}{A_0}\right)\left(\frac{h}{\eta v_x} + \frac{1}{\tau_{\lim}}\right)^{-1} \mathrm{d}t\mathrm{d}q \tag{5.53}$$

Jones[30]假定，如果球与滚道的摩擦系数足够大，陀螺运动就会被阻止。Harris[31]证明 Jones 的假定是不准确的；只要有陀螺力矩存在，陀螺运动就不可能被阻止，但不管怎样，其速度与球关于两个正交轴的速度相比总是很小的。

5.4.8　倾斜滚子与滚道接触时的滑动

在第1章中表明，圆柱滚子或圆锥滚子轴承在承受力矩载荷或是能引起力矩的倾斜时，其滚子会产生一个与作用载荷相适应的倾斜角 ζ_j；下标 j 代表滚子的方位角位置。同样，圆柱滚子在推力载荷作用下也会产生一个倾斜角。这样一来，每个接触面上的法向载荷是不均匀的。图5.20表示的是倾斜受载的凸度圆柱滚子与滚道接触区上的滑动速度和表面切应力分布。

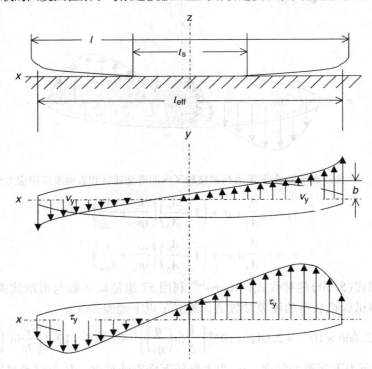

图5.20　载荷作用下的圆柱凸度滚子-滚道接触区上的
滑动速度和表面切应力分布
轴承在倾斜或推力载荷作用下滚子产生倾角。滚子凸度表明在之前的示意图中

5.5　结束语

本章介绍了计算固体润滑和油润滑条件下，滚动体与滚道接触的表面摩擦力和摩擦应力的一般方法。在固体润滑中，假设摩擦为库仑摩擦，而表面给定点的摩擦切应力的方向与该点的滑动方向一致。对于油润滑来说，该方法要完成与描述真实弹性流体动力润滑接触参数有关的主要性能的计算。这些参数包括真实接触面积、塑性接触面积、流体和粗糙峰分担的载荷以及整个接触区内流体和粗糙峰的相对分布。我们知道，采用更加精致和复杂的分析方法，比如用非常精细的网格，增加大量的节点，将有限元分析与三维雷诺能量方程的解结合起来使用，有可能获得更广义的解并增加解的精度。令人遗憾的是，采用目前可获得的计算工具，即使是对单一运转条件下仅有一个小的滚动体的滚动轴承进行性能分析就要耗费几个小时的计算时间。

本章中提供的摩擦切应力方程是以假定接触区上作用了 Hertz 压力（法向应力）为基础的。在油润滑轴承中，假定 Hertz 应力分布不会因弹性流体动力润滑条件而改变。对于载荷足够大的大多数滚动体与滚道的接触，例如，接触应力一般至少达到数百 MPa，这个假设是足够精确的。同时这个假设还使式（5.14）在接触区内任何一点都可以使用。关于表面切应力的库仑摩擦分量，已经知道，表面粗糙峰会产生超过 Hertz 应力值的局部压力，而这将使局部切应力超过由式（5.14）确定的值。考虑这些变化而增加的计算时间将超出现有工程实际的要求。因此，从工程的角度出发，可以根据每个接触区的平均条件来计算摩擦切应力。

例题

例5.1　点接触"粗糙"表面由粗糙峰承担的载荷

问题：各向同性钢（屈服应力为 2 070MPa）表面的粗糙度参数 $s_2 = m_0 = 0.062\ 5\mu m^2$，$m_2 = 0.001\ 8$，$m_4 = 0.000\ 104\mu m^{-2}$。点接触弹流润滑（EHL）平台油膜厚度为 $0.5\mu m$（包括入口区贫油的调整），试确定：

① 名义接触压力 Q/A_0；

② 相对接触面积 A_c/A_0；

③ 平均实际压力 Q/A_c；

④ 接触密度 n；

⑤ 塑性接触密度 n_p。

解：由式（5.45），粗糙峰密度为

$$D_{sum} = \frac{m_4}{6\pi n_2 \sqrt{3}} = \frac{0.000\ 104}{6\pi \times 0.001\ 8 \times \sqrt{3}} = 0.001\ 77\mu m^{-2}$$

由式（5.37），表面和粗糙峰平均平面之间的距离为

$$\bar{z}_s = \frac{4s}{\sqrt{\pi\alpha}} = 4\left(\frac{m_0}{\pi\alpha}\right)^{\frac{1}{2}}$$

由式（5.38）得

$$\alpha = \frac{m_0 m_4}{m_2^2} = \frac{0.062\ 5 \times 0.000\ 104}{0.001\ 8^2} = 2.006$$

$$\bar{z}_s = 4 \times \left(\frac{0.062\ 5}{2.006 \times \pi\alpha}\right)^{\frac{1}{2}} = 0.399\mu m$$

由式（5.46），粗糙峰顶部平均半径为

$$R = \frac{3}{8}\left(\frac{\pi}{m_4}\right)^{\frac{1}{2}} = \frac{3}{8} \times \left(\frac{\pi}{0.000\ 104}\right)^{\frac{1}{2}} = 65.2\mu m$$

由式（5.42），粗糙峰高度分布的标准差为

$$s_s = \left[\left(1 - \frac{0.896\ 8}{\alpha}\right)m_o\right]^{\frac{1}{2}} = \left[\left(1 - \frac{0.896\ 8}{2.006}\right) \times 0.062\ 5\right]^{\frac{1}{2}} = 0.186\mu m$$

润滑膜参数为

$$\Lambda = \frac{0.5}{(0.062\,5)^{\frac{1}{2}}} = 2.0$$

由式(5.44)得

$$\frac{d}{s_s} = \frac{\dfrac{h}{s} - \dfrac{4}{(\pi\alpha)^{\frac{1}{2}}}}{\left(1 - \dfrac{0.896\,8}{\alpha}\right)^{\frac{1}{2}}} = \frac{2 - \dfrac{4}{(2\pi)^{\frac{1}{2}}}}{\left(1 - \dfrac{0.896\,8}{2.006}\right)^{\frac{1}{2}}} = 0.544$$

按表 5.1 进行插值，得

$$F_0(0.544) = 0.293\,5, \quad F_1(0.544) = 0.185\,0, \quad F_{\frac{3}{2}}(0.544) = 0.181\,2$$

计算名义接触压力

$$E' = \left[\frac{(1 - v_1^2)}{E_1} + \frac{(1 - v_2^2)}{E_2}\right]^{-1} = \left[\frac{(1 - 0.30^2)}{207\,500} + \frac{(1 - 0.30^2)}{207\,500}\right]^{-1} = 114\,000\,\mathrm{MPa}$$

由式(5.28)得

$$\frac{Q}{A_0} = \frac{4}{3}E'R^{\frac{1}{2}}s_s^{\frac{3}{2}}D_{sum}F_{\frac{3}{2}}\left(\frac{d}{s_s}\right)$$

$$= \frac{4}{3} \times 1.14 \times 10^5 \times (0.065\,2)^{\frac{1}{2}} \times (0.000\,186)^{\frac{3}{2}} \times 1\,770 \times 0.181\,2 = 31.6\,\mathrm{MPa}$$

由式(5.27)，实际接触面积与名义接触面积之比为

$$\frac{A_c}{A_0} = \pi Rs_s D_{sum}F_1\left(\frac{d}{s_s}\right) = \pi \times 0.065\,2 \times 0.000\,186 \times 1\,770 \times 0.185 = 0.012\,5$$

实际接触面积仅占名义接触面积的 1.25%。

平均实际接触压力为

$$\frac{Q}{A_0} = \frac{\dfrac{Q}{A_0}}{\dfrac{A_c}{A_0}} = \frac{31.6}{0.012\,5} = 2\,528\,\mathrm{MPa}$$

由式(5.20)得

$$n = D_{sum}F_0\left(\frac{d}{s_s}\right) = 1\,770 \times 0.293\,5 = 519 \text{ 个接触点}/\mathrm{mm}^2$$

由式(5.35)得

$$w_p^* = 6.4\left(\frac{R}{s_s}\right)\left(\frac{Y}{E'}\right)^2 = 6.4 \times \left(\frac{0.065\,2}{0.000\,186}\right) \times \left(\frac{2\,070}{114\,000}\right)^2 = 0.740$$

由式(5.34)得

$$n_p = D_{sum}F_0\left(\frac{d}{s_s} + w_p^*\right) = 1\,770 \times F_0 \times (0.544 + 0.740) = 1\,770 \times F_0 \times (1.284)$$

按表 5.1 进行插值，得

$$F_0(1.284) = 0.100, \quad n_p = 177/\mathrm{mm}^2$$

如果接触区是一个椭圆，长半轴 $a = 3\,\mathrm{mm}$，短半轴 $b = 0.33\,\mathrm{mm}$，在载荷 $Q = 3\,500\,\mathrm{N}$ 作用下，

平均粗糙峰载荷为

$$Q_a = \pi ab \left(\frac{Q}{A_0} \right) = \pi \times 3 \times 0.33 \times 31.6 = 98.3\text{N}$$

油膜承受的载荷为

$$Q_f = Q - Q_a = 3\,500 - 98.3 = 3\,402\text{N}$$

参 考 文 献

[1] Drutowski, R., Energy losses of balls rolling on plates, *Friction and Wear*, Elsevier, Amsterdam, 1959, pp. 16–35.

[2] Greenwood, J. and Tabor, D., *Proc. Phys. Soc. London*, 71, 989, 1958.

[3] Drutowski, R., Linear dependence of rolling friction on stressed volume, *Rolling Contact Phenomena*, Elsevier, Amsterdam, 1962.

[4] Reynolds, O., *Philos. Trans. R. Soc. London*, 166, 155, 1875.

[5] Poritsky, H., *J. Appl. Mech.*, 72, 191, 1950.

[6] Cain, B., *J. Appl. Mech.*, 72, 465, 1950.

[7] Heathcote, H., *Proc. Inst. Automob. Eng., London*, 15, 569, 1921.

[8] Johnson, K., Tangential tractions and micro-slip, *Rolling Contact Phenomena*, Elsevier, Amsterdam, 1962, pp. 6–28.

[9] Sasaki, T., Mori, H., and Okino, N., Fluid lubrication theory of rolling bearings parts I and II, *ASME Trans., J. Basic Eng.*, 166, 175, 1963.

[10] Bell, J., Lubrication of rolling surfaces by a Ree–Eyring fluid, *ASLE Trans.*, 5, 160–171, 1963.

[11] Smith, F., Rolling contact lubrication—the application of elastohydrodynamic theory, ASME Paper 64-Lubs-2, April 1964.

[12] Gecim, B. and Winer, W., A film thickness analysis for line contacts under pure rolling conditions with a non-Newtonian rheological model, ASME Paper 80C2/LUB 26, August 8, 1980.

[13] Houpert, L., New results of traction force calculations in EHD contacts, *ASME Trans., J. Lubr. Technol.*, 107(2), 241, 1985.

[14] Evans, C. and Johnson, K., The rheological properties of EHD lubricants, *Proc. Inst. Mech. Eng.*, 200(C5), 303–312, 1986.

[15] Bair, S. and Winer, W., A rheological model for elastohydrodynamic contacts based on primary laboratory data, *ASME Trans., J. Lubr. Technol.*, 101(3), 258–265, 1979.

[16] Johnson, K. and Cameron, A., *Proc. Inst. Mech. Eng.*, 182(1), 307, 1967.

[17] Schipper, D., et al., Micro-EHL in lubricated concentrated contacts, *ASME Trans., J. Tribol.*, 112, 392–397, 1990.

[18] Trachman, E. and Cheng, H., Thermal and non-Newtonian effects on traction in elastohydrodynamic contacts, *Proc. Inst. Mech. Eng.*, 2nd Symposium on Elastohydrodynamic Lubrication, Leeds, 1972, pp. 142–148.

[19] Tevaarwerk, J. and Johnson, K., A simple non-linear constitutive equation for EHD oil films, *Wear*, 35, 345–356, 1975.

[20] Harris, T. and Barnsby, R., Tribological performance prediction of aircraft turbine mainshaft ball bearings, *Tribol. Trans.*, 41(1), 60–68, 1998.

[21] Greenwood, J. and Williamson, J., Contact of nominally flat surfaces, *Proc. R. Soc. London, Ser. A.*, 295, 300–319, 1966.

[22] Bush, A., Gibson, R., and Thomas, T., The elastic contact of a rough surface, *Wear*, 35, 87–111, 1975.

[23] O'Callaghan, M. and Cameron, M., Static contact under load between nominally flat surfaces, *Wear*, 36, 79–97, 1976.

[24] Bush, A., Gibson, R., and Keogh, G., Strongly anisotropic rough surfaces, ASME paper 78-LUB-16, 1978.

[25] McCool, J. and Gassel, S., The contact of two surfaces having anisotropic roughness geometry, ASLE Special Publication (SP-7), 29–38, 1981.

[26] McCool, J., Comparison of models for the contact of two surfaces having anisotropic roughness geometry, *Wear*, 107, 7–60, 1986.

[27] Nayak, P., Random process model of rough surfaces, *ASME Trans., J. Tribol.*, 93F, 398–407, 1971.

[28] Sayles, R. and Thomas, T., Thermal conductances of a rough elastic contact, *Appl. Energy*, 2, 249–267, 1976.

[29] Harris, T., Establishment of a new rolling bearing fatigue life calculation model, Final Report U.S. Navy Contract N00421–97–C–1069, February 23, 2002.

[30] Jones, A., Motions in loaded rolling element bearings, *ASME Trans., J. Basic Eng.*, 1–12, 1959.

[31] Harris, T., An analytical method to predict skidding in thrust-loaded, angular-contact ball bearings, *ASME Trans., J. Lubr. Techol.*, 93, 17–24, 1971.

第6章 滚动轴承的摩擦效应

符号表

符　　号	定　　义	单　　位
a	接触椭圆长半轴	mm(in)
A_c	实际平均接触面积	$mm^2(in^2)$
A_0	表面接触面积	$mm^2(in^2)$
A_1	球中心轴向位置变量	mm(in)
A_2	球中心径向位置变量	mm(in)
b	接触椭圆短半轴	mm(in)
B	$f_i + f_o - 1$	
D	滚子或球直径	mm(in)
E_1、E_2	物体1和2的弹性模量	MPa
E'	当量弹性模量	MPa
f	r/D	
F	接触摩擦力	N(lbf)
F_c	离心力	N(lbf)
F_{cl}	保持架引导面与引导挡边间的摩擦力	N(lbf)
g	重力加速度	$mm/s^2(in/s^2)$
h	油膜厚度	mm(in)
h_c	中心油膜厚度	mm(in)
J	惯性矩	$kg \cdot mm^2(in \cdot lbf \cdot s^2)$
l	滚子长度	mm(in)
l_{eff}	滚子有效长度	mm(in)
l_s	滚子中部直母线部分的长度	mm(in)
M	力矩	$N \cdot mm(in \cdot lbf)$
M_g	陀螺力矩	$N \cdot mm(in \cdot lbf)$
q	x/a	
Q	滚子或球的载荷	N(lbf)
Q_a	滚子端面与引导边的载荷	N(lbf)
Q_{CG}	保持架兜孔与滚动体之间的载荷	N(lbf)
R	变形的接触表面的半径	mm(in)
t	y/b	
T	温度	℃(℉)

u	表面速度	mm/s(in/s)
v	滑动速度	mm/s(in/s)
X_1	球中心轴向位置变量	mm(in)
X_2	球中心径向位置变量	mm(in)
w	切片宽度	mm(in)
W	轴承内的润滑剂流量	cm^3/mm(us gal/min)
Z	滚动体个数	
γ	剪切率	s^{-1}
δ_a	轴承轴向位移	mm(in)
δ	接触变形	mm(in)
ζ	$2f/(2f+1)$	
ζ	滚子倾斜角	(°), rad
η	润滑剂粘度	$lbf \cdot s/in^2$
μ	边界润滑或固体润滑工况下的摩擦系数	
ν_1、ν_2	物体 1 和 2 的泊松比	
ρ	半径	mm(in)
ξ	润滑油有效密度	g/mm^3(lbf/in^3)
ξ_1	润滑油密度	g/mm^3(lbf/in^3)
ξ	滚子歪斜角	(°), rad
σ	法向接触应力或压力	MPa(lbf/in^2)
σ_0	最大法向接触应力或压力	MPa(lbf/in^2)
τ	切应力	MPa(lbf/in^2)
ω	转速	rad/s
Ω	套圈转速	rad/s

角　　标

CG	保持架
CL	保持架挡边
CP	保持架兜孔
CR	保持架过梁
g	陀螺运动
i	内滚道
j	滚动体位置
n	外圈或内圈滚道或者套圈，o 或 i
m	保持架速度或公转速度
o	外滚道
R	滚子
x'	x'方向
y'	y'方向
z'	z'方向
λ	切片

6.1　概述

在第五章，介绍了球-滚道以及滚子-滚道之间摩擦的大小、起因。虽然那些因素对轴承摩擦性能影响很大，但轴承中的其他因素对摩擦的影响更加显著，甚至对轴承的性能有更大的影响。例如：润滑油的润滑方式、轴承中润滑油的数量、保持架与滚动体及保持架与套圈引导面之间的相互作用等都是摩擦产生的重要因素。另外，接触式密封圈与套圈之间的摩擦甚至于超过这里所有各种因素引起的摩擦总和。但是，本章不详细讨论密封摩擦问题。

滚动体速度要受到摩擦的影响，速度又影响到滚动零件的离心力、陀螺力矩以及轴承寿命。在高速下，过大的摩擦会使滚动体在整个滚道内滑动。这种又被叫做打滑的情况将缩短轴承寿命。摩擦对轴承性能来说虽然是次要的，但非常重要。对滚子轴承而言，滚子端面与引导档边之间的摩擦会造成轴承滚子的歪斜，进而缩短轴承的寿命。所有这些影响都会在本章中进行讨论。

6.2　轴承摩擦起因

6.2.1　滚动体与滚道接触产生的滑动

滑动对轴承性能的影响已在第五章进行了详细讨论。

6.2.2　滚动体上的粘性摩擦力

在流体润滑轴承中，轴承主要在轴承内部充满润滑油的条件下运转。由于存在公转，各个滚动体都必须克服轴承内部润滑剂产生的粘性摩擦力。在轴承空腔内存在的流体为油和气（通常是空气）的混合物。可以假定由气体引起的粘性阻力不大。然而，润滑剂的粘性阻力取决于散布在轴承空腔中的润滑剂的量。因此，这种混合物有一等效粘度和等效体积质量。文献[1]指出，作用在球上的粘性阻力可近似表示为

$$F_{\mathrm{v}} = \frac{c_{\mathrm{v}} \pi \xi D^2 (d_{\mathrm{m}} \omega_{\mathrm{m}})^{1.95}}{32g} \tag{6.1}$$

式中，ξ 为轴承空腔内润滑剂质量与空腔体积之比。同样对公转的滚子来说，有

$$F_{\mathrm{v}} = \frac{c_{\mathrm{v}} \xi l D (d_{\mathrm{m}} \omega_{\mathrm{m}})^{1.95}}{16g} \tag{6.2}$$

式（6.1）和式（6.2）中拖动系数 c_{v} 可从文献[2]中查取。

通过对循环油润滑的球轴承试验，Parker 建立了一个用来计算流体润滑剂所占空间百分比的经验公式。利用 Parker 公式，可以通过下式计算出轴承的有效流体密度 ξ：

$$\xi = \frac{\xi_1 W^{0.37}}{n d_m^{1.7}} \times 10^5 \tag{6.3}$$

6.2.3　保持架与套圈间的滑动

球和滚子轴承使用的保持架有三种基本引导方式：①球引导（BR）或滚子引导（RR）；

②内圈挡边引导(IRLR);③外圈挡边引导(ORLR)。其结构形式如图6.1所示。

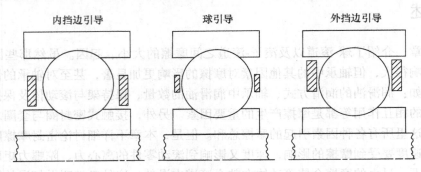

内挡边引导　　　　　　　球引导　　　　　　　外挡边引导

图6.1　保持架结构形式

滚动体引导的保持架造价相对低廉,通常不用于关键的应用场合。至于是选择内圈挡边引导还是外圈挡边引导保持架,在很大程度上取决于轴承的使用条件和设计者的偏好。内引导保持架由保持架引导面与内圈挡边之间的作用力带动。外引导保持架速度因保持架外径与外圈挡边之间的摩擦力而滞后。保持架引导面和套圈挡边之间的摩擦阻力或驱动力的大小取决于保持架与滚动体之间的合力、保持架旋转轴线的偏心程度、保持架相对引导套圈的速度。如果保持架引导面与套圈之间的法向载荷足够大,则可用流体动压短轴轴承理论来求解摩擦力。如果保持架正确动平衡且与滚动体的作用合力很小,则可用 Petroff 公式求解,如

$$F_{\mathrm{CL}} = \frac{\eta \pi w_{\mathrm{CR}} c_n d_{\mathrm{CR}} (\omega_c - \omega_n)}{1 - \left(\dfrac{d_1}{d_2}\right)} \qquad \begin{array}{l} c_o = 1 \\ c_i = -1 \end{array} \tag{6.4}$$

式中,d_2 是保持架引导面直径和套圈挡边直径中的较大者,d_1 是两直径中较小者。

6.2.4　滚动体和保持架兜孔之间的滑动

对于任一给定位置上的滚动体,它与保持架兜孔之间存在一个法向作用力。这个力的方向取决于是滚动体带动保持架还是保持架带动滚动体。滚动体在保持架兜孔中也可能处于无载荷的自由状态,然而,这种状态是很少发生的。在固定在滚动体绕自身轴线的转动的坐标系中,保持架可看作固定不动的。因此滚动体和保持架兜孔之间发生纯滑动,滑动产生的摩擦力大小取决于滚动体-保持架兜孔之间的法向力、润滑剂特性、滚动体自转速度和保持架兜孔的几何形状。而几何形状变化的影响是关键的。一般来说,应用简化的弹流动力润滑理论就足以分析这个滑动摩擦力。

6.2.5　滚子端面与套圈挡边间的滑动

在圆锥滚子轴承和具有非对称滚子的调心滚子轴承中,由于滚子受到的一个分力的作用而压向了套圈挡边,因此,滚子端面与内圈(或外圈)挡边之间总是发生应力集中。圆柱滚子轴承在主要承受径向载荷的同时,依靠内圈和外圈挡边也能承受轴向载荷,此时滚子与内外圈挡边之间同时会产生滑动。在上述情形下,滚子端面和套圈挡边的几何形状对于两者间滑动摩擦力的大小具有至关重要的影响作用。推力调心滚子轴承的滚子端面与挡边接触最常见的情况见图6.2,球端面滚子的几种接触形式见表6.1。

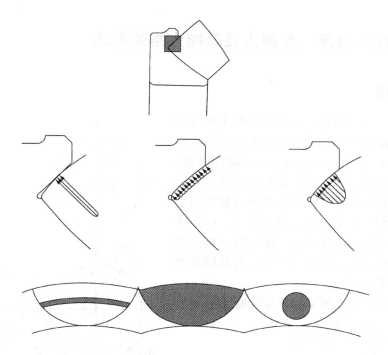

图6.2　推力调心滚子轴承中滚子端面与挡边的接触形式及压力分布

表6.1　球端面滚子与不同结构挡边的接触

挡边几何结构	接触形式	挡边几何结构	接触形式
圆锥体的一部分	线接触	球面的一部分($R_f > R_e$)	点接触
球面的一部分($R_f = R_e$)	完全面接触		

　　Rydell[5]指出，当滚子端面与挡边为点接触时达到最佳的摩擦特性。另外，Brown 等研究了高速圆柱滚子轴承中滚子端面的磨损规律发现，滚子倒角半径偏差增大会导致滚子磨损增加；增加滚子端面间隙和长径比l/D也导致滚子磨损增加，然而，这比滚子倒角半径偏差影响要小。

6.2.6　密封产生的滑动

　　很多轴承特别是脂润滑轴承和深沟球轴承一般都装有整体密封圈。密封圈一般由带有一部分钢或塑料骨架的橡胶构成，如图6.3所示。橡胶密封装置既可支撑在套圈挡边上，也可装在套圈上特别加工的一个槽内，如图6.3所示。不管以何种形式安装，轴承密封产生的摩擦力通常大于其他类型摩擦力的总和。密封摩擦常常与其具体的密封结构和橡胶特性有关。关于整体式密封的有关知识本章不作介绍。

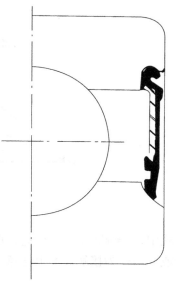

图6.3　带有整体式密封圈的深沟球轴承

6.3　固体润滑轴承：摩擦力及摩擦力矩的影响

6.3.1　球轴承

　　在第5章，已经按照库仑摩擦分析了固体润滑球轴承中的摩擦力，即对接触区内一点(x,y)的摩擦切应力τ可用$\mu\sigma$来表示，μ为磨擦系数，σ为点(x,y)处的法向应力。在该假设下，Harris[7]获得了轴向载荷作用下的角接触球轴承力平衡和力矩平衡的一般解。在这种情况下，作用在球上的力和力矩如图6.4所示。假定绕y'轴的陀螺运动可以忽略不计，如图6.5所示将接触椭圆分为两个或三个滑动区。

　　现在，对于图6.5所示的球与滚道接触，有

$$F_{y'n} = 2\mu a_n b_n c_n \left(\int_{-1}^{T_{n1}} \int_0^{\sqrt{1-q^2}} \sigma_n \mathrm{d}t \mathrm{d}q \right.$$
$$\left. - \int_{T_{n1}}^{T_{n2}} \int_0^{\sqrt{1-q^2}} \sigma_n \mathrm{d}t \mathrm{d}q - \int_{T_{n2}}^{+1} \int_0^{\sqrt{1-q^2}} \sigma_n \mathrm{d}t \mathrm{d}q \right) \quad (6.5)$$

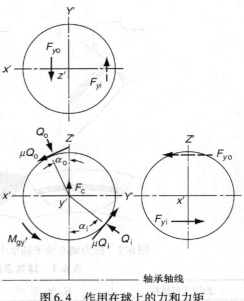

图 6.4　作用在球上的力和力矩

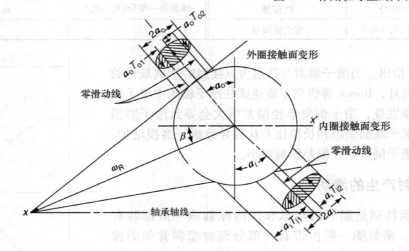

图 6.5　接触区、滚动线和滚动方向

式中，$q=x'/a_n$、$t=y'/b_n$、T_{n1}和T_{n2}定义为滚动线，n表示内圈或外圈球-滚道接触，即$n=\mathrm{i}$或o，σ_n为接触表面上任意一点的法向应力或压力，并由下式确定：

$$\sigma_n = \frac{3Q_n}{2\pi a_n b_n}(1 - q^2 - t^2)^{\frac{1}{2}} \quad (5.4)$$

将式(5.4)代入式(6.5)并积分得

$$F_{y'n} = 3\mu Q_n c_n \Big[\frac{2}{3} + \sum_{k=1}^{k=2} c_k T_{nk} \Big(1 - \frac{T_{nk}^2}{3} \Big) \Big]$$

$$n = \text{o}, \text{i}; \ c_i = -1; \ c_1 = 1; \ c_2 = -1 \tag{6.6}$$

由图 2.13 和图 2.14 可以确定从球心到内、外滚道接触面上的点的半径 r_n 为

$$r_n = (R_n^2 - x_n^2)^{\frac{1}{2}} - (R_n^2 - a_n^2)^{\frac{1}{2}} + \Big[\Big(\frac{D}{2} \Big)^4 - a_n^2 \Big]^{\frac{1}{2}} \quad n = \text{o}, \text{i} \tag{6.7}$$

由式(6.7)和式(5.4),可得到摩擦力矩方程为

$$M_{x'n} = 2\mu a_n b_n c_n \Big[\int_{-1}^{T_{n1}} \int_0^{\sqrt{1-q^2}} \sigma_n r_n \cos(\alpha_n + \theta_n) \mathrm{d}t \mathrm{d}q - \int_{T_{n1}}^{T_{n2}} \int_0^{\sqrt{1-q^2}} \sigma_n r_n \cos(\alpha_n + \theta_n) \mathrm{d}t \mathrm{d}q \Big]$$

$$+ 2\mu a_n b_n c_n \Big[\int_{T_{n2}}^{+1} \int_0^{\sqrt{1-q^2}} \sigma_n r_n \cos(\alpha_n + \theta_n) \mathrm{d}t \mathrm{d}q \Big] \tag{6.8}$$

用三角函数恒等式变换

$$\cos(\alpha_n + \theta_n) = \cos\alpha_n \cos\theta_n - \sin\alpha_n \sin\theta_n \tag{6.9}$$

式中, $\sin\theta_n = x_n'/r_n$,

并考虑 θ_n 是小量, $\cos\theta_n \Rightarrow 1$, 将上式代入式(6.8)并积分得

$$M_{x'n} = 3\mu Q_n D c_n \Big\{ \frac{2}{3}\cos\alpha_n + \sum_{k=1}^{k=2} c_k T_{nk} \Big[\Big(1 - \frac{T_{nk}^2}{3} \Big)\cos\alpha_n - \frac{a_n T_{nk}}{D} \Big(1 - \frac{T_{nk}^2}{2} \Big)\sin\alpha_n \Big] \Big\} \tag{6.10}$$

$$n = \text{o}, \text{i}; \ c_i = -1; \ c_1 = 1; \ c_2 = -1$$

同样有

$$M_{z'n} = 3\mu Q_n D c_n \Big\{ \frac{2}{3}\sin\alpha_n + \sum_{k=1}^{k=2} c_k T_{nk} \Big[\Big(1 - \frac{T_{nk}^2}{3} \Big)\sin\alpha_n - \frac{a_n T_{nk}}{D} \Big(1 - \frac{T_{nk}^2}{2} \Big)\cos\alpha_n \Big] \Big\} \tag{6.11}$$

$$n = \text{o}, \text{i}; \ c_1 = 1; \ c_2 = -1$$

$$k = 1, 2; \ c_1 = 1; \ c_2 = -1$$

利用图 6.4,能够建立对 x', y', z' 坐标轴的四个力和力矩平衡方程,它们与第三章确定的四个球位置方程一起必须得到满足。由这 8 个方程必定能解出两个位置变量,两个接触变形变量、轴承轴向位移以及角速度 ω_m, $\omega_{x'}$, $\omega_{z'}$。

这样有 8 个方程、8 个未知数。然而如图 6.5 所示,滚动线 T_{nk} 有 3 个,它们是 ω_m、$\omega_{x'}$ 和 $\omega_{z'}$ 的函数。为了建立需要的函数关系,将图 2.13 和图 2.14 所示的变形后接触表面的主轴看成是一个大圆的一段圆弧,这个圆由下式定义:

$$(x_n' - X)^2 + (z_n' - Z)^2 - (\zeta_n D)^2 = 0 \tag{6.12}$$

式中, $\zeta = 2f/(2f+1)$, $f = r/D$。由图 2.13 和图 2.14 可得,钢球中心偏离此圆中心的量可用以下坐标来确定:

$$X = \frac{D}{2} \Big[(4\zeta_n^2 - k_n^2)^{\frac{1}{2}} - (1 - k_n^2)^{\frac{1}{2}} \Big] \sin\alpha_n \tag{6.13}$$

$$Z = \frac{D}{2} \Big[(4\zeta_n^2 - k_n^2)^{\frac{1}{2}} - (1 - k_n^2)^{\frac{1}{2}} \Big] \cos\alpha_n \tag{6.14}$$

式中, $k_n = 2a_n/D$。下式给出滑动速度为零的条件,即

$$(\Omega_\text{o} - \omega_\text{m}) \Big(\frac{d_\text{m}}{2} + z' \Big) + \omega_x z' + \omega_z x' = 0 \tag{6.15}$$

$$\left(\omega_m - \Omega_i\right)\left(\frac{d_m}{2} + z'\right) + \omega_x z' + \omega_z x' = 0 \tag{6.16}$$

接下来可通过联立求解式(6.12)、式(6.15)和式(6.16)而求出位置 x'_{nk},在变形后的圆弧上的 z'_{nk} 处的滑动速度为0,可以得出

$$T_{nk} = \frac{(x'^2_{nk} + z'^2_{nk})}{a_n}\sin\left[\frac{\pi}{2} - \alpha_n - \tan^{-1}\left(\frac{z'_{nk}}{x'_{nk}}\right)\right], \quad k = 1,\ 2 \tag{6.17}$$

轴承设计数据	
钢球直径	8.731mm
节圆直径	48.54mm
初始接触角	24.5°
内滚道沟半径/钢球直径	0.52
外滚道沟半径/钢球直径	0.52
每个球的推力载荷	31.6N

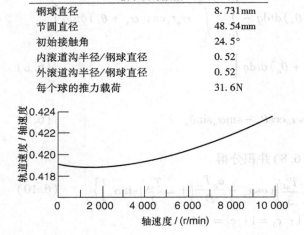

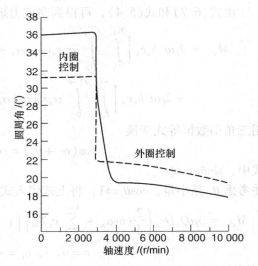

图6.6　滚动体公转转速/轴转速与轴转速之间的关系　　图6.7　球自转姿态角与轴转速之间的关系

　　用上述方法,Harris[7]业已证明,即使在"干膜"润滑的轴承中,内滚道控制的情况也不能实现。此外,在受推力载荷作用的角接触球轴承中,似乎存在一速度转变点,在该速度下,球速度节圆角 β 会发生重大跃变,以使轴承中的载荷重新达到平衡。图6.6和图6.7来自文献[7],它给出了用这个方法对推力载荷作用下角接触球轴承的分析结果。

　　另外,表6.2列出了例子中内圈、外圈接触椭圆滚动线的相应位置。

表6.2　推力载荷下角接触球轴承椭圆接触区零滚动线位置

轴	外 滚 道		内 滚 道	
	T_1	T_2	T_1	T_2
1 000	0.000 1	—	−0.006 05	0.921 23
1 500	0.001 83	—	−0.006 72	0.923 76
2 000	0.001 29	—	−0.005 37	0.931 40
2 500	0.000 47	—	−0.003 53	0.942 72
3 000	—	0.029 75	0.029 95	—
3 500	—	−0.001 56	—	−0.001 90
4 000	−0.953 39	0.001 56	—	0.000 52
4 500	−0.932 37	0.003 76	—	0.000 64
5 000	−0.914 49	0.006 27	—	0.000 77
5 500	−0.897 30	0.010 55	—	−0.000 39

摘自:From Harris, T., *ASME Trans.*, *J. Lubr. Technol.*, 93, 32-38, 1971.

6.3.2　滚子轴承

对于滚道为点接触的滚子轴承，可用与球轴承相似的分析方法。不过，滚子轴承通常都设计成线接触或修正线接触。在前者中，其接触面基本上是矩形，但在纵向端部呈"狗骨"效应，这些已经在本书第1卷第6章中介绍。狗骨接触区根部只有很小面积，因此对摩擦力的影响不大。在修正线接触中(滚子或滚道局部凸起，或二都皆有)，接触区在形状上近似椭圆，只是在凸度起始位置椭圆被截断了。在这两种情况下，接触面上主要的滑动摩擦力基本平行于滚动方向且主要由表面变形引起的。因此，作用在受载滚子轴承接触表面的滑动摩擦力往往比球轴承的简单。

滚子轴承的动力载荷一般不影响接触角。因而接触面上的几何关系实际上与静载荷是一样的。即使接触角不等于0时，由于工作速度相对较低，所以陀螺力矩可忽略不计。在任何情况下，陀螺力矩的大小实质上并不改变滚动体的正常运动。因此，在滚子轴承摩擦力矩分析中，对正确设计的滚子轴承，将假设其接触面上的滑动摩擦力仅是变形接触表面在轴向截面内的半径的函数。

为了以下分析，假设滚子和内、外滚道的接触区是矩形，与矩形中心相距任一距离的点上的法向应力由本书第1卷第6章给出的公式定义：

$$\sigma = \frac{2Q}{\pi lb}(l - t^2)^{\frac{1}{2}} \qquad (6.18)$$

式中，$t = y/b$，y 为滚动方向到接触区中心线的距离。因此，作用在与矩形中心相距任一点上的微元摩擦力为

$$\mathrm{d}F_y = \frac{2\mu Q}{\pi l}(1 - t^2)^{\frac{1}{2}}\mathrm{d}t\mathrm{d}x \qquad (6.19)$$

在 $t = \pm 1$ 之间对式(6.19)进行积分，可得

$$\mathrm{d}F_y = \frac{\mu Q}{l}\mathrm{d}x \qquad (6.20)$$

参考图6.8，在内、外滚道上，沿滚动方向的微元摩擦力矩为

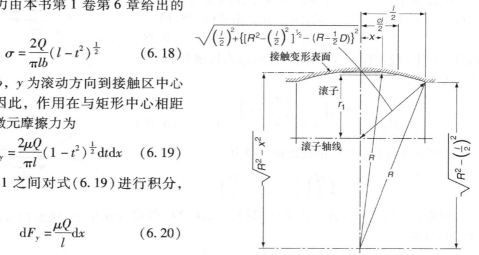

图6.8　滚子与滚道接触时变形表面的半径 R

$$\mathrm{d}M_R = \left[(R^2 - x^2)^{\frac{1}{2}} - \left(R - \frac{D}{2} \right) \right]\mathrm{d}F \qquad (6.21)$$

或

$$\mathrm{d}M_R = \frac{2\mu Q}{\pi l}(1 - t^2)^{\frac{1}{2}}\left[(R^2 - x^2)^{\frac{1}{2}} - \left(R - \frac{D}{2} \right) \right]\mathrm{d}F \qquad (6.22)$$

式中，R 是变形表面的曲率半径。在 ± 1 之间对式(6.22)积分得

$$\mathrm{d}M_R = \frac{\mu Q}{\pi l}\left[(R^2 - x^2)^{\frac{1}{2}} - \left(R - \frac{D}{2} \right) \right]\mathrm{d}x \qquad (6.23)$$

由于变形表面具有曲率，所以，在变形表面上，最多在两点 $x = \pm cl/2$ 上存在纯滚动，

相应的滚子旋转轴线的滚动半径为 r'，则

$$F_y = \frac{2\mu Q}{l}\Big(\int_0^{\frac{cl}{2}}\mathrm{d}x - \int_{\frac{cl}{2}}^l \mathrm{d}x\Big) \tag{6.24}$$

或

$$F_y = \mu Q(2c-1) \tag{6.25}$$

且

$$M_R = \frac{2\mu Q}{l}\left\{\begin{array}{l}\displaystyle\int_0^{\frac{cl}{2}}\Big[(R^2-x^2)^{\frac{1}{2}}-\Big(R-\frac{D}{2}\Big)\Big]\mathrm{d}x - \\[2mm] \displaystyle\int_{\frac{cl}{2}}^{\frac{l}{2}}\Big[(R^2-x^2)^{\frac{1}{2}}-\Big(R-\frac{D}{2}\Big)\Big]\mathrm{d}x\end{array}\right\} \tag{6.26}$$

或

$$M_R = \mu Q\left\{\begin{array}{l}\dfrac{R^2}{l}\Big(2\sin^{-1}\dfrac{cl}{2R}-\sin^{-1}\dfrac{l}{2R}\Big)+(1-2c)\Big(R-\dfrac{D}{2}\Big) \\[3mm] +cR\Big[1-\Big(\dfrac{cl}{2R}\Big)^2\Big]^{\frac{1}{2}}-\dfrac{R}{2}\Big[1-\Big(\dfrac{2R}{l}\Big)^2\Big]^{\frac{1}{2}}\end{array}\right\} \tag{6.27}$$

　　考虑滚子在内圈、外圈滚道接触处的受力平衡（见图6.9），有 $F_{yo}=-F_{yi}$；假定 $\mu_o=\mu_i$，由式(6.25)得

$$c_o + c_i = 1 \tag{6.28}$$

而且，由于匀速滚动，在内圈、外圈滚道接触处的力矩之和等于零，于是有

$$M_{Ro}\frac{\Big(\dfrac{d_m}{2}+r_o'\Big)}{r_o'}+M_{Ri}\frac{\Big(\dfrac{d_m}{2}-r_i'\Big)}{r_i'}=0 \tag{6.29}$$

由图6.8可知，滚子的纯滚动半径为

$$r' = \Big[R^2-\Big(\frac{cl}{2}\Big)^2\Big]^{\frac{1}{2}}-\Big(R-\frac{D}{2}\Big) \tag{6.30}$$

　　因此，若假定 $\mu_o=\mu_i$，由式(6.27)、式(6.29)和式(6.30)可得

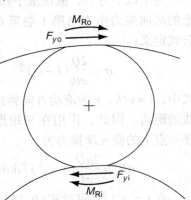

图6.9　作用在滚子上的摩擦力与力矩

$$\left\{\begin{array}{l}\dfrac{R_o^2}{l}\Big(2\sin^{-1}\dfrac{c_o l}{2R_o}-\sin^{-1}\dfrac{l}{2R_o}\Big)+(1-2c_o)\Big(R_o-\dfrac{D}{2}\Big) \\[3mm] +c_o R_o\Big[1-\Big(\dfrac{c_o l}{2R_o}\Big)^2\Big]^{\frac{1}{2}}-\dfrac{R_o}{2}\Big[1-\Big(\dfrac{l}{2R_o}\Big)^2\Big]^{\frac{1}{2}}\end{array}\right\}$$

$$\times\left\{1+\frac{d_m}{2\Big\{\Big[R_o^2-\Big(\dfrac{c_o l}{2}\Big)^2\Big]^{\frac{1}{2}}-\Big(R_o-\dfrac{D}{2}\Big)\Big\}}\right\}$$

$$-\left\{\begin{array}{l}\dfrac{R_i^2}{l}\Big(2\sin^{-1}\dfrac{c_i l}{2R_i}-\sin^{-1}\dfrac{l}{2R_i}\Big)+(1-2c_i)\Big(R_i-\dfrac{D}{2}\Big) \\[3mm] +c_i R_i\Big[1-\Big(\dfrac{c_i l}{2R_i}\Big)^2\Big]^{\frac{1}{2}}-\dfrac{R_i}{2}\Big[1-\Big(\dfrac{l}{2R_i}\Big)^2\Big]^{\frac{1}{2}}\end{array}\right\} \tag{6.31}$$

$$\times \left\{ 1 + \frac{d_{\mathrm{m}}}{2\left\{ \left[R_{\mathrm{i}}^2 - \left(\frac{c_{\mathrm{i}} l}{2} \right)^2 \right]^{\frac{1}{2}} - \left(R_{\mathrm{i}} - \frac{D}{2} \right) \right\}} \right\} = 0$$

由式(6.28)和式(6.31)联立可解出 c_{o} 和 c_{i} ,注意,如果内、外圈滚道接触曲率半径 R_{o} 为无穷大,则上述分析不适用。此时,接触表面无滑动,而只有纯滚动。

求出了 c_{o} 和 c_{i} ,可回过头来用式(6.25)求净滑动摩擦力 $F_{y\mathrm{o}}$ 和 $F_{y\mathrm{i}}$,同样可用式(6.27)求出 $M_{R\mathrm{o}}$ 和 $M_{R\mathrm{i}}$ 。作用在滚子上的摩擦力和力矩如图6.9所示。

6.4　流体润滑轴承:摩擦力和摩擦力矩的影响

6.4.1　球轴承

6.4.1.1　球速度的计算

在第 5 章中,接触表面上任一点 (x',y') 的表面摩擦切应力可由下式表示:

$$\tau_{y'} = c_{\mathrm{v}} \frac{A_{\mathrm{c}}}{A_{\mathrm{o}}} \mu_{\mathrm{a}} \sigma + \left(1 - \frac{A_{\mathrm{c}}}{A_{\mathrm{o}}} \right) \left(\frac{h}{\eta v_{y'}} + \frac{1}{\tau_{\lim}} \right)^{-1} \tag{5.48}$$

$$\tau_{x'} = c_{\mathrm{v}} \frac{A_{\mathrm{c}}}{A_{\mathrm{o}}} \mu_{\mathrm{a}} \sigma + \left(1 - \frac{A_{\mathrm{c}}}{A_{\mathrm{o}}} \right) \left(\frac{h}{\eta v_{x'}} + \frac{1}{\tau_{\lim}} \right)^{-1} \tag{5.49}$$

也就是说,给定润滑流体及分离接触表面润滑膜参数 Λ ,就可计算出 $\tau_{y'}$ 和 $\tau_{x'}$ 。图 6.10 所示为油润滑、承受轴向载荷角接触球轴承的摩擦力和摩擦力矩。图中的坐标系和图 2.4 中用于描述球速度的坐标系相同。

沿(滚动方向) y' 和(滚动方向) x' (陀螺运动方向)的滑动速度可由下式表示(此式第 2 章已作过介绍):

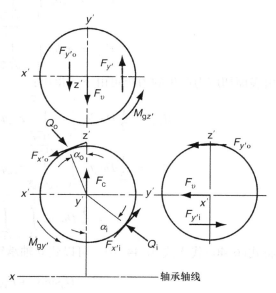

图 6.10　作用在球上的摩擦力和摩擦力矩

$$v_{y'n} = \frac{D}{2} \left\{ \frac{\omega_n}{\gamma} + \varphi_n \left[\left(c_n \omega_n - \omega_{x'} \right) \cos(\alpha_n + \theta_n) - \omega_{z'} \sin(\alpha_n + \theta_n) \right] \right\} \tag{6.32}$$

$$v_{x'n} = \frac{D}{2} \varphi_n \omega_{y'} \tag{6.33}$$

式中

$$\omega_n = c_n (\omega_m - \Omega_n) \tag{6.34}$$

$$\varphi_n = \left\{ \left(\frac{2x_n}{D} \right)^2 + \left[\left(4\zeta_n^2 - \left(\frac{2x_n}{D} \right)^2 \right)^{\frac{1}{2}} - \left(4\zeta_n^2 - \left(\frac{2a_n}{D} \right)^2 \right)^{\frac{1}{2}} + \left(1 - \left(\frac{2a_n}{D} \right)^2 \right)^{\frac{1}{2}} \right] \right\}^{\frac{1}{2}} \tag{6.35}$$

$$\theta_n = \sin^{-1} \left(\frac{x_n}{r_n} \right) \tag{6.36}$$

$$r'_n = \frac{D}{2}\varphi_n \tag{6.37}$$

和

$$\zeta_n = \frac{2f_n}{2f_n + 1} \tag{6.38}$$

在式(6.32)和式(6.33)中，$c_o = 1$，$c_i = -1$。

为了计算式中 $\tau_{y'}$ 和 $\tau_{x'}$，中心油膜厚度 h，入口速度可通过下式求得

$$u_{y'n} = \frac{D}{4}\left\{\frac{\omega_n}{\gamma} + \varphi_n\left[(c_n\omega_n + \omega_{x'})\cos(\alpha_n + \theta_n) + \omega_{z'}\sin(\alpha_n + \theta_n)\right]\right\} \tag{6.39}$$

为了计算 $\tau_{y'}$ 和 $\tau_{x'}$，在此温度下润滑油的粘度很重要。为了计算精确，估计接触区入口区和接触区中部的油膜温度很有必要。

假定接触负荷是已知的，接触区域的摩擦力可由下式得出

$$F_{y'n} = a_nb_n\int_{-1}^{1}\int_{-\sqrt{1-q^2}}^{\sqrt{1-q^2}}\tau_{y'n}\mathrm{d}t\mathrm{d}q, \quad n = o, i \tag{6.40}$$

$$F_{x'n} = a_nb_n\int_{-1}^{1}\int_{-\sqrt{1-q^2}}^{\sqrt{1-q^2}}\tau_{x'n}\mathrm{d}t\mathrm{d}q, \quad n = o, i \tag{6.41}$$

由表面切应力产生的力矩可由下式得出：

$$M_{x'n} = \frac{1}{2}Da_nb_n\int_{-1}^{1}\int_{-\sqrt{1-q^2}}^{\sqrt{1-q^2}}\tau_{y'n}\varphi_n\cos(\alpha_n + \theta_n)\mathrm{d}t\mathrm{d}q, \quad n = o, i \tag{6.42}$$

$$M_{z'n} = \frac{1}{2}Da_nb_n\int_{-1}^{1}\int_{-\sqrt{1-q^2}}^{\sqrt{1-q^2}}\tau_{y'n}\varphi_n\sin(\alpha_n + \theta_n)\mathrm{d}t\mathrm{d}q, \quad n = o, i \tag{6.43}$$

$$M_{y'n} = \frac{1}{2}Da_nb_n\int_{-1}^{1}\int_{-\sqrt{1-q^2}}^{\sqrt{1-q^2}}\tau_{x'n}\varphi_n\mathrm{d}t\mathrm{d}q, \quad n = o, i \tag{6.44}$$

将式(6.40)代入式(6.44)中，可以建立轴承钢球的力和力矩平衡方程：

$$Q_o\sin\alpha_o + F_{x'o}\cos\alpha_o - \frac{F_a}{2} = 0 \tag{6.45}$$

$$\sum_{n=o}^{n=i}c_n(Q_n\cos\alpha_n - F_{x'n}\sin\alpha_n) - F_c = 0, \quad n = o, i; \quad c_o = 1, \quad c_i = -1 \tag{6.46}$$

$$\sum_{n=o}^{n=i}c_n(Q_n\sin\alpha_n + F_{x'n}\cos\alpha_n) = 0, \quad n = o, i; \quad c_o = 1, \quad c_i = -1 \tag{6.47}$$

$$\sum_{n=o}^{n=i}c_nF_{y'n} + F_v = 0, \quad n = o, i; \quad c_o = 1, \quad c_i = -1 \tag{6.48}$$

$$\sum_{n=o}^{n=i}M_{z'n} = 0 \tag{6.49}$$

$$\sum_{n=o}^{n=i}M_{y'n} - M_{gy'} = 0 \tag{6.50}$$

$$\sum_{n=o}^{n=i}M_{z'n} - M_{gz'} = 0 \tag{6.51}$$

式中

$$M_{gy'} = J\omega_m\omega_{y'} \tag{6.52}$$

$$M_{gz'} = J\omega_m\omega_{z'} \tag{6.53}$$

式中，J 为惯性矩，式（6.48）中拖动力 F_v 可由式（6.1）得出。因为仅受到轴向力，故而，保持架的速度与球公转速度 ω_m 相等。为使例子简单化，保持架兜孔与球之间的摩擦力可忽略不计。式（6.45）到式（6.51）中未知量有

- 内圈和外圈滚道与球接触变形 δ_i, δ_o
- 球的接触角 α_i 和 α_o
- 球速 $\omega_{x'}$, $\omega_{y'}$, $\omega_{z'}$ 和 ω_m
- 轴承轴向位移量 δ_a

因此，这里有 7 个方程和 9 个未知量。还有两个方程属于球中心位置。它们可由下式得到（参见第 3 章）：

$$(A_1 - X_1)^2 + (A_2 - X_2)^2 - [(f_i - 0.5)D + \delta_i]^2 = 0 \tag{6.54}$$

$$X_1^2 + X_2^2 - [(f_o - 0.5)D + \delta_o]^2 = 0 \tag{6.55}$$

第 3 章式（3.72）和式（3.73）中，位置变量 A_1 和 A_2 可由下式得出：

$$A_1 = BD\sin\alpha_o + \delta_a \tag{6.56}$$

$$A_2 = BD\cos\alpha_o \tag{6.57}$$

式中，$B = f_i + f_o - 1$，而且，位置变量 X_1、X_2、A_1、A_2 和内、外圈接触角 α_i，α_o 及接触变形 δ_i、δ_o 有关，表示如下：

$$\sin\alpha_o = \frac{X_1}{(f_o - 0.5)D + \delta_o} \tag{6.58}$$

$$\cos\alpha_o = \frac{X_2}{(f_o - 0.5)D + \delta_o} \tag{6.59}$$

$$\sin\alpha_i = \frac{A_1 - X_1}{(f_i - 0.5)D + \delta_i} \tag{6.60}$$

$$\cos\alpha_i = \frac{A_2 - X_2}{(f_i - 0.5)D + \delta_i} \tag{6.61}$$

这组方程首先由 Harris[8] 在假设等温牛顿流体润滑条件下解出，这对计算球与滚道接触已经足够精确。Shevchenko、Bolan、Poplawski 和 mauriello 的试验数据对比分析结果如图 6.11 和图 6.12 所示。试验数据与外圈滚道控制理论的结果的差异是很明显的。

6.4.1.2　打滑

通过 Harris[8] 如图 6.11 和图 6.12 的分析结果可知，滑动速度 $v_{y'}$ 是球—内滚道和球—外滚道接触长轴方向 x' 位置的函数，但在方向上没有改变。这意味着在接触表面不存在纯滚动点。这种滑动情况被称为打滑。考虑打滑的一个重要的应用就是在双半内圈的喷气发动机主轴球轴承上。这种角接触球轴承主要承受轴向载荷，转速很高，一般 dn 值（轴承内径（mm）× 轴承转速（r/min））超过 2×10^6。虽然轴向载荷很大，但是仍然有可能出现打滑。

打滑导致接触表面产生非常大的表面切应力。如果由滚动体与滚道相对运动产生的油膜不能完全隔开接触表面，则表面将发生称为擦伤的损坏形式，如图 6.13 所示。擦伤被定义成一种严重的磨损，其特点是同一表面或相对表面某处的金属被转移了位置该表面上的其他

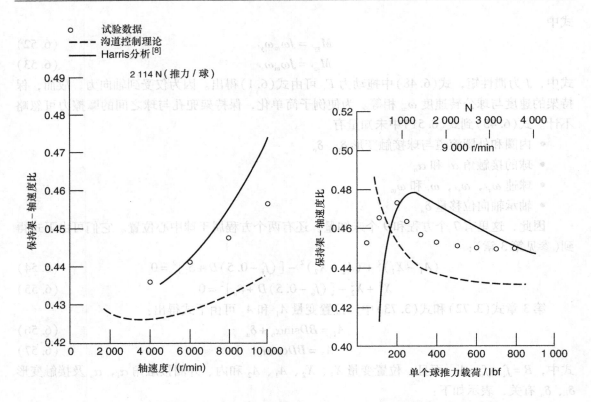

图 6.11   取自文献[9]的有三个球(直径 28.58mm)的角接触球轴承的试验数据
分析数据来自文献[8]

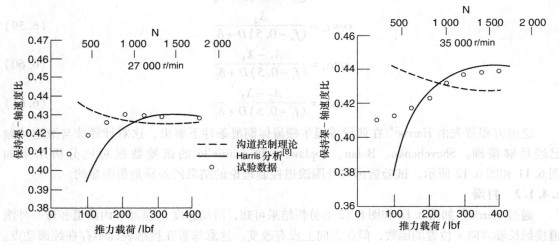

图 6.12   取自文献[9]的内径 35mm、外径 62mm 的角接触球轴承的试验数据
分析数据来自文献[8]

位置并牢固地粘着在表面上,而且被转移的金属量足以将不同的接触微凸体粘结起来。如被粘结的相互接触的微凸体数目较小,则称为微擦伤;如果这种被粘结的微凸体数量大到足以用肉眼看到,则称为严重擦伤或宏观擦伤。

如果可能的话,在任何应用场合都应避免打滑,因为打滑即使不引起擦伤,至少也会增

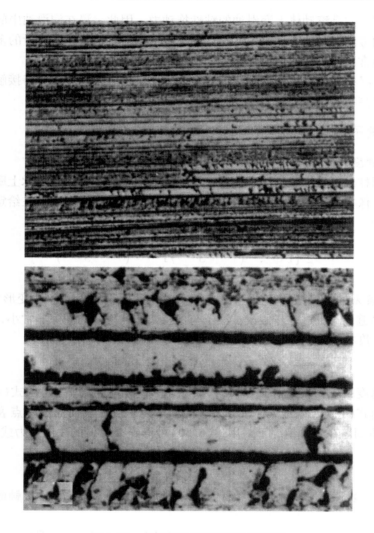

图 6.13　由打滑引起的滚道表面擦伤

加摩擦并产生热量。在高速轴承中，特别是如果每个滚动体所承受的负荷相对于滚动体离心力很小时，打滑也会发生。在这些场合下，会导致外滚道的法向接触负荷比内滚道的接触负荷高。因此，为了使摩擦力和力矩平衡，内滚道接触处的摩擦系数必须更大才能补偿内滚道接触负荷较低的影响。在第 4 章中已介绍了，在流体油膜润滑中滚动体与滚道接触处油膜厚度的形成取决于接触表面的速度。考虑牛顿流体润滑的简化情况，表面切应力是表面速度的正函数，是油膜厚度的逆函数。所以，根据式(5.3)，接触处的摩擦系数是滑动速度的函数，而滑动速度在内滚道接触处最大。

　　通常通过增大轴承上外加载荷，使承载最大的滚动体上的离心力相对于其接触载荷变得较小，从而使打滑降低到最低限度。然而，这种补偿又会使轴承寿命降低。另一种方法是减少滚动体质量，采用陶瓷材料加工成的滚动体，其密度是钢的 40%。空心滚动体也可以使用，但是内径上的弯曲应力会使其发生早期失效。

　　阻碍轴承运动的滚动体与润滑油、滚动体与保持架、保持架与套圈的摩擦，都会使打滑加剧。其中最显著的是滚动体上润滑油的粘性拖动力。因此，浸在润滑油中的高速轴承比其在同样工况下油雾润滑时的滑动更大。在这种工况下，需要综合考虑油量的多少，因为在高速应用场合，通常采用大量的润滑油来带走由轴承产生的摩擦热。

一般来说，必须在允许打滑率和疲劳寿命之间作一折衷处理。除非将接触表面加工得极度光滑，可以提高有效油膜厚度，这样打滑就不会损坏轴承表面。

6.4.2　圆柱滚子轴承

6.4.2.1　滚子速度的计算

油润滑的圆柱滚子轴承中的滚子速度，可以通过假设单个滚子和轴承上摩擦力和摩擦力矩平衡来求得。像在第 1 章那样，把滚子和滚道接触区分为许多窄条，在给定的窄条内，滑动速度可表示为

$$v_{\lambda nj} = \frac{1}{2}\left\{\left[d_{\mathrm{m}} + c_n\left(D_\lambda + \frac{2}{3}\delta_{\lambda nj}\right)\right]\omega_{nj} - \left(D_\lambda - \frac{1}{3}\delta_{\lambda nj}\right)\omega_{\mathrm{R}j}\right\}$$
$$n = \mathrm{o},\ \mathrm{i};\ c_{\mathrm{o}} = -1;\ c_{\mathrm{i}} = 1;\ j = 1 \sim Z \tag{6.62}$$

式中，D_λ 是窄条 λ 的当量滚子直径。在式(6.62)中，假设 1/3 的弹性变形发生在滚子上，而 2/3 发生在滚道上。更进一步假设，滚子与保持架兜孔之间的间隙非常小，滚子的公转速度与保持架的速度相等。滚道的相对速度 ω_{nj} 由下式表示：

$$\omega_{nj} = c_n(\omega_{\mathrm{m}} - \Omega_n), \qquad n = \mathrm{o},\ \mathrm{i};\ c_{\mathrm{o}} = 1,\ c_{\mathrm{i}} = -1 \tag{6.63}$$

流体卷吸速度由式(4.54)和式(4.55)求出；最小润滑油膜厚度可由式(4.57)得出；中心油膜厚度可由式(4.58)得到。对球与滚道接触来说，接触表面的任一点表面摩擦切应力可由式(5.48)得到。在这种情况下，用式(6.50)可得到窄条 λ 的法向应力或接触压力为

$$\sigma_{\lambda nj} = \frac{2q_{\lambda nj}(1-t^2)^{\frac{1}{2}}}{\pi b_{nj}} \tag{6.64}$$

式中，$t = y/b_{nj}$，滚子-滚道接触 nj 窄条 λ 上单位长度上的负荷为 $q_{\lambda nj}$。接触面上的摩擦力可由下式表示：

$$F_{nj} = 2w_n \sum_{\lambda=1}^{\lambda=k} b_{\lambda nj} \int_0^1 \tau_{\lambda nj}\mathrm{d}t \tag{6.65}$$

式中，w_n 为窄条厚度

图 6.14 显示了承受径向载荷的圆柱滚子轴承滚子上的力和力矩，滚子端面与挡边间的摩擦力忽略不计。

从图 6.14 可获得如下平衡式：

$$\sum_{n=\mathrm{o}}^{n=\mathrm{i}} c_n Q_{nj} - F_{\mathrm{c}} = 0,\ n = \mathrm{o},\ \mathrm{i};\ c_{\mathrm{o}} = 1,\ c_{\mathrm{i}} = -1;\ j = 1 \sim Z \tag{6.66}$$

$$\sum_{n=\mathrm{o}}^{n=\mathrm{i}} c_n F_{nj} + F_{\mathrm{v}} - Q_{\mathrm{c}Gj} = 0 \tag{6.67}$$

式中，F_{c} 由式(3.38)得出，式(6.67)中 F_{v} 由式(6.2)得到。注意，如果在滚子和保持架过梁之间有间隙，则滚子

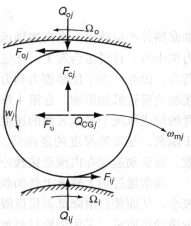

图 6.14　径向受载的圆柱滚子轴承作用在滚子上的力和力距

可以与保持架速度不同的转速自由地公转，则式（6.67）可变为

$$\sum_{n=o}^{n=i} c_n F_{nj} + F_v - Q_{CGj} = \frac{1}{2} m \frac{dv}{dt} = \frac{1}{2} m d_m \omega_{mj} \frac{d\omega_{Rj}}{d\psi} \tag{6.68}$$

式中，m 为滚子质量

由切应力引起的对滚子轴线的摩擦力矩如下式表示：

$$M_{nj} = w_n \sum_{\lambda=1}^{\lambda=k} b_{\lambda nj} D_\lambda \int_0^1 \tau_{\lambda nj} dt \tag{6.69}$$

滚子轴线上的力矩的总和表示如下：

$$\sum_{n=o}^{n=i} M_{nj} - \frac{1}{2} \mu_{CG} D Q_{CGj} = J \omega_m \frac{d\omega_{Rj}}{d\psi} \tag{6.70}$$

最后，轴承径向平衡方程为

$$\sum_{j=1}^{j=Z} Q_{ij} \cos\psi_j - F_r = 0 \tag{6.71}$$

如果轴承匀速运转，作用在保持架圆周方向的摩擦力矩之和必定等于零，即

$$d_m \sum_{j=1}^{j=Z} Q_{CGj} \pm D_{CR} F_{CL} = 0 \tag{6.72}$$

式中，F_{CL} 为保持架与引导挡边之间产生的摩擦力。

如第 3 章所言，法向载荷 Q_{nj} 可用接触变形 δ_{nj} 来描述，轴承径向位移与接触变形及径向游隙有关。因此，式（6.66）、式（6.67）、式（6.70）和式（6.72）共有 $3Z+2$ 个方程，可求解出 δ_r、δ_{ij}、ω_m、ω_{Rj} 和 Q_{CGj}。文献[1]给出了各种滚子轴承的一般解；轴承承受外加载荷作用下有 5 个自由度，每个滚子的公转速度都可不同于保持架的速度（用 ω_{mj} 代替 ω_m），滚道和滚子可为任何形状。

6.4.2.2　打滑

对航空发动机主轴的圆柱滚子轴承来说，打滑是一个重要问题。该轴承主要用于径向定位，所受载荷很轻但转速很高。Harris 采用了一种简单的分析方法，仅仅考虑了等温润滑条件并忽略作用在滚子上的粘性阻力。尽管如此，已证明了这种分析方法是适用的。摘自文献[11]的图 6.15 给出了关于保持架速度、载荷、内圈转速 r/min 的试验数据与分析计算结果的比较情况。滑动由保持架转速相对于动态速度的减小量来确定，分析显示，随着负荷的增加，打滑降低，同时打滑对润滑剂的类型不敏感。

一些航空发动机制造厂将轴承装配在非圆外滚道中，形成如图 6.16 所示的载荷分布。这种有选择的载荷分布增大

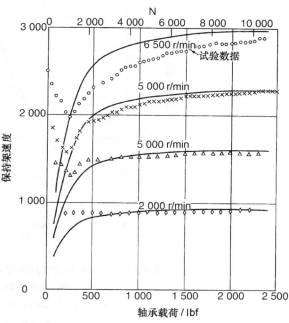

图 6.15　圆柱滚子轴承保持架转速与
轴承载荷、内圈转速之间的关系

了最大滚子载荷,并使受载滚子数增加了一倍。摘自文献[11]的图6.17说明了这种非圆外滚道对打滑的影响。另一种降低打滑的方法是用几个相等空心度的滚子,在无径向载荷的静态条件下使滚道间产生过盈量。摘自文献[12]的图6.18显示了一套这样装配的轴承,而图6.19、6.20则显示了采用这种方法降低打滑的效果。

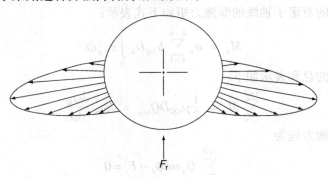

图 6.16　具有非圆外滚道的轴承受径向
载荷时轴承中的载荷分布

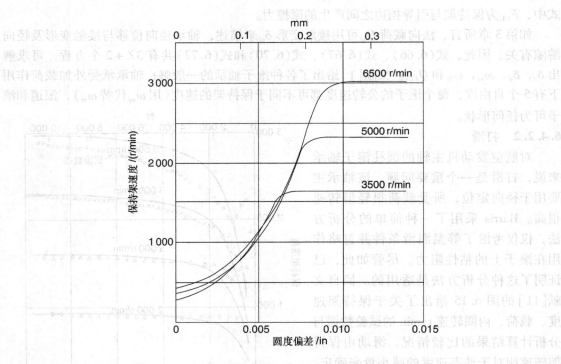

图 6.17　保持架转速与圆度偏差及内圈转速之间的关系

润滑脂类型 MII-L-7808

$(Z = 36, i = 1, l = 20\text{mm}, D = 14\text{mm}, d_m = 183\text{mm},$

$P_d = 0.063\ 5\text{mm}, F_r = 222.5\text{N})$

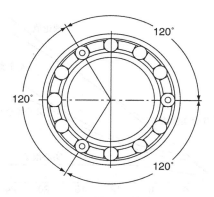

图 6.18　具有 3 个环状分布的预
负荷滚子的圆柱滚子轴承

轴承尺寸	
滚子数	28
滚子有效长度	14.22 mm
滚子直径	17 mm
节圆直径	182.3 mm
径向游隙	0.0064 mm

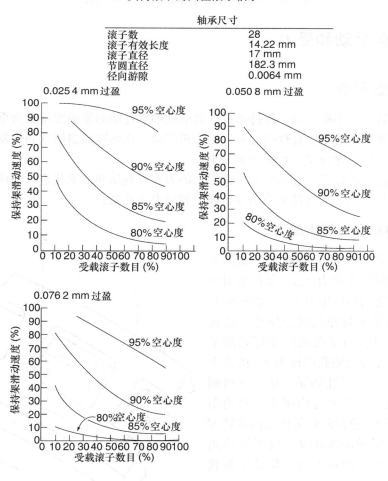

图 6.19　装有等间隔预负荷空心滚子的圆柱滚子轴承中的打滑

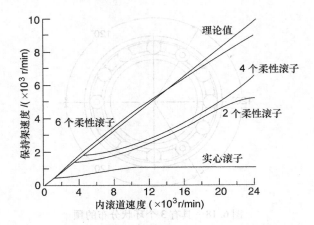

图6.20　保持架转速与内滚道转速之间的关系

6.5　保持架运动和受力

6.5.1　速度的影响

　　随着轴承转速的不断提高,保持架设计对滚动轴承性能的影响变得更为重要。在仪表球轴承中,保持架的动态不平稳性引起不良的力矩波动。在高速高温燃气涡轮发动机的固体润滑轴承开发研究中,保持架一直是个研究重点。

　　成功的保持架设计之关键在于对保持架上的力和对其运动的变化进行的详细分析。目前已开发了复杂程度不一的保持架稳态分析模型和动力学模型。

6.5.2　作用在保持架上的力

　　作用在保持架上的力主要是滚动体与保持架兜孔之间的作用力 F_{CP},保持架引导面与引导挡边之间的作用力 F_{CL}。如图6.21所示,一个滚子可与兜孔两边任意一边接触,这取决于是保持架带动滚子还是滚子带动保持架,保持架兜孔摩擦力 F_{CP} 的方向取决于接触发生在兜孔的哪一边。对内圈引导的保持架,保持架与内圈引导挡边引起的摩擦力矩 T_{CL} 的方向同保持架的旋转方向相同;对外引导的保持架,由引导挡边的接触所引起摩擦力矩方向与保持架旋转方向相反。

　　在保持架的表面上还作用着一种阻碍保持架运动的润滑剂粘性摩擦力 f_{DRAG}。由保持架旋转引起的自身离心力 F_{CF} 使保持架

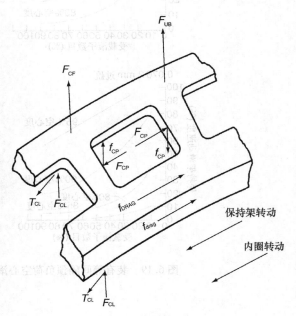

图6.21　保持架受力图

均匀地沿半径方向向外膨胀并在保持架引导边上引起圆周拉应力。不平衡力 F_{UB} 沿半径方向向外作用，其大小取决于保持架质量平衡程度。

像文献[13]所指出的那样，保持架与挡边之间的相互作用力数学模型，可用短流体动压润滑轴承理论建立。滚动体与保持架兜孔之间接触特性可能是流体动压性的、弹流的或纯弹性的，这取决于两个接触体的接近程度及滚动体载荷的大小。在大多数情况下，滚动体与保持架相互作用力非常小，以致流体动压润滑占主导地位。

6.5.3　稳态条件

在6.4节中，已描述了任何流体润滑条件下的球轴承和滚子轴承存在的打滑现象。即使对于轴承应用条件最为简单的情况，计算都要借助于电子计算机进行。伴随打滑分析要确定滚动体与保持架之间的作用力。图6.22摘自文献[14]显示了非圆外滚道圆柱滚子轴承在径向载荷作用下，其保持架在作稳态无偏心旋转时过梁的受载情况。

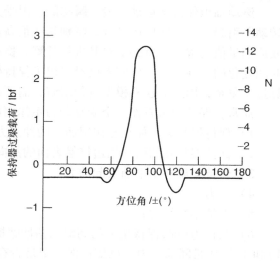

图 6.22　喷气发动机主轴用圆柱滚子轴承的保持架和滚子间作用载荷与方位角之间的关系
30 个 $12\text{mm} \times 12\text{mm}$ 的滚子分布在直径为 154.2mm 的节圆上

文献[13]的分析方法，仅考虑了保持架径向平面内无偏心旋转的情况。而 Kleckner 和 Pirvics 采用径向平面 3 个自由度(即保持架转速和两个表示保持架圆心位置在径向平面内的径向位移)进行分析。与此相对应的保持架平衡方程为

$$\sum_{j=1}^{Z} \left[(F_{CPj})\sin\psi_j - (f_{CPj})\cos\psi_j \right] - W_y = 0 \tag{6.73}$$

$$\sum_{j=1}^{Z} \left[(-F_{CPj})\cos\psi_j - (f_{CPj})\sin\psi_j \right] - W_z = 0 \tag{6.74}$$

$$\frac{1}{2}d_m \sum_{j=1}^{Z} (F_{CPj}) \pm T_{CL} = 0 \tag{6.75}$$

式中 W_y 和 W_z 分别为 T_{CL} 在 y 和 z 方向上的分量；F_{CPj} 为第 j 个滚动体在保持架兜孔上的法向力；f_{CPj} 为第 j 个滚动体保持架兜孔上的摩擦力。

保持架坐标系如图 6.23 所示。

式(6.73)和式(6.74)表示保持架在径向运动平面内力的平衡。保持架兜孔法向力及摩擦力之和与保持架挡边之间的法向力相平衡。式(6.75)是保持架关于其转动轴线的力矩平衡方程。保持架兜孔法向载荷设定为作用在轴承节圆上。保持架与挡边的摩擦力矩 T_{CL} 的符号取决于保持架是外

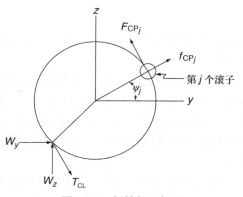

图 6.23　保持架坐标系

圈挡边引导还是内圈挡边引导。在文献[15]的分析模型中，允许每个滚子具有不同的自传速度和公转速度。

6.5.4 动力学条件

滚动轴承保持架运动一般是瞬态的，因受力而加速，这些力由滚动体及套圈接触和偏心转动所引起。在某些应用场合，特别是在很高转速和很大的加速度条件下，这种保持架瞬态效应的量值会很大，有必要对其进行计算。稳态计算方法没有计及滚动轴承保持架的这种随时间变化的特性。一些研究者已经提出了保持架瞬时响应的分析模型[13,16-19]。由于相关的计算过于复杂，因此对这些模型进行求解，需要在现代电子计算机上运算很长时间。

通常，保持架被看作一个受复杂力系作用的刚体。力系中主要包括以下力诸：

1) 保持架与滚动体相互作用面上的冲击力和摩擦力；
2) 保持架与套圈引导挡边接触表面的法向力和摩擦力(假定挡边引导保持架)；
3) 保持架质心不平衡引起的力；
4) 重力；
5) 保持架惯性力；
6) 其他力(即，保持架上的润滑剂粘性摩擦力和润滑剂搅拌力)。

1) 和2) 所述是间歇性力。例如：保持架是否在给定的时间与给定的滚动体或引导挡边相接触，取决于轴承中有关它们的相对位置。摩擦力的模型可以是流体动力性的、弹流性的或干摩擦性的，这取决于润滑剂、接触载荷与轴承结构几何特性。弹性和非弹性冲击力模型已在文献中出现。我们可以写出保持架运动的一般形式。描述保持架绕其质心转动的欧拉方程表示如下：

$$I_x \dot{\omega}_x - (I_y - I_z)\omega_y\omega_z = M_x \tag{6.76}$$

$$I_y \dot{\omega}_y - (I_z - I_x)\omega_z\omega_x = M_y \tag{6.77}$$

$$I_z \dot{\omega}_z - (I_x - I_y)\omega_x\omega_y = M_z \tag{6.78}$$

式中，I_x、I_y 和 I_y 分别是保持架的惯性矩，ω_x、ω_y、ω_z 分别是保持架关于惯性坐标系轴 x、y、z 的角速度；M_x、M_y、M_z 表示对坐标轴的总力矩。在惯性坐标系中，其质心平移运动微分方程表示如下：

$$m \ddot{r}_x = F_x \tag{6.79}$$

$$m \ddot{r}_y = F_y \tag{6.80}$$

$$m \ddot{r}_z = F_z \tag{6.81}$$

式中，m 是保持架质量，r_x、r_y、r_z 描述保持架质心位置。F_x，F_y，F_z 是作用在保持架上的静力分量。

一旦求出保持架力和力矩分量，就能求出其加速度。对运动方程积分(相对不连续的时间增量积分)就会求出保持架移动速度、旋转速度和位置矢量。在某些研究中[13,17]，通过对滚子、套圈的运动方程与保持架动力学方程联立求解，从而求出相关参数。另一些研究者则通过将保持架限制只作平面运动或通过简化滚动体动力学模型[16]导出较为简便的计算方法[18]。

Meeks 和 Ng 建立了一个球轴承保持架动力学模型，它用于球和套圈挡边共同引导保持架。该模型考虑了保持架的六个自由度，并将球与保持架及保持架与挡边之间的接触按非弹

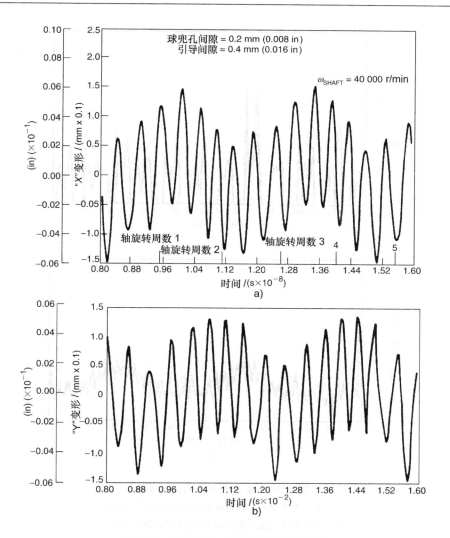

图 6.24　保持架随时间运动的计算结果

a）X 方向保持架运动与时间的关系　b）Y 方向保持架运动与时间的关系

性接触处理。该模型用于对固体润滑的喷气发动机轴承保持架优化设计研究[19]。

　　研究结果表明，保持架与套圈引导挡边、球与兜孔之间间隙的联合作用，对球与保持架兜孔之间作用力及磨损有显著影响。把分析结果跟合适的间隙值作比较，可以大大改进经验设计的保持架结构与性能。图 6.24 和图 6.25 综合了由保持架动力学分析得来的典型结果。

　　图 6.24 绘出了在 X 和 Y 方向（径向平面）上保持架质心运动与时间的关系曲线。时间范围对应转速为 40 000r/min 的轴旋转了大约 5 圈。图 6.25 给出了两个处于 90°角位置上具有代表性的兜孔与球间的法向力随时间变化的关系曲线。

　　除了 Meeks[9] 的研究之外，Mauriello[20] 等人成功地测出了承受径向、轴向联合载荷时球轴承的球和保持架间的作用力。他们发现，在高速轴承保持架设计中球与保持架之间的冲击载荷是一个非常重要的因素。

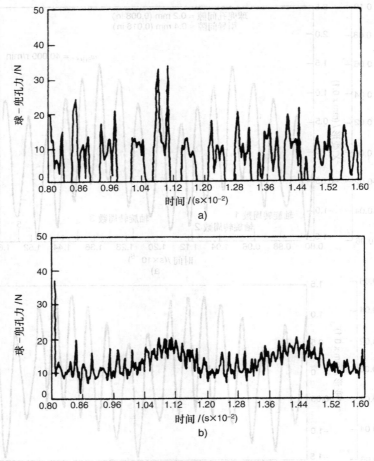

图 6.25　球-兜孔力与时间的关系

a) 保持架球-兜孔力随时间的变化(兜孔编号 No.1)

b) 保持架球-兜孔力随时间的变化(兜孔编号 No.4)

6.6　滚子歪斜

此前,我们假定圆柱滚子轴承的滚动都是理想的。实际上,结构几何尺寸的微小误差都会不可避免地引起滚子与内、外滚道间摩擦趋于失衡状态,从而使滚子趋于歪斜。同时假设滚子的旋转轴线与通过轴承旋转轴线的平面有一个的夹角 ξ_j,这个夹角 ξ_j 就叫做歪斜角,这时称滚子歪斜。

圆柱滚子轴承内、外圈相对偏斜时如图 1.6 所示。滚子在一端被挤压,压向引导挡边,引起了引导挡边产生摩擦。每个滚子和引导挡边之间相互接触产生了摩擦力,并产生了滚子歪斜力矩。滚子歪斜跟以下间隙有关:①滚子与引导挡边的间隙;②滚子端面与兜孔在垂直于滚动方向的间隙;③滚子直径方向与兜孔圆周方向的间隙。滚子歪斜角受到上述其中一种间隙的限制。如果这些间隙太大,就会产生如第3章所示,滚子的歪斜角将受到滚动方向外滚道曲率的限制。如第3章所述,圆柱滚子受到轴向载荷作用时,由于内圈和外圈滚子引导端面的作用，将产生滚子歪斜力矩，抵抗歪斜力矩主要是由前面讨论的几种约束中的一种来承担。图 6.26 显示的是圆柱滚子轴承在载荷作用下，同时产生滚子倾斜角 ζ_j，歪斜角 ξ_j，以及滚子与滚道接触法向和表面摩擦应力的情况。

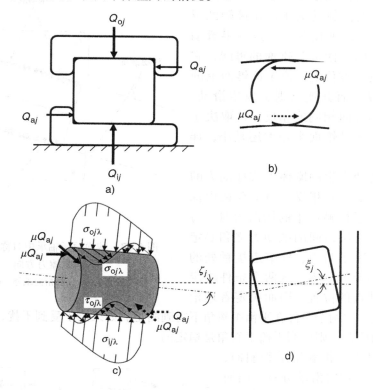

图 6.26　径向、轴向联合载荷作用下有着凸度滚子的向心圆柱滚子轴承
a）滚子-滚道以及滚子端面-挡边受力　b）滚子端面-挡边摩擦力
c）滚子-滚道法向接触应力、表面摩擦应力和滚子倾角　d）滚子歪斜
角受到滚子端面-挡边轴向游隙的限制

在圆锥滚子轴承中，即使不发生偏心现象，滚子仍会被压向大挡边上，然后产生歪斜力矩。歪斜力矩会被保持架或外滚道在滚动方向的曲挡边所阻挡。不论在什么情况下，滚子歪斜角会越来越小。

在大多数情况下，滚子歪斜对滚子轴承工作是有害的，因为这会引起摩擦力矩增大，产生更多的摩擦热，并要求保持架有足够的强度以克服力矩载荷。

6.6.1　滚子平衡歪斜角

滚子歪斜直至歪斜力矩达到平衡，除了可确定滚子端面—挡边或滚子端面—保持架载荷之外，还有更深的含义。在有对称形状滚子的调心滚子轴承中，调整滚子歪斜可降低摩擦损失及相应的摩擦力矩。早期调心滚子轴承采用非对称形状的滚子，由于滚子和滚道的高密合度以及主要歪斜由保持架和挡边接触所控制，因此，与目前有对称型滚子的轴承相比，具有较大的摩擦。伴随着摩擦产生的温升在许多应用中限制了轴承的性能。设计轴承应使滚子歪斜平衡仅由滚道控制，这样，可降低摩擦，提高轴承的承载能力。Kellstrom[21,22]研究了调心滚子轴承的歪斜平衡，并考虑了有摩擦力存在时，由滚子倾斜和歪斜引起的力与力矩平衡关系的复杂变化。

任何滚动体与曲面滚道接触，都会发生滑动。对于一个无歪斜的滚子，在接触区域内，至多有两点滑动速度为零。这些零滑动点形成了理论上的"滚动"锥面的母线，它表示在给定的滚子方位上，位于该锥面上的点仅发生纯滚动，而其他点则会发生滑动，滑动方向与滚动方向相同或相反，这取决于滚子半径比理论滚动锥面半径大还是小，详见图6.27。

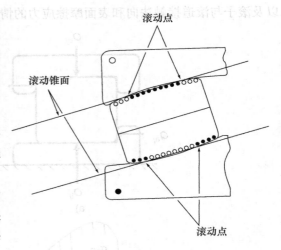

图6.27　球面滚子轴承中对称滚子上的切
向摩擦力方向

运动和力的方向：○指向纸外　●指向纸内

滚子上由滑动产生的摩擦力或拖动力的方向，与滚子滑动方向相反。当不存在由保持架或挡边与滚子接触产生的切向力时，每个接触区上滚子与滚道间的拖动力之和必定等于零。此外，滚子与内、外滚道接触处的歪斜力矩之和必定等于零。这两个条件决定着接触区中滚动点的位置，因而决定着理论滚动锥面的位置。这两个条件在平衡歪斜角下得到满足。如果滚子受到干扰，歪斜力矩使滚子回复到歪斜角位置，则说明平衡歪斜角是稳定的。

当滚子相对于其接触滚道歪斜时，在滚子上产生一个轴向滑动分量，因而产生一个与滑动速度相反的拖动力。假如方位合适，这些拖动力在轴承工作中是有益的，它们可协助抵消部分轴向载荷，如图6.28所示。

如果歪斜角产生的轴向摩擦力抵消轴向外加载荷并降低作用在滚子上的接触载荷，则此时的歪斜角称为正歪斜角（图6.28a）；与此相反，如产生的轴向摩擦力增加外加轴向载荷则歪斜角称为负歪斜角（图6.28b）。对于正歪斜滚子，法向接触载荷得以降低，进而接触疲劳寿命得以提高。

作用在滚子上的轴向摩擦力还产生第二种效应。这些力作用在内圈和外圈接触处不同的方向，从而在滚子上产生一个力矩，引起滚子倾斜。相对于理论上的纯滚动点及滑动速度分布情况，倾

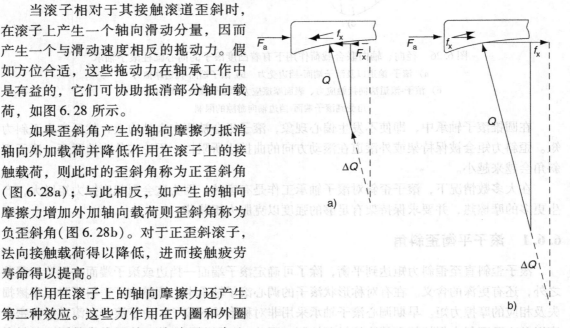

图6.28　在轴向载荷作用下，具有正、负歪斜
的调心滚子轴承外滚道上的作用力

a）正歪斜角　b）负歪斜角

斜引起滚子与内、外滚道接触载荷的分布位置发生变化。对这种特性详细分析计算[21,22]表明，歪斜量一旦超过平衡歪斜角，则产生阻碍歪斜增加的净歪斜力矩。反之，歪斜量一旦小于平衡歪斜角，则产生一个导致歪斜增加的净歪斜力矩。以上的这种相互作用力说明了稳定平衡歪斜角的存在。

为了应用平衡歪斜角的概念来设计调心滚子轴承，必须综合评价在范围宽广的应用条件下轴承的具体几何结构，并在最小摩擦损失和最长疲劳寿命之间进行折衷取舍。某些设计结构在特定的工作状况下会显示出不稳定的歪斜控制，或需要无法实现的大歪斜角才能实现稳定的歪斜平衡。

6.7　结束语

本书第1卷利用动力学关系确定球和滚子的速度。这主要基于简单的滚动关系。在很多应用场合，这种速度的计算已经够用了。在本章中证明，滚动体与滚道接触区域的滑动情况、滚动体与保持架及保持架与套圈之间发生的滑动情况、滚动体公转与润滑剂产生的粘性拖动力，与球和滚子的速度之间存在函数关系。为了计算上述条件下滚动体的速度，很有必要建立每个滚动体及轴承的摩擦力及力矩平衡方程。方程中既要有每个滚动体的速度，还包括保持架与滚动体之间的作用力以及保持架与套圈引导挡边之间的作用力。这些方程的计算结果有助于改善保持架及轴承内部间隙的设计。

通过本章介绍的摩擦力和力矩平衡方程，可以计算圆柱和圆锥滚子轴承在径向、轴向、力矩载荷联合作用下的滚子歪斜情况以及歪斜对速度及寿命的影响。

如果摩擦产生的热量没有通过强制的或自然的有效手段及时去除，滚动轴承摩擦会随轴承和润滑剂温度的升高而增加。在下一章中，将讨论轴承温度的估算方法。值得注意的是，轴承性能对温度很敏感。①内部尺寸的改变会影响负载分布；②与温度有关的粘度降低时，油膜厚度也会变薄；③摩擦力跟油膜厚度有关系；④在很多应用场合，疲劳寿命对油膜厚度及由油膜厚度产生的表面摩擦切应力很敏感。

参 考 文 献

[1] Harris, T., Rolling element bearing dynamics, *Wear*, 23, 311–337, 1973.

[2] Streeter, V., *Fluid Mechanics*, McGraw-Hill, New York, 313–314, 1951.

[3] Parker, R., Comparison of predicted and experimental thermal performance of angular-contact ball bearings, NASA Tech. Paper 2275, 1984.

[4] Bisson, E. and Anderson, W., *Advanced Bearing Technology*, NASA SP-38, 1964.

[5] Rydell, B., New spherical roller thrust bearings, the e design, *Ball Bear. J.*, SKF, 202, 1–7, 1980.

[6] Brown, P., et al., Mainshaft high speed cylindrical roller bearings for gas turbine engines, U.S. Navy Contract N00140–76-C-0383, Interim Report FR-8615, April 1977.

[7] Harris, T., Ball motion in thrust-loaded, angular-contact ball bearings with coulomb friction, *ASME Trans., J. Lubr. Technol.*, 93, 32–38, 1971.

[8] Harris, T., An analytical method to predict skidding in thrust-loaded angular-contact ball bearings, *ASME Trans., J. Lubr. Technol.*, 93, 17–24, 1971.

[9] Shevchenko, R. and Bolan, P., Visual study of ball motion in a high speed thrust bearing, SAE Paper No. 37, January 14–18, 1957.

[10] Poplawski, J. and Mauriello, J., Skidding in lightly loaded, high speed, ball thrust bearings, ASME Paper 69-LUBS-20, 1969.

[11] Harris, T., An analytical method to predict skidding in high speed roller bearings, *ASLE Trans.*, 9, 229–241, 1966.

[12] Harris, T. and Aaronson, S., An analytical investigation of skidding in a high-speed, cylindrical roller bearing having circumferentially spaced, preloaded hollow rollers, *Lub. Eng.*, 30–34, January 1968.

[13] Walters, C., The dynamics of ball bearings, *ASME Trans., J. Lubr. Technol.*, 93(1), 1–10, January 1971.

[14] Wellons, F. and Harris, T., Bearing design considerations, *Interdisciplinary Approach to the Lubrication of Concentrated Contacts*, NASA SP-237, 1970, pp. 529–549.

[15] Kleckner, R. and Pirvics, J., High speed cylindrical roller bearing analysis—SKF computer program CYBEAN, Vol. I: analysis, SKF Report AL78P022, NASA Contract NAS3–20068, July 1978.

[16] Kannel, J. and Bupara, S., A simplified model of cage motion in angular-contact bearings operating in the EHD lubrication regime, *ASME Trans., J. Lubr. Technol.*, 100, 395–403, July 1078.

[17] Gupta, P., Dynamics of rolling element bearings—Part I–IV. cylindrical roller bearing analysis, *ASME Trans., J. Lubr. Technol.*, 101, 293–326, 1979.

[18] Meeks, C. and Ng, K., The dynamics of ball separators in ball bearings—Part I: analysis, ASLE Paper No. 84-AM-6C-2, May 1984.

[19] Meeks, C., The dynamics of ball separators in ball bearings—Part II: results of optimization study, ASLE Paper No. 84-AM-6C-3, May 1984.

[20] Mauriello, J., et al., Rolling element bearing retainer analysis, U.S. Army AMRDL Technical Report 72–45, November 1973.

[21] Kellstrom, M. and Blomquist, E., Roller bearings comprising rollers with positive skew angle, U.S. Patent 3,990,753, 1979.

[22] Kellstrom, M., Rolling contact guidance of rollers in spherical roller bearings, ASME Paper 79-LUB-23, 1979.

第7章 滚动轴承温度

符号表

符　号	定　义	单　位
c	比热容	$W \cdot s/(g \cdot \text{℃})$
D	滚动体直径	mm
$\mathcal{D}$	直径	m
ε	热辐射系数	
f	r/D	
f_0	粘性摩擦力矩系数	
f_1	载荷摩擦力矩系数	
F_a	轴向(推力)外载荷	N
F_r	径向外载荷	N
F_β	计算摩擦力矩的等效载荷	N
F	温度系数	$W \cdot s/\text{℃}$
g	重力加速度	m/s^2
Gr	格拉晓夫(Grashof)数	
h	油膜传热系数	$W/(m^2 \cdot \text{℃})$
H	热流速率，摩擦生热率	W
J	热对流系数	
κ	热导率	$W/(m \cdot \text{℃})$
$\mathcal{L}$	热导路径长度	m
M	摩擦力矩	$N \cdot mm$
n	转速	r/min
Pr	普朗特(Prandtl)数	
q	误差函数	
Re	雷诺(Reynolds)数	
$\mathfrak{R}$	半径	mm
s	表面粗糙度	μm
S	垂直于热流的面积	m^2
T	温度	℃
u_s	流体速度	m/s
v	速度	m/s
w	质量流速	g/s

w	宽度	m
x	X 方向上的距离	m
Z	滚动体数量	
ε	误差	
η	绝对粘度	cP
ν	流体运动粘度	m^2/s
σ	滚动体与滚道接触法向应力	MPa
τ	表面摩擦切应力	MPa
ω	转动速度	rad/s
Ω	转动速度	rad/s

角　　　标

a	空气或环境条件下的量
BRC	球与滚道接触
c	热导
CRL	保持架与套圈档边接触
CPR	保持架兜孔与滚动体接触
f	摩擦
fdrag	滚动体上的粘性拖动力
i	内滚道
j	滚动体位置
n	滚道
o	油或外滚道
r	热辐射
REF	滚子端面与档边接触
RRC	滚子与滚道接触
tot	轴承全部摩擦生热
v	热对流
x	X 方向，垂直滚动方向
y	y 方向，滚动方向
1,2,…	温度节点 1，2 等

7.1　概述

滚动轴承工作温度与很多因素有关，其中主要因素有：

1) 轴承载荷。

2) 轴承转速。

3) 润滑剂类型及其流变特性。

4) 轴承安装布置与轴承箱设计。

5）工作环境。

在稳定工作状态下，滚动轴承的摩擦热量必须散发出去。因此，一个轴承系统与另一个有着相同尺寸和数量轴承的系统在稳态温度水平上的比较就是该系统散热效率的一种度量。

如果系统散热速率小于发热速率，轴承就会出现温度不稳定状态，系统的温度将不断上升直到润滑剂失效，最后轴承也会失效破坏。轴承中的温度高低在很大程度上取决于润滑剂类型与轴承材料。本章将只讨论滚动轴承的热稳定状态，因为这是轴承用户关心的主要问题。

在大多数球和滚子轴承使用场合中，其温度水平都相对较低，因而无需特别考虑热问题，这是因为：

1）由于载荷较轻和速度相对较低，轴承的摩擦发热率较低。

2）由于轴承安装在有空气流动的地方，或者与相邻的金属间有合适的热传导，轴承有足够的散热率。

但对某些不利的应用环境，需要考虑外部散热方法。迅速地确定轴承的冷却需求，有助于为润滑剂提供冷却能力。有些应用场合，是否需要外部冷却并不明确，这时，分析确定轴承工作的热状态也许更经济有效一些。

7.2 摩擦发热

7.2.1 球轴承

滚动轴承摩擦是以发热的形式消耗能量。摩擦热必须有效地从轴承中带走，否则轴承就会出现不可接受的温度。在球与滚道接触中，摩擦发热率由下面的公式计算确定：

$$H_{nyj} = \frac{1}{J} \int \tau_{nyj} v_{nyj} \mathrm{d}A_{nj} = \frac{a_{nj} b_{nj}}{J} \int_{-1}^{1} \int_{-\sqrt{1-q^2}}^{\sqrt{1-q^2}} \tau_{nyj} v_{nyj} \mathrm{d}t \mathrm{d}q \qquad (7.1)$$

$$n = \mathrm{i}, \mathrm{o}, \quad j = 1, 2, \cdots, Z$$

式中，J 是由 N·m/s 到 W 的转换常数。在式(7.1)中，表面摩擦切应力 τ_{nyj} 可以直接由式(5.49)计算，也可以以式(5.5)计算，推荐采用 $\tau_{nyj} = \mu_{nyj} \sigma$。滑动速度 v_{nyj} 可由式(2.9)和式(2.20)计算。类似地，

$$H_{nxj} = \frac{1}{J} \int \tau_{nxj} v_{nxj} \mathrm{d}A_{nj} = \frac{a_{nj} b_{nj}}{J} \int_{-1}^{1} \int_{-\sqrt{1-q^2}}^{\sqrt{1-q^2}} \tau_{nxj} v_{nxj} \mathrm{d}t \mathrm{d}q \qquad (7.2)$$

$$n = \mathrm{i}, \mathrm{o}, \quad j = 1, 2, \cdots, Z$$

式中，表面摩擦切应力 τ_{nxj} 可以直接由式(5.50)计算。滑动速度 v_{nxj} 可由式(2.10)和式(2.21)计算。对整套轴承，球-滚道接触的发热率为

$$H_{\mathrm{BRC}} = \sum_{n=\mathrm{i}}^{n=\mathrm{o}} \sum_{j=1}^{Z} (H_{xnj} + H_{nyj}) \qquad (7.3)$$

对于油润滑轴承，除了球—滚道接触产生摩擦发热外，球通过轴承腔中的润滑剂时还会产生摩擦热。利用式(6.1)定义的粘性拖动力 F_v，摩擦发热率可由下面公式计算：

$$H_{\mathrm{fdrag}} = \frac{d_{\mathrm{m}} \omega_{\mathrm{m}} F_{\mathrm{v}} Z}{2J} \qquad (7.4)$$

式中，d_m 为轴承节圆直径，ω_m 为球的公转速度，Z 是轴承球数。

　　轴承中其余部分的摩擦热包括保持架与内(外)引导挡边摩擦所引起的热；球与保持架兜孔接触摩擦所引起的热。这些发热一般都比较小。它们可以通过第 2 章中介绍的球与保持架运动速度和计算保持架-挡边载荷以及球与保持架载荷来完成，也可以利用第 6 章中介绍的全部的摩擦力和力矩平衡条件来确定。

　　轴承全部的摩擦发热率由以下几部分组成：

$$H_{tot} = H_{BRC} + H_{fdrag} + H_{CRL} + H_{CPB} \tag{7.5}$$

注意，这里 H_{tot} 不包括密封件与轴承套圈表面接触引起的摩擦热。这部分生热率要比式(7.5)计算的 H_{tot} 大。

　　由 H_{tot} 可以计算出轴承绕轴的摩擦力矩为

$$M = 10^3 \times \frac{H_{tot}}{\Omega_n} \tag{7.6}$$

式中，H_{tot} 以瓦(W)为单位，M 单位为 N·mm，套圈速度 Ω_n 单位是 rad/s。如果采用 r/min 单位，则

$$M = 9.551 \times 10^3 \times \frac{H_{tot}}{n_n} \tag{7.7}$$

7.2.2　滚子轴承

　　为了得到滚子与滚道接触的摩擦发热率，如第 1 章所述，将每个接触区沿有效长度 l_{eff} 方向划分为 k 个窄条，每个窄条的尺寸为 $w_n \times 2b_{nj\lambda}$，下标 λ 代表窄条位置，因此

$$H_{nj} = \frac{2b_{nj\lambda}w_n}{3kJ} \sum_{\lambda=1}^{k} S_k \tau_{nj\lambda} v_{nj\lambda} \tag{7.8}$$

式中，S_k 为辛普松积分系数，$\tau_{nj\lambda}$ 为窄条上的平均切应力，窄条面积为 $2w_n b_{nj\lambda}$，$v_{nj\lambda}$ 为窄条上的表面滑动速度。对于滚子轴承，$v_{nj\lambda}$ 利用式(6.62)计算。整个滚子轴承中的摩擦发热率为

$$H_{RRC} = \sum_{n=i}^{n=o} \sum_{j=1}^{Z} H_{nj} \tag{7.9}$$

由式(6.2)确定的粘性阻力 F_v 引起的摩擦热也采用式(7.4)计算。

　　与球轴承类似，滚子轴承中其余部分的摩擦热包括由保持架与内(外)引导挡边摩擦所引起的热；滚子与保持架兜孔接触摩擦所引起的热。这些发热一般也都比较小。它们可以通过第 2 章中介绍的滚子与保持架运动速度和估计保持架引导挡边作用力和滚子与兜孔作用力来计算，也可以利用第 6 章中介绍的完全的摩擦力和力矩平衡条件来确定。此外，在滚子轴承中，由于滚子歪斜或承受径向和轴向联合载荷作用，滚子端部与内外圈挡边之间会产生可观的摩擦发热率。为了计算这一发热率，需要利用第 1 章和第 2 章中介绍的分析方法来确定滚子端面与挡边间的作用力 Q_{aj}，再利用第 6 章中的方法估计保持架的转速 ω_m 和滚子的转速 ω_{Rj}。当已知套圈速度后，可以估计滚子端面与挡边间的平均滑动速度。最后，利用润滑理论，计算出滚子端面与挡边间的摩擦系数。一般地，对油润滑轴承，这一摩擦系数范围是 $0.03 \leqslant \mu \leqslant 0.07$。单个滚子端面与挡边间的摩擦发热率为

$$H_{\mathrm{REF}nj} = \frac{\mu Q_{aj} v_{\mathrm{REF}nj}}{J} \tag{7.10}$$

全部滚子端面与挡边间的摩擦发热率为

$$H_{\mathrm{REF}} = \sum_{n=i}^{n=o} \sum_{j=1}^{Z} H_{\mathrm{REF}nj} \tag{7.11}$$

对圆锥滚子轴承，在本书第 1 卷第 5 章中介绍了滚子端面与大挡边的接触状态。在该种情况下，单个滚子端面与挡边间的摩擦发热率为

$$H_{\mathrm{REF}j} = \frac{\mu Q_{fj} v_{\mathrm{REF}j}}{J} \tag{7.12}$$

全部滚子端面与挡边间的摩擦发热率为

$$H_{\mathrm{REF}} = \sum_{j=1}^{Z} H_{\mathrm{REF}j} \tag{7.13}$$

式(7.12)、式(7.13)也可以用于计算球面滚子轴承非对称形状滚子的端面接触摩擦发热率。

滚子轴承的全部摩擦发热率(除密封摩擦外)为

$$H_{\mathrm{tot}} = H_{\mathrm{RRC}} + H_{\mathrm{fdrag}} + H_{\mathrm{CRL}} + H_{\mathrm{CPR}} + H_{\mathrm{REF}} \tag{7.14}$$

参见例 7.1 和例 7.2。

计算轴承摩擦及发热率的方法也可以在轴承样本中找到，如文献[8]。

7.3　热量传递

7.3.1　热量传递模型

在具有不同温度的物质之间，有三种基本的传热模式：固体内的热传导，固体与运动的流体(或表面上是静止的液体)之间的热对流，以及两个由空间相互分开的物质之间的热辐射。虽然还有其他形式的传热模式存在，如对气体热辐射与液体内的热传导，但对大多数轴承的应用来说，它们的影响很小，常常可忽略不计。

7.3.2　热传导

热传导是最简单的传热形式。这里为讨论方便起见，热传导可以表示为固体中温度差的线性函数，即

$$H_{\mathrm{c}} = \frac{kS}{\mathcal{Q}}(T_1 - T_2) \tag{7.15}$$

式中，S 为垂直于两点间热流方向的导热面积，$\mathcal{Q}$ 是这两点间的距离。热导率 k 是材料及温度的函数。对于固体来说，温度对热导率的影响一般不大，这里可以忽略不计。对于圆环形结构(如轴承内、外圈)，沿径向的热传导公式为

$$H_{\mathrm{c}} = \frac{2\pi k \mathfrak{W}}{\ln\left(\dfrac{\mathfrak{R}_{\mathrm{o}}}{\mathfrak{R}_{\mathrm{i}}}\right)}(T_{\mathrm{i}} - T_{\mathrm{o}}) \tag{7.16}$$

式中，$\mathfrak{W}$ 为圆环的宽度，$\mathfrak{R}_{\mathrm{i}}$ 与 $\mathfrak{R}_{\mathrm{o}}$ 是有热流通过的圆环截面的内、外半径。当 $\mathfrak{R}_{\mathrm{i}} = 0$ 时，

由式(7.15)计算，其中 S 取圆柱面的算术平均值。

7.3.3　热对流

热对流是最难定量计算的传热形式。在轴承箱内，在热量由轴承传给润滑剂，再由润滑剂传给轴承座内其他部件以及座壁的内表面。在轴承座的外表面与周围流体也有热对流。周围的流体通常是空气，但也可能是油、水或其他气体，或一种工作流动介质。

一个固体表面上的热对流，一般可用下式来描述：

$$H_v = h_v S(T_1 - T_2) \tag{7.17}$$

式中，h_v 为表面传热系数，它是固体表面及流体的温度、流体的热导率、靠近固体表面的流体速度、表面尺寸与形态、流体粘度及密度等因素的函数。可以看出，上面的很多特性参数都与温度有关。因而，热对流已不是温度的线性函数，除非流体的这些特性参数在一个小的温度范围内有理由看成不变。

轴承座内的热对流是很难描述的。对于表面传热系数，这里将用一个粗略的近似公式来表示。由于润滑剂通常是油，它的粘度较高，假定流动为层流，Eckert[2]给出平板在层流中的表面传热系数为

$$h_v = 0.033\,2kP_r^{\frac{1}{3}}\left(\frac{u_s}{\nu_o x}\right)^{\frac{1}{2}} \tag{7.18}$$

式中，考虑轴承与接触油之间的热传递时，u_s 取轴承保持架的表面速度，x 为节圆直径。这样可得出合适的 h_v 值。对于轴承座内表面与油之间的热传递，则取 u_s 为三分之一保持架速度，x 为轴承座的内直径，这样可得到满意的结果。在式(7.18)中，ν_o 代表运动粘度，Pr 为油的普朗特数。

如果将冷却管浸在油槽中，最好沿轴线平行排放，这样可获得横向层流。在这种情况下，Eckert[2]指出，对于横向流中的圆柱体，外表面的表面传热系数可近似地表示为

$$h_v = 0.06\frac{k_o}{\mathfrak{D}}\left(\frac{u_s\mathfrak{D}}{\nu_o}\right)^{\frac{1}{2}} \tag{7.19}$$

式中，$\mathfrak{D}$ 为管柱的外径，k_o 为油的热导率。建议 u_s 近似取轴承内圈表面速度的四分之一。

前面介绍的表面传热系数近似公式显然比较粗糙，如果需要更高的精度，文献[2]中介绍了更好的计算传热系数的方法。如果不是很精确的分析的话，式(7.18)、式(7.19)和后面要介绍的式(7.20)、式(7.21)的计算结果可以满足一般工程用途的要求。

在静止的空气中，轴承座外表面上的表面传热系数可近似用式(7.20)来计算(见 Jakob 和 Hawkins[3])。

$$h_v = 2.3 \times 10^{-5}(T - T_a)^{0.25} \tag{7.20}$$

当轴承座外的空气以 u_s 速度强迫对流时，文献[2]给出：

$$h_v = 0.03\frac{k_o}{\mathfrak{D}}\left(\frac{u_s\mathfrak{D}_h}{\nu_o}\right)^{0.57} \tag{7.21}$$

式中，$\mathfrak{D}_h$ 近似取轴承座的直径。Palmgren[4]用下式近似计算轴承座或轴台的外部面积：

$$S = \pi\mathfrak{D}_h\left(\mathfrak{W}_h + \frac{\mathfrak{D}_h}{2}\right) \tag{7.22}$$

式中，$\mathfrak{D}_h$ 是座的最大直径，$\mathfrak{W}_h$ 是座的宽度。

　　润滑油膜厚度的计算，如第 4 章所述，取决于进入滚滑接触区的润滑剂的粘度。而接触区中摩擦力的计算，如第 5 章所述，也取决于接触区中的润滑剂的粘度。由于润滑剂的粘度是温度的函数，球轴承和滚子轴承的详细运动状态分析需要估计润滑剂在各接触区中的温度。为此，需要估计轴承转动件的散热率。球面的表面传热系数如下（文献[5]）：

$$\frac{h_v D}{k} = 0.33 Re_D^{0.5} Pr^{0.4} \tag{7.23}$$

式中，Re_D 为转动的球的雷诺数，采用下式计算：

$$Re_D = \frac{\omega D^2}{\nu} \tag{7.24}$$

式中，D 为球径，ω 为绕自身轴的转动速度，ν 为润滑剂的运动粘度。式（7.23）的应用条件是 $0.7 < Pr < 217$ 及 $Gr_D < 0.1 Re_{D^2}$。这里，格拉晓夫数为

$$Gr = \frac{Bg(T_s - T_\infty)D^2}{\nu^2} \tag{7.25}$$

式中，B 为流体体积热胀系数，g 为重力加速度，T_s 为球的表面温度，T_∞ 为流体温度。

　　普朗特数为

$$Pr = \frac{\eta g c}{k} \tag{7.26}$$

式中，c 为流体的比热容。

　　对于转动的圆环和滚子

$$\frac{h_v D}{k} = 0.19(Re_D^2 + Gr_D) \tag{7.27}$$

式中，D 为圆环或滚子的外径。式（7.27）的适用条件是 $Re_D < 4 \times 10^5$。

7.3.4　热辐射

　　剩下要考虑的传热方式就是从轴承座外表面向周围的热辐射。对于在一个大罩壳内的一个小物体，文献[3]给出

$$H_r = 5.73 \varepsilon S \left[\left(\frac{T}{100} \right)^4 - \left(\frac{T_a}{100} \right)^4 \right] \tag{7.28}$$

式中，温度 T 为热力学温度（Kelvin）。式（7.28）对温度而言是非线性的。它有时改写成下面的形式：

$$H_r = h_r S(T - T_a) \tag{7.29}$$

其中，

$$h_r = 5.73 \times 10^{-8} \varepsilon (T + T_a)(T^2 + T_a^2) \tag{7.30}$$

对于手工计算来说，若 T 与 T_a 相差不大，式（7.29）与式（7.30）是适用的。一旦假定了表面温度 T，名义热辐射系数 h_r 即可算出。当然，如果最后算出的温度 T 值与假定值相差很大，则整个计算必须重复进行。事实上，对于油膜的热辐射系数 h_v 的计算来说，也应这样考虑。由于 k_o 与 v_o 都与温度有关，假定出的温度必须尽可能地接近最后计算的温度。如何接近则取决于那些参数随油温的实际变化。

7.4　热流分析

7.4.1　系统方程

　　由于滚动轴承是由几个部分组合在一起的不连续结构，经典分析传热的方法不能用来求解系统温度(经典方法是用微分方程来描述系统并求解这些方程)。另一种方法是有限差分法，如 Dusinberre[6] 所表明的，可以用来获得数值解。

　　为了将有限差分法应用到稳态传热上，需要在分析系统中选择一些节点。在每一个节点上流入的热流量应等于流出的热流量。因而，流经每一温度节点的热流量之和等于零。图 7.1 就是一个节点上的热流示意图。它说明了这个节点上的温度受周围4 个节点上温度的影响。(图 7.1 虽然只画出了周围 4 个节点，但这完全取决于网格的选取，节点是可多可少的)。

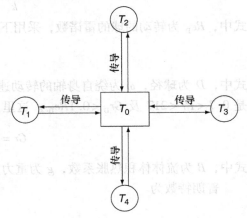

图 7.1　二维温度节点系统

　　由于热流量之和为零，因而

$$H_{1-0} + H_{2-0} + H_{3-0} + H_{4-0} = 0 \tag{7.31}$$

在这个例子中，假定只有热传导，网格是非对称的，所有热流路径上的面积 S 与路径长度均不相同。另外，再假定材料是各向异性的。这样热导率对所有热流路径均不同。将式(7.15)代入式(7.16)后得

$$\frac{kS_1}{\mathscr{L}_1}(T_1 - T_0) + \frac{kS_2}{\mathscr{L}_2}(T_2 - T_0) + \frac{kS_3}{\mathscr{L}_3}(T_3 - T_0) + \frac{kS_4}{\mathscr{L}_4}(T_4 - T_0) = 0 \tag{7.32}$$

整理后得

$$\frac{kS_1}{\mathscr{L}_1}T_1 + \frac{kS_2}{\mathscr{L}_2}T_2 + \frac{kS_3}{\mathscr{L}_3}T_3 + \frac{kS_4}{\mathscr{L}_4}T_4 - \sum_{i=1}^{4}\frac{kS_i}{\mathscr{L}_i}T_0 = 0 \tag{7.33}$$

或

$$F_1 T_1 + F_2 T_2 + F_3 T_3 + F_4 T_4 - \sum_{i=1}^{4} F_i T_0 = 0 \tag{7.34}$$

上式除以 $\sum F_i$，得

$$\frac{F_1}{\sum\limits_{i=1}^{4} F_i}T_1 + \frac{F_2}{\sum\limits_{i=1}^{4} F_i}T_2 + \frac{F_3}{\sum\limits_{i=1}^{4} F_i}T_3 + \frac{F_4}{\sum\limits_{i=1}^{4} F_i}T_4 - T_0 = 0 \tag{7.35}$$

进一步简化后，式(7.35)可写成：

$$\phi_i T_i = 0 \tag{7.36}$$

式中 ϕ_i 为温度影响系数，其值等于 $F_i / \sum F_i$。如果上面例子中材料是各向同性的，而且取的是对称网格，则 $\phi_0 = -1$，其余的 $\phi_i = 0.25$。

　　在前面的例子中，仅仅说明了热传导。然而如果在节点 4 与 0 之间为热对流，则根据式(7.17)有 $F_4 = h_{v4}S_4$。对于一个多节点系统来说，可以写出一系列类似于式(7.35)的方程。

如果这些方程对温度 T_i 是线性的，则可以用经典的线性方程组解法或数值方法来求得这些联立方程的解（见文献[7]）。

然而，系统可能包含有热源，并且系统很复杂，包含有热辐射和自然对流引起的非线性项。考虑图 7.2 所示的例子。其中在 0 点有热量产生，在 1 与 0 之间热量由自然对流与辐射散发出去。在 2 与 0 之间热量由热传导散发。这样，

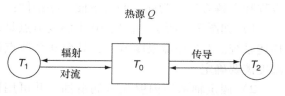

图 7.2　对流、辐射与传导系统

$$H_{f0} + H_{1-0,v} + H_{1-0,r} + H_{2-0} = 0 \tag{7.37}$$

利用式（7.15）、式（7.17）、式（7.20）和式（7.28）可得

$$H_{f0} + 2.3 \times 10^{-5} S_1 (T_1 - T_0)^{1.25} + 0.573 \times 10^{-8} \varepsilon S_1 (T_1^4 - T_0^4) + \frac{k_2 S_2}{L_2} (T_2 - T_0) + = 0 \tag{7.38}$$

或

$$H_{f0} + F_{1v} (T_1 - T_0)^{1.25} + F_{1r} (T_1^4 - T_0^4) + F_2 (T_2 - T_0) = 0 \tag{7.39}$$

7.4.2　方程组求解

对式（7.39）这样的非线性方程组，很难直接用迭代法或松弛法这类数值解法来求解。因而建议用 Newton-Raphson 法[7]求解。

对于一组变量为 T_j 的非线性函数 q_i，Newton-Raphson 法的方程为

$$q_i + \sum_j \frac{\partial q_i}{\partial T_j} \varepsilon_j = 0 \tag{7.40}$$

式（7.40）表示一个线性联立方程组，可对 ε_j（关于 T_j 的误差）进行求解。T_j 新的估计值为

$$T_j = T_j(0) + \varepsilon_j \tag{7.41}$$

并且可以确定新的 q_i 值。这一过程可继续下去直到 q_i 的值为零。对于式（7.39）这样的非线性方程组，须根据式（7.40）将之进行线性化。为此，将式（7.39）写成下面形式：

$$H_{f0} + F_{1v} (T_1 - T_0)^{1.25} + F_{1r} (T_1^4 - T_0^4) + F_2 (T_2 - T_0) = q_0 \tag{7.42}$$

则有

$$\frac{\partial q_0}{\partial T_0} = -1.25 F_{1v} (T_1 - T_0)^{0.25} - 4 F_{1r} T_0^3 - F_2$$

$$\frac{\partial q_0}{\partial T_1} = 1.25 F_{1v} (T_1 - T_0)^{0.25} + 4 F_{1r} T_1^3 \tag{7.43}$$

$$\frac{\partial q_0}{\partial T_2} = F_2$$

将式（7.42）与式（7.43）代入式（7.40），即得到关于变量 ε_0、ε_1 与 ε_2 的方程。

当均方根（rms）误差足够小时，如小于 $0.1°$，就可认为 T_0、T_1 与 T_2 就是非线性方程组的解。

7.4.3　温度节点系统

图 7.3 表示的是在油润滑的球面滚子轴承和轴承座系统中建立的一个简单的温度节点系

统。双列轴承 23072 的尺寸和轴承座的尺寸如图 7.3 所示。由于此例仅作为演示目的,所以这里尽可能简单地加以介绍,以便能说明所有的方程和求解方法。为此,假定下面一些条件:

1)如图 7.3 所示,假定 10 个温度节点足以描述系统。A 为环境温度节点,其余 9 个节点的温度需要确定。

2)假定轴承座内壁涂有润滑油,并可用同一个温度来表示。

3)内圈滚道为一个温度。

4)外圈滚道为一个温度。

5)轴承座关于轴的中心线及 A-A 竖直面是对称的,这样不必考虑圆周方向的传热。

6)油槽中的油为一个温度。

7)伸出轴承座外的轴端为环境温度。

对于图 7.3 所示的温度节点,传热系统方程列于表 7.1 中。表 7.1 也说明了用什么公式来确定热流量、表面传热系数与发热率。由各温度节点的位置,从图 7.3 上的尺寸可以计算热流面积与热流路径长度。利用表 7.1 及图 7.3 可以建立

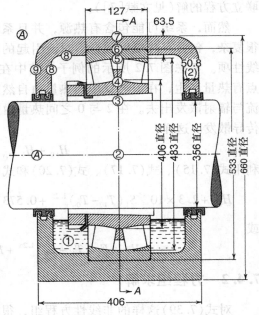

图 7.3 球面滚子轴承安装在轴承座中的简化温度节点系统

起一组九阶非线性方程。未知量为 T_1 到 T_9。由于轴承座与周围环境之间存在自然对流与辐射,因而这个系统对温度来说是非线性的。利用 Newton-Raphson 法可求得式(7.40)的解。最后得出的温度值已标在图中适当的位置上。

参见例 7.3。

作为演示,选取的这个系统必须是很简单的。对一个实际的系统则要考虑周向的温度变化,这要建立更多的温度节点和热传递方程。在这种场合,粘滞力矩在每一位置角上被认为是一常量,但由载荷产生的摩擦力矩由于静止套圈上各个流动体载荷的不同而变化,而后者不随转动套圈上位置角而变化。然而关于摩擦力矩在静止套圈上变化的三维分析表明,温度沿套圈周向变化很小。所以,二维模型足以描述大多数工程实际问题。当然,如果轴承座四周或相邻的结构中的温度不同,则需要进行三维分析。一个三维问题求解需要借助计算机来完成。

需要说明的是,以上介绍的分析方法不可能获得非常精确的解,但在一定的精度范围内可近似地估算轴承工作的温度水平。因此,即使在稳态工作温度下,也应进行温度测量。此外,在需要冷却系统的场合,此种方法可用来估算冷却系统是否适当。

一般地,温度节点越多,即热传导网格越精细,则分析结构越精确。

表 7.1 图 7.3 所对应的温度节点的热传导系统和热传导方程

温度节点	A	1	2	3	4	5	6	7	8	9
1				对流 (7.7) (7.17)	对流 (7.7) (7.17)	对流 (7.7) (7.17)			对流 (7.7) (7.17)	

（续）

温度节点	A	1	2	3	4	5	6	7	8	9
2	传导 (7.15)			传导 (7.16)						
3		对流 (7.7) (7.17)	传导 (7.16)		传导 (7.16)					
4		对流 (7.7) (7.17)		传导 (7.16)	生热 (7.14)					
5		对流 (7.7) (7.17)				生热 (7.14)	传导 (7.16)			
6						传导 (7.16)		传导 (7.16)	传导 (7.15)	
7	对流 (7.17) (7.20) 辐射 (7.28)						传导 (7.16)		传导 (7.16)	传导 (7.15)
8		对流 (7.7) (7.17)					传导 (7.15)	传导 (7.16)		传导 (7.15)
9	对流 (7.17) (7.20) 辐射 (7.28)							传导 (7.15)	传导 (7.15)	

7.5　高温考虑

7.5.1　特殊润滑剂与密封

当使用普通的矿物油润滑剂与润滑系统时，在轴承组件中就产生了工作温度场。如果估计到轴承或润滑剂的温升过高，就需要重新设计这个系统以降低工作温度或使组件与温度水平相适应。在这两者之中，降低工作温度更有利于延长系统工作寿命；如果可以接受较短的润滑剂或轴承寿命，则更有效更经济的做法是简单地利用特殊润滑剂或用高温钢制造的轴承来适应高温升水平。后一种方法在空间与重量限制不允许使用外部冷却系统时是有效的，特别是在轴承不是主要热源的使用场合常常是如此。

7.5.2　散热

　　当轴承是一个主要热源，且轴承周围的环境没有足够的散热率时，简单地将轴承座放在有空气流动的地方就可足以减少工作温度。

　　因此，增加额外的散热能力是有效的，例如可以设计一个带风扇的轴承箱以增加有效的传热面积。

　　参见例7.4和例7.5。

　　当轴承不是一个主要热源时，不一定需要用前面所说的方法冷却轴承箱使轴承和润滑剂冷却。在这种情况下，可先冷却润滑剂，再让润滑剂冷却轴承。最有效的方法是让油流过外部的热交换器，然后将冷却油直接喷到轴承上。

　　为了节约空间，在可使用流动的冷却液的场合，可将热交换蛇形管直接放在轴承箱的油池中。这样冷却后的润滑剂可由轴承转动而循环起来。虽然后一种方法不如喷油冷却有效，但由于没有过量的油搅动，从而摩擦力矩与发热都较小。

　　参见例7.6和例7.7。

　　在滚动轴承应用中，已有学者利用这些方法有效预测了轴承的温度。Harris[9.10]最早将此方法应用到相对低速的球面滚子轴承中。随后，这个方法又成功地应用于高速球轴承和滚子轴承[11~13]。文献[15]报道了用稳态温度模型的计算机程序 SHABERTH[14]分析了轴-滚动轴承系统的热力学性能，计算结果与实验测试温度取得了良好的一致。图7.4表明了一个35mm内径的球轴承系统的热流路径与节点模型。图7.5表明了实验值与计算值之间的吻合情况。然而必须指出的是，要构造一个能准确模拟轴承热分析的数学模型需要做大量的工作，并且要有热传导方面的专门知识。

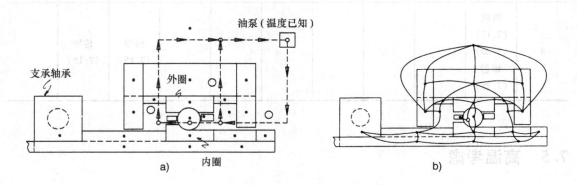

图7.4　轴承节点网络系统及稳态热分析的热流路径

a）金属、空气和润滑剂温度节点：（●）金属或空气节点，

（○）润滑剂节点，（🌡）润滑剂路径　b）热传导与对流路径

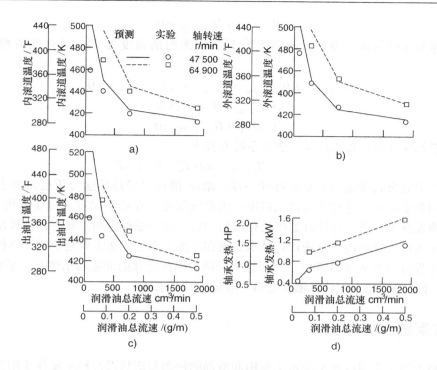

图 7.5　用 SHABERTH 程序预测的温度与实验结果比较

a）内滚道温度　b）外滚道温度　c）出口油温度　d）轴承生热

（摘自 Parker R.，NASA 技术报告 2275，Feb.，1984）

7.6　滚动-滑动接触时的热传导

准确计算滚动接触润滑膜厚度和摩擦拖动力取决于适当温度下的润滑剂粘度的确定。对于润滑膜厚度分析需要计算进入接触区的润滑剂的温度。对于摩擦拖动力分析需要计算接触过程中的润滑剂的温度。在文献［14］中，热传递系统采用图 7.6 所示的系统。

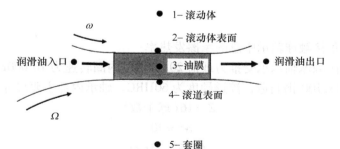

图 7.6　滚动体、润滑剂、滚道、套圈温度节点系统

用下标 k 代表滚道，j 代表滚动体位置，则系统的热流方程如下：

$$H_{c,2kj-1kj} + H_{v,tout-1kj} = 0 \tag{7.44}$$

由于接触过程中润滑剂基本上是固体状，因此，油膜向滚动表面的热传递是一种热传导。假定微小润滑固体的平均温度为 T_3。则

$$H_{c,1kj-2kj} + H_{c,3kj-2kj} = 0 \qquad (7.45)$$

润滑剂固体通过接触区，进入时的温度为 T_3^0，出来时的温度为 T_3'。这样润滑剂全部的传热为

$$H_{c,2kj-3kj} + H_{c,4kj-3kj} + H_{gen,j} + wc(T_{3kj}' - T_{3kj}^0) = 0 \qquad (7.46)$$

$$H_{c,3kj-4kj} + H_{c,5kj-4kj} = 0 \qquad (7.47)$$

$$H_{c,4kj-5kj} + H_{v,tout-5kj} = 0 \qquad (7.48)$$

最后，润滑剂从接触区带走热量，热流系统方程为

$$H_{v,6-1kj} + H_{v,6-5kj} - wc(T_6' - T_{1in}) = 0 \qquad (7.49)$$

正如第 6 章中分析高速轴承的摩擦特性一样，滚动-滑动接触热传递分析也需要上千次的计算才能得到合适的解。这种分析首先假定一组系统温度，在这个温度下确定润滑剂的黏度，再计算摩擦发热率，然后再计算温度及相关的参数。这一过程不断重复直到计算出的温度与已知温度相匹配。这种逐步精确计算轴承发热和摩擦力矩的方法需要复杂的计算机程序来完成，这个过程可参考文献[1、16]。对于轴承套圈为刚性支撑的低速轴承情况，采用本书第 1 卷第 10 章介绍的简化方法计算轴承发热一般是满足要求的。

7.7 结束语

滚动轴承的工作温度水平决定了所用润滑剂的种类与剂量以及轴承零件所用的材料。在有些应用场合，轴承的工作环境决定了轴承温度水平。而在另一些场合轴承是主要的热源。在每一种情况下，是否需要润滑剂作为冷却液来对轴承进行冷却，取决于轴承材料及对使用寿命的要求。

对于给定转速与载荷的特定轴承的工作状态，确定其温度水平没有一般的规律可循。对于每一个具体使用场合，轴承的工作环境一般是不相同的。然而，利用第 10 章中的摩擦力矩公式来计算轴承发热率，并与本章所介绍的传热方式结合在一起，便可在适当的精度范围内来估计轴承系统的温度。

例题

例 7.1   推力角接触球轴承中总的摩擦发热率

问题：218 角接触球轴承承受推力载荷 20 000N，内圈转速为 10 000r/min。轴承套圈和球用真空脱气 AISI52100 钢制造，淬透硬度为 60HRC。轴承内部主要尺寸如下：

$$Z = 16(球个数)$$

$$\alpha° = 40°$$

$$D = 22.23\text{mm}$$

$$d_m = 125.3\text{mm}$$

$$f_i = f_o = 0.5232$$

$$s_i = s_o = 0.05\mu\text{m}(算术平均表面粗糙度)$$

$$s_{RE} = 0.01\mu\text{m}(算术平均表面粗糙度)$$

采用合成油 Mil-L-23699 喷油润滑，使用温度为 80℃，输送量 500cm³/min。在 100℃ 运

转温度下润滑油的运动粘度为5cs。计算总的摩擦发热率和轴承的摩擦力矩,将计算结果与本书第1卷介绍的由产品目录得到的结果进行比较。

解: 利用Harris[1]开发的计算机程序来分析球轴承的动力学性能,联立求解第2章~第6章中的相关方程,可以得到表7.1ex1和表7.1ex2中的数据。

表7.1ex1 218角接触球轴承:球-滚道接触数据

参　　数	外　滚　道	内　滚　道
接触角 α	35.10°	47.52°
接触载荷 Q	2 281N	1 793N
最大法向应力 σ_{maxS}	1 499MPa	1 557MPa
平均摩擦系数 μ_{ave}	0.038 92[1]	0.043 6[1]
润滑膜参数 7	4.868	4.487
滚动速度 n_{roll}	16 650r/min	14 910r/min
自旋速度 n_{spin}	9 687r/min	14 420r/min
短轴滑动摩擦发热率 H'_y	83.10W	169.1W
长轴滑动摩擦发热率 H'_x	85.02W	68.73W
自旋摩擦发热率 H_{spin}	83.04W[2]	168.9W[2]
平均接触温度 T	124.3℃[3]	116.3℃[3]

① 平均拖动系数按式(5.51)计算。确定这些数据所需的润滑剂性能对内、外滚道分别按温度124.3℃和116.2℃计算。温度计算方法在这一章的最后讨论。

② 应当看到,每个接触的 H_{spin} 是 $H'_y + H'_x$ 的一部分。

③ 接触温度计算在第7章加以讨论。

表7.1ex2 218角接触球轴承:轴承数据

参　　数	数值和单位	参　　数	数值和单位
球的总速度 n_B	32 030r/min	球速度矢量偏航角 β'	2.34°
球的轨道速度 n_m	4 606r/min	由润滑剂粘性阻力产生的摩擦发热率 H_{fdrag}	1 234W
球速度矢量与节圆夹角 β	12.41°		

由式(7.5)得

$$H_{tot} = Z \cdot (H_{oy'j} + H_{iy'j} + H_{ox'j} + H_{ix'j}) + H_{fdrag}$$

$$H_{tot} = 16 \times (83.10 + 169.1 + 85.02 + 68.73) + 1\ 234 = 7\ 729W$$

由式(7.7),轴承摩擦力矩为

$$M = 9.551 \times 10^3 \times \frac{H_{tot}}{n_n} = 9.551 \times 10^3 \times \frac{7\ 729}{10\ 000} = 7\ 382N \cdot mm$$

利用本书第1卷第10章介绍的产品目录的方法,由本书第1卷式(9.8)得

$$C_s = \varphi_s i Z D^2 \cos\alpha$$

$$\gamma = \frac{D\cos\alpha}{d_m} = \frac{22.23 \times \cos40°}{125.3} = 0.135\ 9$$

由本书第 1 卷表 9.2，当 $\gamma = 0.135\ 9$ 时，$N_s = 15.48$

$$C_s = 15.48 \times 1 \times 16 \times (22.23)^2\cos40° = 93\ 760\text{N}$$

由本书第 1 卷式(9.15)得

$$F_s = X_sF_r + Y_sF$$

由本书第 1 卷表 9.4，

对于 $\alpha = 40°$，$X_s = 0.5$，　$Y_s = 0.26$

$$F_s = 0.5 \times 0 + 0.26 \times 20\ 000 = 5\ 200\text{N}$$

由本书第 1 卷式(10.18)得

$$f_1 = z\left(\frac{F_s}{C_s}\right)$$

由本书第 1 卷表 10.1 对 40°角接触球轴承，$z = 0.001$，$y = 0.33$

$$f_1 = 0.001 \times \left(\frac{5\ 200}{93\ 760}\right)^{0.33} = 3.85 \times 10^{-4}$$

由本书第 1 卷式(10.20)得

$$F_\beta = 0.9F_\alpha\cot\alpha - 0.1F_r$$
$$F_\beta = 0.9 \times 20\ 000\cot40° - 0.1 \times 0 = 21.452\text{N}$$

由本书第 1 卷式(10.17)得

$$M_1 = f_1F_\beta d_m = 3.85 \times 10^{-4} \times 21\ 452 \times 125.3 = 1\ 035\text{N}\cdot\text{mm}$$

由本书第 1 卷表 10.3，对喷油润滑 $f_o = 6.6$

由本书第 1 卷式(10.23)得

$$M_v = 10^{-7}f_o(v_o n)^{\frac{2}{3}}d_m^3$$
$$v_o n = 5 \times 10\ 000 = 50\ 000$$

$$M_v = 10^{-7} \times 6.6 \times (50\ 000)^{\frac{2}{3}} \times (125.3)^3 = 1\ 763\text{N}\cdot\text{mm}$$

由本书第 1 卷式(10.26)得

$$M = M_1 + M_v = 1\ 035 + 1\ 763 = 2\ 798\text{N}\cdot\text{mm}$$

由本书第 1 卷式(10.28)得

$$H = 1\ 047 \times 10^{-4}Mn = 1\ 047 \times 10^{-4} \times 2\ 798 \times 10\ 000 = 2\ 930\text{W}$$

在这种情况下，产品目录的方法低估了摩擦力矩和发热率的值。这可能是因为所使用的外推公式超出了建立经验公式所依据的实验数据的范围。这些实验是以有限尺寸的轴承和转速为对象的。在后一种情形下，还可能是由于高速而使接触角发生了变化，这将改变接触载荷并引起更多的自旋。另外，在特定的流动速率下，轴承自由空间内的润滑剂总量可能要大于预期值。

例 7.2　双列球面滚子轴承总的摩擦发热率

问题：22317 双列球面滚子轴承承受的径向载荷为 89 000N，轴向载荷为 22 250N，轴的转速为 1 800r/min。轴承套圈和滚子用真空脱气 AISI52100 钢制造，淬透硬度为 60HRC。轴承内部主要尺寸如下：

每列滚子数 $Z = 14$

滚子直径 $D = 25$mm

滚子长度 $l_t = 23$mm

滚子有效长度 $l_{eff} = 20.762$mm

滚子轮廓半径 $R = 79.959$mm

内滚道轮廓半径 $r_i = 81.585$mm

外滚道球面半径 $r_o = 81.585$mm

轴承节圆直径 $d_m = 135.077$mm

滚子-滚道接触角 $\alpha = 12(°)$

径向游隙 $p_d = 0$

表面粗糙度算术平均值 $s_i = s_o = 0.15$μm

采用脂润滑，润滑脂中矿物油公称粘度为 ISO68；轴承工作温度为 70℃。确定总的摩擦发热率和轴承的摩擦力矩。

解：利用 Harris[1] 开发的计算机程序来分析球轴承的动力学性能，联立求解第2章~第6章中的相关方程，可以得到表7.2ex1~表7.2ex4中的数据。

表 7.2ex1　22317 球面滚子轴承：第1列滚子-滚道接触数据

$\psi(°)$	外 滚 道				内 滚 道			
	$\sigma_{o,max}$/MPa	$T_{o,ave}^2$/℃	A_o	$\mu_{o,ave}^1$	$\sigma_{i,max}$/MPa	$T_{i,ave}^2$/℃	A_i	$\mu_{i,ave}^1$
0	1 738	86	1.15	0.016 8	2 075	86	1.08	0.016 9
25.7	1 687	85	1.14	0.016 8	2 013	85	1.08	0.016 9
51.4	1 536	81	1.13	0.016 8	1 832	81	1.06	0.017 0
77.1	1 295	77	1.10	0.016 8	1 541	77	1.03	0.017 0
102.9	949	72	1.04	0.016 5	1 127	72	0.976	0.016 7
128.6	376	70	0.92	0.013 7	423	70	0.875	0.018 5
154.3	54	70	—	—	0	70	—	—
180	54	70	—	—	0	70	—	—

表 7.2ex2　22317 球面滚子轴承：第2列滚子-滚道接触数据

$P(°)$	外 滚 道				内 滚 道			
	$\sigma_{o,max}$/MPa	$T_{o,ave}^2$/℃	A_o	$\mu_{o,ave}^1$	$\sigma_{i,max}$/MPa	$T_{i,ave}^2$/℃	A_i	$\mu_{i,ave}^1$
0	1 030	73	1.05	0.016 7	1 224	73	0.991	0.016 8
25.7	918	72	1.03	0.016 4	1 088	72	0.970	0.016 7
51.4	469	70	0.939	0.014 8	545	70	0.888	0.017 2
77.1	54	70	—	—	—	70	—	—
102.9	54	70	—	—	—	70	—	—
128.6	54	70	—	—	—	70	—	—
154.3	54	70	—	—	—	70	—	—
180	54	70	—	—	—	70	—	—

表7.2ex3　22317球面滚子轴承：内部速度

参　数	速度(r/min)	参　数	速度(r/min)
承载滚子	4 795	保持架(滚子轨道)	736.6
不承载滚子	4 810		

表7.2ex4　22317球面滚子轴承：摩擦发热率

参　数	第1列发热率/W	第2列发热率/W	
外滚道滑动	308.7	29.4	
内滚道滑动	195.9	18.6	轴承发热率/W
滚子-保持器兜孔滑动	65.6	14.3	
总量	570.2	62.3	632.5

由式(7.7)，轴承摩擦力矩为

$$M = 9.551 \times 10^3 \times \frac{H_{tot}}{n_n} = 9.551 \times 10^3 \times \frac{632.5}{1\ 800} = 3\ 356 \text{N} \cdot \text{mm}$$

22317球面滚子轴承的尺寸与《滚动轴承分析》第一次印刷(1966)时用到的相同。那里用于计算力矩载荷的公式与式(10.17)相同。力矩载荷系数的范围是0.000 1～0.000 5，计算力矩的有效载荷由式(10.22)给出。这些公式和数值将用于本例的计算。

由本书第1卷式(10.22)得

$$F_\beta = 0.8 F_a \cot\alpha = 0.8 \times 22\ 250 \times \cot 12° = 83\ 740 \text{N}$$

或

$$F_\beta = F_r = 89\ 000 \text{N}$$

用较大的F_β和f_1的平均值，由式(10.17)(vⅠ)得

$$M_1 = f_1 F_\beta d_m = 3 \times 10^{-4} \times 89\ 000 \times 135.1 = 3\ 607 \text{N} \cdot \text{mm}$$

由本书第1卷式(10.23)得

$$M_v = 10^{-7} f_o (v_o n)^{\frac{2}{3}} d_m^3$$

由本书第1卷表10.3，对脂润滑球面滚子轴承，$3.5 \leqslant f_0 \leqslant 7$；对22317系列轴承取$f_0 = 5$。ISO68润滑剂在40℃附近的平均运动粘度为$v_0 = 68\text{cs}$，在70℃工作温度下$v_0 = 21\text{cs}$。

$$M_v = 10^{-7} \times 5 \times (21 \times 1\ 800)^{\frac{2}{3}} \times 135.1^3 = 1\ 389 \text{N} \cdot \text{mm}$$

由本书第1卷式(10.26)得

$$M = M_1 + M_v = 3\ 607 + 1\ 389 = 4\ 996 \text{N} \cdot \text{mm}$$

由本书第1卷式(10.28)得

$$H = 1.047 \times 10^{-4} Mn = 1.047 \times 10^{-4} \times 4\ 996 \times 1\ 800 = 941.5 \text{W}$$

在这种情况下，与更详细的分析方法相比，产品目录的计算结果似乎高估了轴承摩擦力矩和摩擦发热率的值。然而可以看到，如果系数f_0和f_1的取值范围足够大的话，这两种方法可以得到几乎相同的结果。

例7.3　安装在轴承座内的双列球面滚子轴承的温度估算

问题：23072 双列球面滚子轴承节圆直径为 444.5mm，安装在如下图的轴承座内。

轴承内部尺寸如下：

每列滚子数 $Z = 14$

滚子直径 $D = 25$mm

滚子长度 $l_t = 23$mm

滚子有效长度 $l_{eff} = 20.762$mm

滚子轮廓半径 $R = 79.959$mm

内滚道轮廓半径 $r_i = 81.585$mm

外滚道球面半径 $r_o = 81.585$mm

轴的转度为 350r/min，径向载荷为 489 500N。采用油浴润滑，工作温度下油的运动粘度为 20cs，轴承座暴露在温度为 48.9℃的不通风大气中，估计轴承和油管中油的温度。

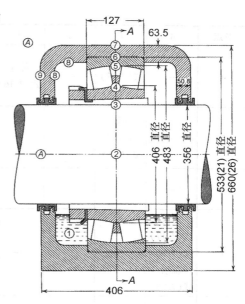

图 7.3ex1　热流路径节点（A.1～9）

解： 由本书第 1 卷式（10.19）得

$$M_1 = f_1 F^a d_m^b$$

参考文献[7.8]，取 $f_1 = 0.001$，$a = 1.5$，$b = -0.3$

$$M_1 = f_1 F^a d_m^b = 0.001 \times 489\ 500^{1.5} \times 444.5^{-0.3} = 5.499 \times 10^4 \text{N} \cdot \text{mm}$$

由本书第 1 卷表 10.3，对油浴润滑的大系列轴承，$f_0 = 7$。由本书第 1 卷式（10.23）得

$$M_v = 10^{-7} f_0 (V_o n)^{\frac{2}{3}} d_m^3$$

$$v_o n = 20 \times 350 = 7\ 000$$

$$M_v = 10^{-7} \times 7 \times 7\ 000^{\frac{2}{3}} \times 444.5^3 = 2.250 \times 10^4 \text{N} \cdot \text{mm}$$

$$M = M_1 + M_v = 5.499 \times 10^4 + 2.250 \times 10^4 = 7.749 \times 10^4 \text{N} \cdot \text{mm}$$

由本书第 1 卷式（10.28）得

$$H = 1.047 \times 10^{-4} \times Mn = 1.047 \times 10^{-4} \times 7.749 \times 10^4 \times 350 = 2\ 840 \text{W}$$

比较上图所示的节点温度，热传输系统用下表说明：

表 7.3ex　热传输系统（矩阵和热传输方程）

节点	A	1	2	3	4	5	6	7	8	9
1	—	—	—	对流 式(7.17) 式(7.7)	对流 式(7.17) 式(7.7)	对流 式(7.17) 式(7.7)	—	—	对流 式(7.17) 式(7.7)	
2	传导 式(7.15)	—	—	传导 式(7.16)	—	—	—	—	—	
3	对流 式(7.17) 式(7.7)	传导 式(7.16)	—	传导 式(7.16)						

（续）

节点	A	1	2	3	4	5	6	7	8	9
4	—	对流式(7.17) 式(7.7)	—	传导式(7.16)	热源式(7.14)	—	—	—	—	—
5	—	对流式(7.17) 式(7.7)	—	—	—	热源式(7.14)	传导式(7.16)	—	—	—
6	—	—	—	—	—	传导式(7.16)	—	传导式(7.16)	传导式(7.15)	—
7	对流式(7.17) 式(7.20) 辐射式(7.28)	—	—	—	—	—	—	传导式(7.16)	传导式(7.16)	传导式(7.16)
8	—	对流式(7.17) 式(7.7)	—	—	—	—	—	传导式(7.15)	传导式(7.16)	传导式(7.16)
9	对流式(7.17) 式(7.20) 辐射式(7.28)	—	—	—	—	—	—	—	传导式(7.15)	传导式(7.15)

热流路径的热流区域和长度表明在图7.3ex1中。最终的温度分布表明在图7.3ex2中。

例7.4 在强制空气对流环境中安装在轴承座内的双列球面滚子轴承的温度估算

问题：在例7.3的热传输系统中，轴承座被置于风速为15.2m/s的风扇下，轴承座外壳的热交换系数约为$2.4 \times 10^{-5} \text{W/(mm}^2 \cdot ℃)$，这大约是空气自然对流环境的4倍。试确定图7.3ex1所示的节点系统的温度。

解：计算结果表明在图7.4ex1。

可以看出，轴承滚道的温度明显降低了。

例7.5 在强制空气对流环境中安装在轴承座内的双列球面滚子轴承的温度估算

问题：在例7.4的热传输系统中，轴承座外部设置了散热片，其散热面积是轴承座外部热交换面积的两倍。试确定图7.3ex1所示的节点系统的温度。

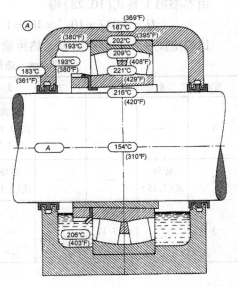

图7.3ex2 轴承座空气自然对流的温度分布

解：计算结果表明在图 7.5ex1。

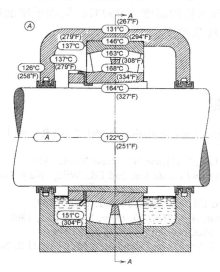

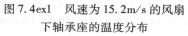

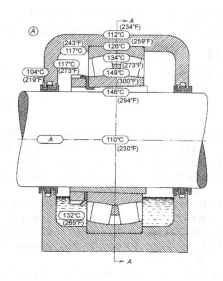

图 7.4ex1　风速为 15.2m/s 的风扇
下轴承座的温度分布

图 7.5ex1　风速为 15.2m/s 的风扇下
带散热片的轴承座的温度分布

可以看到，由于外部热源的影响，轴承滚道的温度显著增加了。

例 7.6　在强制空气对流和轴温高于周围空气温度的环境中，安装在轴承座内的双列球面滚子轴承的温度估算

问题：在例 7.4 的热传输系统中，工作状态下轴承轴的温度为 260℃。试确定图 7.3ex1 所示的节点系统的温度。

解：计算结果表明在图 7.6ex1。

可以看到，与带散热片的轴承座相比，轴承滚道的温度降低了。

例 7.7　在轴温高于周围空气温度的环境中和轴承座内有热交换油箱时，双列球面滚子

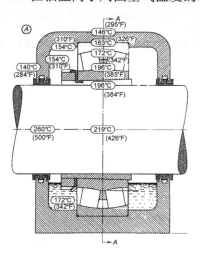

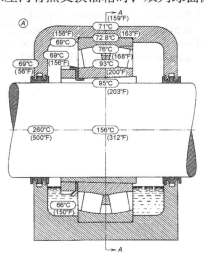

图 7.6ex1　风速为 15.2m/sec 的风
扇下轴承座的温度分布

图 7.7ex1　带冷却油的轴承
座的温度分布

轴承的温度估算

问题：在例7.4 的热传输系统中，工作状态下轴承轴的温度为260℃；但轴承座油箱内的油被冷却到60℃。试确定图7.3ex1 所示的节点系统的温度。

解：计算结果表明在图7.7ex1。

可以看到，轴承滚道的温度保持在合理的水平。

参 考 文 献

[1] Harris, T., Establishment of a new rolling bearing fatigue life calculation model, Final Report U.S. Navy Contract N00421-97-C-1069, February 23, 2002.

[2] Eckert, E., *Introduction to the Transfer of Heat and Mass*, McGraw-Hill, New York, 1950.

[3] Jakob, M. and Hawkins, G., *Elements of Heat Transfer and Insulation*, 2nd Ed., Wiley, New York, 1950.

[4] Palmgren, A., *Ball and Roller Bearing Engineering*, 3rd Ed., Burbank, Philadelphia, 1959.

[5] Kreith, F., Convection heat transfer in rotating systems, *Adv. Heat Transfer*, 5, 129–251, 1968.

[6] Dusinberre, G., *Numerical Methods in Heat Transfer*, McGraw-Hill, New York, 1949.

[7] Korn, G. and Korn, T., *Mathematical Handbook for Scientists and Engineers*, McGraw-Hill, New York, 1961.

[8] SKF, *General Catalog 4000 US*, 2nd Ed., 49, 1997.

[9] Harris, T., Prediction of temperature in a rolling bearing assembly, *Lubr. Eng.*, 145–150, April 1964.

[10] Harris, T., How to predict temperature increases in rolling bearings, *Prod. Eng.*, 89–98, December 9, 1963.

[11] Pirvics, J. and Kleckner, R., Prediction of ball and roller bearing thermal and kinematic performance by computer analysis, *Adv. Power Transmission Technol.*, NASA Conference Publication 2210, 185–201, 1982.

[12] Coe, H., Predicted and experimental performance of large-bore high speed ball and roller bearings, *Adv. Power Transmission Technol.*, NASA Conference Publication 2210, 203–220, 1982.

[13] Kleckner, R. and Dyba, G., High speed spherical roller bearing analysis and comparison with experimental performance, *Adv. Power Transmission Technol.*, NASA Conference Publication 2210, 239–252, 1982.

[14] Crecelius, W., User's manual for SKF computer program SHABERTH, steady state and transient thermal analysis of a shaft bearing system including ball, cylindrical, and tapered roller bearings, SKF Report AL77P015, submitted to U.S. Army Ballistic Research Laboratory, February 1978.

[15] Parker, R., Comparison of predicted and experimental thermal performance of angular-contact ball bearings, NASA Technical Paper 2275, February 1984.

[16] Harris, T. and Barnsby, R. Tribological performance prediction of aircraft gas turbine mainshaft ball bearings, *Tribol. Trans.*, 41(1), 60–68, 1998.

第8章 作用载荷与寿命系数

符号表

符 号	定 义	单 位
a	接触椭圆半长轴	mm
A_c	游隙引起寿命减少系数	
A_c/A_0	微凸体接触面与整体接触面积之比	
A_{steel}	钢材寿命系数	
A_1	可靠性寿命系数	
A_2	材料寿命系数	
A_3	润滑寿命系数	
A_4	污染寿命系数	
A_{ISO}	基于 ISO 寿命计算方法中的寿命修正系数	
A_{SL}	应力寿命系数	
b	接触椭圆半短轴	mm
c	Simpson 积分系数	
C	轴承基本动载荷容量	N
C_L	颗粒污染参数	
C_{L1}	用于计算 C_L 的参数	
C_{L2}	用于计算 C_L 的参数	
C_{L3}	用于计算 C_{L1} 的参数	
d_m	轴承节圆直径	mm
d_r	轴承滚道直径	mm
D	球或滚子直径	mm
e	Weibull 分布斜率	
F_r	径向外载荷	N
F_a	轴向外载荷	N
F_e	等效外载荷	N
F_{lim}	疲劳极限载荷	N
FR	过滤额定值	μm
h^0	最小油膜厚度	μm
I	寿命积分	
K_C	颗粒污染引起的应力集中系数	
K_L	润滑效率引起的应力集中系数	
L	疲劳寿命	

L_{10}	90% 轴承达到的疲劳寿命	10^6 转
L_{50}	50% 轴承达到的疲劳寿命	10^6 转
N	应力循环次数	
n	转速	r/min
q	滚子滚道接触窄条上的载荷	N
q_C	滚子滚道接触窄条上的载荷基本容量	N
Q	球与滚子载荷	N
Q_c	球与滚子载荷基本容量	N
r	z/b	
R	油浴润滑与脂润滑污染参数	
S	幸存概率	
SF	表面组合粗糙度	μm
T	温度	℃
u	旋转一次应力循环次数	
v	应力作用体积	mm^3
w	滚子滚道接触窄条宽度	mm
z_0	最大正交切应力深度	mm
Z	每列滚动体数	
α	接触角	rad
β_x	尺寸为 $x\mu m$ 的颗粒过滤效率比系数	
γ	$D\cos\alpha/d_m$	
δ_a	轴承轴向位移	mm
δ_r	轴承径向位移	mm
Λ	h^0/SF	
ν	运动粘度	mm^2/s
ν_1	充分润滑的运动粘度	mm^2/s
σ_{VM}	von Mises 应力	MPa
τ_0	最大正交切应力	MPa
ϕ	摆动角	rad
ψ	滚动体位置角	rad

角　　标

B	球
i	内圈或滚道
j	滚动体位置
k	滚子-滚道接触窄条位置
m	滚道
n	失效概率
o	外圈或滚道
R	滚子

RE	旋转轴承或滚动体等效量
μ	旋转套圈
ν	非旋转套圈

8.1　概述

Lundberg-Palmgren 理论与标准载荷和疲劳寿命计算方法[1-5]只是确定使用中的轴承疲劳寿命的第一步。标准方法的使用要求轴承的内部几何尺寸和滚动零件的材料都应符合标准的规定，而且对工作条件应有下面的限制：

- 轴承外圈被适当地安装在刚性轴承座中。
- 轴承内圈被安装在刚性轴上。
- 轴承在稳定的转速和不变的载荷下工作。
- 转速较低，以至滚动体的离心力和陀螺力矩可以不予考虑。
- 轴承载荷可以适当地确定为纯径向载荷，纯轴向载荷或是二者的组合。
- 轴承载荷不会引起显著的永久变形或是材料变质。
- 对于径向载荷作用下的轴承，安装后的内部游隙基本上是零。
- 对角接触球轴承，名义接触角为常值。
- 对滚子轴承，每个滚子与滚道的接触载荷保持均匀分布。
- 轴承有适当的润滑。

很多应用场合是符合上述条件的。但也有很多应用会超出上述条件。例如，工作速度和载荷不稳定，如载荷-速度呈周期性变化。进一步，如第 1 章所述，轴承承受径向、轴向和力矩联合载荷作用，这时轴承内部载荷分布与标准情况有很大的不同。轴承可能在高速下工作，结果会引起滚动体的惯性力和内、外圈滚道接触角的变化。这些状态可以通过运用 Lundberg-Palmgren 公式，采用计算机程序进行仔细复杂的计算来加以考虑。

经过发展的 Lundberg-Palmgren 理论，能够分析滚动体与滚道之间润滑状态，这已在第 4 章中讨论过。已经证明，同其他条件相比，润滑状态有可能对延长轴承疲劳寿命有最重要的影响。现代轴承钢冶炼方法的改进可以提供很高纯度和均匀性的钢材，与建立 Lundberg-Palmgren 理论和标准时采用的大气冶炼钢 AISI52100 相比有了很大提高。随着轴承寿命的不断延长，在预测轴承寿命上增加了可靠性。

最后，随着轴承制造技术和润滑技术的改进，与其他受循环载荷作用的钢结构相似，轴承滚动体和滚道也明显显示出极限疲劳寿命。这意味着，在一定的应用场合，只要作用载荷和使用条件不超过轴承钢的极限疲劳应力球或滚子轴承就不会出现疲劳失效。

本章将讨论所有这些状态。

8.2　轴承内部载荷分布对疲劳寿命的影响

8.2.1　球轴承寿命

8.2.1.1　滚道寿命

当轴承中的载荷分布不同于标准中确定的载荷分布时，必须通过各个球与滚道接触状态

来推导在本书第1卷第11章给出的 Lundberg-Palmgren 载荷寿命关系。例如，对于旋转套圈的接触，有

$$L_{\mu j} = \left(\frac{Q_{c\mu j}}{Q_{\mu j}} \right)^3 \tag{8.1}$$

式中，$Q_{c\mu j}$ 为第 j 个球与转动滚道基本动载荷容量，$Q_{\mu j}$ 为作用在接触区上的载荷。需要指出的是，这种载荷容量在滚道上各点是不同的，因为在不同方位角上接触角是变化的。对于非旋转套圈接触，有

$$L_{vj} = \left(\frac{Q_{cvj}}{Q_{vj}} \right)^3 \tag{8.2}$$

还需要注意，由于球的惯性载荷，内、外滚道之间的接触载荷可以是不同的。利用式(8.1)和式(8.2)，具有 Z 个滚动体的轴承的寿命为

$$L = \left(\sum_{j=1}^{Z} L_{\mu j}^{-e} + \sum_{j=1}^{Z} L_{vj}^{-e} \right)^{-\frac{1}{e}} \tag{8.3}$$

式中，e 为 Weibull 分布的斜率。要进一步注意，式(8.3)中不包括球的寿命。

8.2.1.2 球的寿命

尽管 Lundberg-Palmgren 公式只是基于套圈的疲劳寿命的结果，但是，显然球与套圈一样，也存在疲劳寿命。假定旋转的轴承承受一个合适的载荷，球与滚道存在确定的接触轨迹，利用本书第1卷中的式(11.41)，可以得到球与滚道接触的基本额定动载荷。在该式中，旋转滚道接触轨迹的直径为 $d_\mu = D\cos\alpha_{\mu j}$，同理，$d_v = D\cos\alpha_{vj}$。再有，对球的轨道，每转一周有两次应力循环 $n=2$。将这些关系代入式(11.41)，可以得到球-滚道接触时球的基本额定动载荷：

$$Q_{Bnj} = 77.9 \left(\frac{2f_n}{2f_n - 1} \right)^{0.41} (1 + c_n \gamma_{nj})^{1.69} \frac{D^{1.8}}{(\cos\alpha_{nj})^{0.3}}, \quad n = \mu, v \tag{8.4}$$

式中，对球-外圈接触，取 $c_n = 1$，对球-内圈接触，取 $c_n = -1$。利用式(8.4)，轴承寿命为

$$L = \left(\sum_{j=1}^{Z} L_{\mu j}^{-e} + \sum_{j=1}^{Z} L_{vj}^{-e} + \sum_{j=1}^{Z} L_{B\mu j}^{-e} + \sum_{j=1}^{Z} L_{Bvj}^{-e} \right)^{-\frac{1}{e}} \tag{8.5}$$

在使用式(8.5)时，轴承寿命单位以旋转套圈的转数计。例如，对简单的转动运动，内圈每转一周球的转数由本书第1卷的式(10.14)确定：

$$\frac{n_B}{n_i} = \frac{d_m}{2D}(1 - \gamma_{ni}^2), \quad n = \mu, v \tag{8.6}$$

因此，式(8.5)表示的球的寿命首先必须被式(8.6)的比值来除。这里，计算球的速度需要考虑摩擦的影响，可以利用第2章中介绍的方法计算球的速度，然后用计算出来的速度比代替式(8.6)的比值。

采用式(8.5)时也必须注意，球失效的 Weibull 斜率与滚道失效多少有些不同。例如，对用真空冶炼和真空电弧重熔钢(VIMVAR)M50 制造的球所做的疲劳失效试验，Harris 得出的数据表明 Weibull 斜率的平均值是 3.33。在这种情况下，式(8.5)中的 e 可使用平均值。

8.2.2　滚子轴承寿命

8.2.2.1　滚道寿命

在第 1 章中已经提到，为了确定非标准载荷作用下滚子上的载荷分布，可以将滚子-滚道接触区划分为一系列的薄片。这样，对于长度为 l 的滚子-滚道接触，如果接触区被划分为 m 片，每片的宽度为 w，则 $l = mw$，而且

$$Q_{\mu j} = w \sum_{k=1}^{m} q_{\mu k j} \tag{8.7}$$

参考球轴承的式(8.1)和式(8.2)以及本书第 1 卷第 11 章的有关内容，线接触的载荷与寿命之间的关系是 1/4 指数关系。这样，滚子-滚道接触薄片的寿命为

$$L_{\mu j k} = \left(\frac{q_{c\mu j}}{q_{\mu j k}} \right)^{4} \tag{8.8}$$

$$L_{v j k} = \left(\frac{q_{c v j}}{q_{v j k}} \right)^{\frac{9}{2}} \tag{8.9}$$

据此，滚子轴承的疲劳寿命可以计算如下：

$$L = \left(\sum_{j=1}^{Z} \sum_{k=1}^{m} L_{\mu j k}^{-e} + \sum_{j=1}^{Z} \sum_{k=1}^{m} L_{v j k}^{-e} \right)^{\frac{-1}{e}} \tag{8.10}$$

8.2.2.2　滚子寿命

与式(8.4)类似，滚子-滚道接触薄片的基本额定动载荷为

$$q_{cnjk} = 464 \left(1 + c_n \gamma_n \right)^{1.324} w^{\frac{7}{9}} \frac{D^{\frac{29}{27}}}{\left(\cos\alpha_n \right)^{2/9}} \tag{8.11}$$

滚子轴承的疲劳寿命(包括滚子的寿命)为

$$L = \left(\sum_{j=1}^{Z} \sum_{k=1}^{m} L_{\mu j k}^{-e} + \sum_{j=1}^{Z} \sum_{k=1}^{m} L_{v j k}^{-e} + \sum_{j=1}^{Z} \sum_{k=1}^{m} L_{R\mu j k}^{-e} + \sum_{j=1}^{Z} \sum_{k=1}^{m} L_{R v j k}^{-e} \right)^{-\frac{1}{e}} \tag{8.12}$$

与球一样，在采用上面的公式时，必须用速度比来降低滚子的寿命。

8.2.3　游隙

滚动轴承的疲劳寿命与滚动体的最大载荷 $Q_{\max}$ 有紧密关系。如果 $Q_{\max}$ 明显增加时，疲劳寿命就会明显减少。因此，任何影响 $Q_{\max}$ 的参数都会影响轴承疲劳寿命。径向游隙就是其中的参数之一。在本书第 1 卷第 7 章中已经说明了径向游隙对径向载荷分布的影响。图 8.1 显

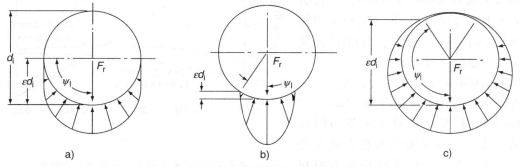

图 8.1　不同径向游隙条件下滚动体的载荷分布

a) $\varepsilon = 0.5$，$\psi_1 = \pm 90°$，0 游隙　b) $0 < \varepsilon < 0.5$，$0 < \psi_1 < 90°$，游隙　c) $0.5 < \varepsilon < 1$，$90° < \psi_1 < 180°$，预载荷

示了在不同的径向游隙下载荷区径向载荷投影的变化。

　　游隙对疲劳寿命的影响可以采用一种影响系数来表示，即 $L_{10c} = A_c L_{10}$。来自文献[7]的图8.2给出了寿命减少系数 A_c 随径向游隙变化的函数，它是利用本书第1卷第7章中给出的载荷分布数据以及本章计算寿命的式(8.3)、式(8.8)~式(8.10)得到的结果。如图8.1所示，对于刚性支撑的轴承，Q_{max} 增加，受载滚动体数将相应减少。然而，载荷区减小的影响比载荷 Q_{max} 增加的影响要小。

　　参见例8.1。

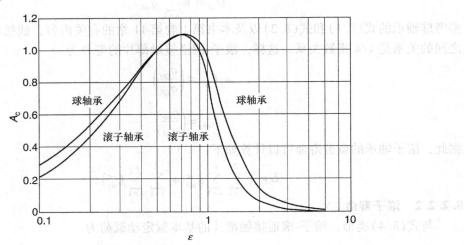

图8.2　寿命减少系数 A_c 随径向游隙变化

8.2.4　柔性支承轴承

　　如果轴承的一个套圈或两个套圈在载荷作用下发生弯曲，如行星齿轮中的轴承[8,9]，或飞行器中的轴承，其套圈和轴承座的截面经过优化以减轻质量，这样，轴承中的载荷分布与刚性套圈轴承有很大的不同。与刚性套圈轴承相比，由于套圈柔性和轴承游隙的变化，柔性套圈的耐久性可能会更好。图8.3摘自 Jones 与 Harris[8]，它给出了如图1.22和图1.23所示的行星齿轮轴承疲劳寿命随轴承外圈截面和游隙而变化的情况。载荷分布见图1.31。

　　当轴承套圈被柔性支撑时，改变轴承设计有可能提高轴承疲劳寿命。Harris 和 Broschard[9]在行星齿轮轴承中将内圈做成椭圆，改变了轴承游隙和最大载荷位置。图8.4说明疲劳寿命随径向游隙和圆度误差而变化。圆度误差定义为椭圆

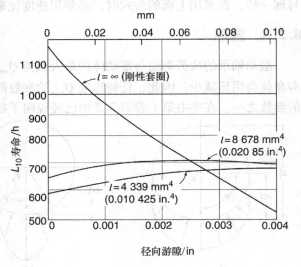

图8.3　行星齿轮轴承寿命随径向游隙和
外圈截面惯性矩的变化

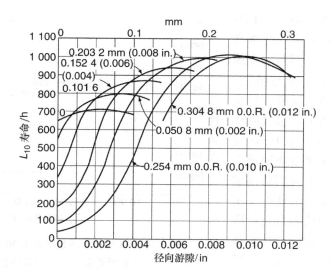

图 8.4 轴承寿命随径向游隙和套圈圆度误差的变化

套圈长轴与短轴的差。参考文献[10]进一步证明了滚动轴承套圈尺寸的优化可以使疲劳寿命达到最大。

8.2.5 高速运转

在高速工作状态下，如第 2 章所述，由于滚动体的离心力和陀螺力矩增大要影响轴承中的载荷分布。疲劳寿命计算的标准方法[3-5]不能考虑这些惯性力和力矩，因而也不能考虑它们对接触角变化的影响。所以，按照标准方法计算疲劳寿命所引起的偏差是必须要考虑的。在第 2 章中已经建立了高速球轴承和高速滚子轴承的载荷分布计算方法。本章将给出利用这些载荷分布来计算疲劳寿命的方法。图 8.5 说明了图 3.12 至图 3.14 中给出的 218 角接触球轴承的寿命随载荷和速度变化情况。注意，图 8.5 中的数据没有考虑打滑的影响，打滑会降低球的公转速度，因而也会减小离心力和陀螺力矩。这样似乎又会导致疲劳寿命的增加，然而这要取决于隔离球与滚道的油膜厚度。球-滚道的接触滑动对疲劳寿命可能产生有害的影响，它足以抵消惯性力减小的正面影响。

在图 8.6 中，对 218 角接触球轴承在高速条件下，采用轻质氮化硅陶瓷球和钢球时的疲劳寿命进行了比较。氮化硅陶瓷球运动

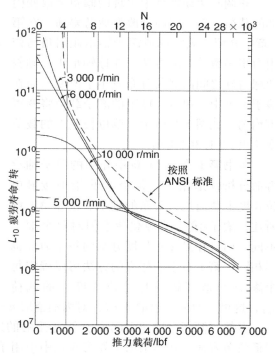

图 8.5 218 角接触球轴承的寿命随推力载荷和速度的变化

时惯性载荷减小，热等静压（HIP）氮化硅陶瓷的弹性模量大约比钢高出50%。这会减少钢套圈与陶瓷球的接触面积，使 Hertz 应力增加，这又会降低疲劳寿命。这样，轻质球的有利影响被抵消了。通过减小滚道沟曲率半径可以减小 Hertz 应力，但这样会增加摩擦力使轴承工作温度升高，这又必须对润滑剂或轴承进行冷却。利用轴承性能分析计算机程序对应用中的参数进行研究，可以对轴承进行优化设计。从图 8.6 可以看出，在重载情况下轴承疲劳寿命没有什么差别了。

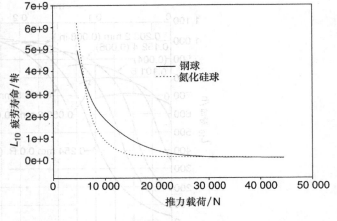

图 8.6　218 角接触球轴承在 1.50 百万 dn 值时轴承寿命与推力载荷的变化

图 8.7 表明了图 3.19 中的 209 圆柱滚子轴承寿命随速度的变化。图中没有包括打滑影响。

8.2.6　轴承倾斜

非调心滚动轴承中出现的倾斜会改变内部的载荷分布，因而会改变疲劳寿命。在第 1 章中介绍了确定球或滚子轴承倾斜角与作用力矩函数关系的方法。在球轴承中，倾斜使球与球之间的载荷分布发生了改变。而在滚子轴承中，单位长度上的滚子载荷将变得不均匀，如图 1.8 所示。单位长度上的载荷变化由式（1.36）给出。

本书第 1 卷第 11 章中介绍的滚子轴承寿命分析仅适用于在每个滚子-滚道接触单位长度上载荷均匀分布的轴承。正如第 1 章所述，滚子-滚道接触载荷不但对每个滚子不同，而且在沿接触长度分割的每个薄片也不相同。第 1 章中所建立的方法可以确定每个滚子-滚道接触薄片单位长度上的载荷

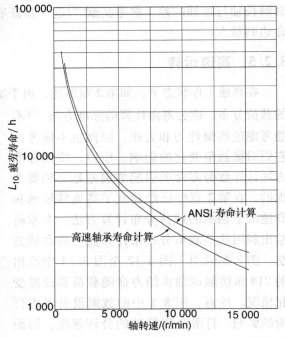

图 8.7　圆柱滚子轴承寿命与速度的变化
零游隙，径向载荷 44 500N

q_{njk}，这里，对外滚道取 $n=1$，对内滚道取 $n=2$，$j=1,2,\cdots Z$，$k=1,2,\cdots m$。

显然，倾斜会迅速引起滚子-滚道接触的边缘载荷，即使很小的边缘载荷也可能会迅速降低疲劳寿命。在本书第 1 卷第 6 章中引用了一些参考文献，介绍了在任意滚子-滚道接触形貌下计算边缘应力的方法。另外，在 1.6 节中介绍了同时存在载荷和倾斜时，对任意凸度形状的滚子-滚道接触应力，包括边缘应力的计算方法。对带凸度的 309 圆柱滚子轴承，取

自文献[11]的图8.8通过滚子凸度与作用载荷的变化，说明了倾斜对寿命的影响。根据制造商样本中的经验数据，表8.1给出了对各类滚动轴承可以接受的最大倾斜角。

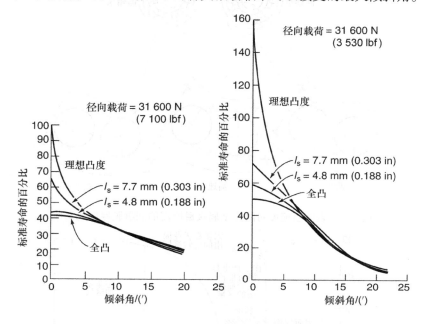

图 8.8　309 圆柱滚子轴承不同凸度和载荷下倾斜对寿命的影响

表 8.1　最大允许轴承倾斜角

轴 承 类 型	倾角(′)	倾角/rad	轴 承 类 型	倾角(′)	倾角/rad
圆柱滚子轴承	3 ~ 4	0.001	球面滚子轴承	30	0.008 7
圆锥滚子轴承	3 ~ 4	0.001	深沟球轴承	12 ~ 16	0.003 5 ~ 0.004 7

8.3　润滑对疲劳寿命的影响

在第4章中已经指出，如果滚动轴承设计合理且润滑良好，则滚动表面可以被润滑油膜隔开。Tallian 等人[12]及 Skurka[13]通过寿命试验已经证实润滑油膜厚度对疲劳寿命有显著的影响。第4章已经给出了估算油膜厚度的方法。并且也证实了油膜厚度主要受轴承工作速度、润滑剂粘度特性影响，而载荷对其影响较小。

文献[12,13]给出的试验结果表明，高速运转会使疲劳寿命明显增加。此外，在低速条件下采用足够黏度的润滑剂也可以获得类似的结果。润滑油膜的有效性取决于油膜厚度与滚动体和滚道接触表面形貌的相对值。例如，滚道与滚动体表面都非常光滑的轴承与表面相对粗糙的轴承相比，所需的油膜厚度较小（见图8.9）。

在滚动轴承文献中，润滑膜厚度与表面粗糙度的关系用 Λ 来说明，它简单地利用了接触体表面粗糙度的方均根值（rms）。在众多的研究者中，Tallian[14]引入了粗糙峰斜率和峰高两个参数。主要介绍微观接触现象的第5章提供了其他的方法来估计粗糙表面对接触的影响，包括对轴承润滑和性能的影响。Harris[15]利用参数 Λ 说明了润滑对疲劳寿命的影响，如

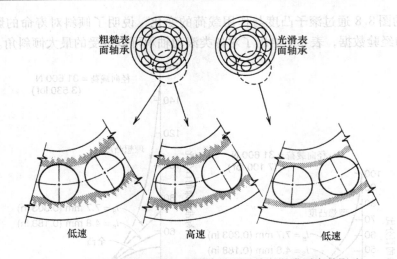

粗糙表面轴承

光滑表面轴承

低速　　　　　　　高速　　　　　　　低速

图 8.9　表面粗糙度对阻止金属接触所需的润滑膜厚度的影响

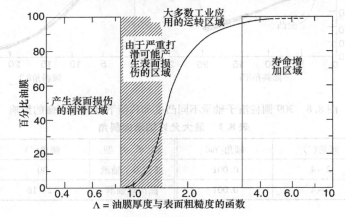

大多数工业应用的运转区域

由于严重打滑可能产生表面损伤的区域

寿命增加区域

产生表面损伤的润滑区域

百分比油膜

Λ = 油膜厚度与表面粗糙度的函数

图 8.10　百分比油膜与 Λ 的关系

图 8.10 所示。根据文献[15]，如果 $\Lambda \geqslant 4$，疲劳寿命预期会 100% 超出标准 L_{10} 计算值。相反，如果 $\Lambda < 1$，轴承寿命可能达不到计算值，因为表面擦伤可能迅速导致滚动表面疲劳失效。图 8.10 中的纵坐标为"百分比油膜"，表示接触表面被油膜完全隔开的时间。

Tallian[14] 和 Skurka[13] 更明确地给出滚动轴承疲劳寿命与 Λ 的函数关系。Bamberger[16] 等结合前人的工作，推荐使用图 8.11 中的平均值曲线。试验数据说明，当 $\Lambda \geqslant 4$ 时，对精确制造且采用污染程度最低的润滑油的轴承，比值 L/L_{10} 要高于图 8.11 中给出的值。

Schouten[17] 利用微型传感器直接测量油润滑线接触的压力分布，结果表明，在润滑膜很好地分开接触体的情况下，线接触的边缘应力会大大减小。在这种情况下，润滑膜能降低重载接触下

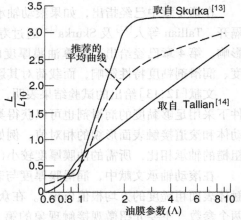

取自 Skurka[13]

推荐的平均曲线

取自 Tallian[14]

$\frac{L}{L_{10}}$

油膜参数(Λ)

图 8.11　油膜-寿命系数与 Λ 的关系

的边缘法向应力，从而会提高疲劳寿命。

图8.11中的平均曲线经常用来估计润滑对轴承疲劳寿命的影响。

参见例8.2和例8.3。

不幸的是，如果出现严重的滑动，疲劳寿命比图8.11预测的要降低很多。本书第1卷第11章已经说明，疲劳寿命是表面法向接触应力的强函数。接触表面上的摩擦切应力会增大次表面的切应力（受接触正应力影响）。事实上，由Lundberg-Palmgren理论知道，对点接触$L \propto \tau_0^{-9.3}$。因此，应力出现小的增加会显著地降低寿命。由此可见，可以认为润滑油膜参数Λ是衡量润滑效果的定量化参数。本章后面将讨论表面切应力是如何影响疲劳寿命的。

8.4 材料及材料处理对疲劳寿命的影响

在本书第1卷第11章中，在计算基本额定载荷C时已经包括了现代制造的轴承钢对疲劳寿命的影响系数b_m或f_{cm}。这里标准钢材假定是真空脱气碳钢（CVD）52100，淬火硬度至少达到洛氏HRC58。很多滚子轴承，特别是在美国制造的圆锥滚子轴承，采用渗碳钢制造。由于这些轴承的额定载荷与寿命计算包括在标准方法之中[35]，所以，历来认为渗碳钢与淬透CVD52100钢的耐久性是相当的。

在航空发动机主轴轴承应用中，为了获得耐高温和长寿命性能，已经研制出VIMVAR M50工具钢。这种VIMVAR钢为轴承套圈和滚动体提供了极好的耐疲劳性能。由于现代航空发动机主轴轴承需要在极高的速度下工作，例如dn值达到3百万，因而经渗碳改进的VIMVAR钢VIMVAR M50NiL被开发出来。这种材料的芯部比较"软"，会阻止疲劳裂纹扩展，因此能防止轴承套圈的断裂。

一些能提供优良的抗腐蚀性能而又不降低疲劳寿命的特殊钢材也被研制出来，例如，Cronidur 30。另外，陶瓷材料，如HIP氮化硅，已经用于制造球和滚子。

STLE[18]试图归纳出其中一些材料对滚动轴承疲劳寿命的影响。STLE[18]还进一步区分了热处理和金属加工的影响。推荐采用的材料-寿命系数A_{steel}如下：

$$L'_{10} = A_{steel} \left(\frac{C}{F} \right)^p \tag{8.13}$$

式中，$A_{steel} = A_{chem} \times A_{heattrest} \times A_{process}$。取自文献[18]的表8.2到表8.4给出了这些数据。

表8.2 钢材型号与A_{chem}

钢 材 型 号	A_{chem}	钢 材 型 号	A_{chem}
AISI52100	3	M50NiL	4
M50	2		

表8.3 热处理与$A_{heattreat}$

热处理方法	$A_{heattreat}$	热处理方法	$A_{heattreat}$
空气中冶炼	1	双VAR	4.5
真空脱气（CVD）	1.5	真空感应熔炼与真空电弧重熔（VIMVAR）	6
真空电弧重熔（VAR）	3		

表8.4　金属加工与A_{process}

金属工作模式	A_{process}	金属工作模式	A_{process}
深沟球轴承滚道	1.2	角接触球轴承滚道，锻造套圈	1.2
角接触球轴承滚道	1	圆柱滚子轴承	4.5

从这些表中的数据可以得到，采用锻造的 VIMVAR M50NiL 钢材，$A_{\text{steel}} = 28.8$。

　　对 HIP 氮化硅材料现在还没有建立相应的数据。然而，单个球在球-V 形环试验机上的耐久试验表明，在相同条件下氮化硅的数据要比钢材高许多倍。由于氮化硅材料拉伸强度相对较弱，热胀系数非常低，所以氮化硅主要在高精密、高速度场合用来制造球和滚子，例如用于机床主轴轴承。

8.5　污染对疲劳寿命的影响

　　润滑剂的过度污染会极大地缩短轴承疲劳寿命。标准[3-5]和制造商的样本中都对此作了说明。污染物通常可能是固体颗粒或液体(如水)。即使少量的污染物也会明显影响轴承疲劳寿命。

　　污染物，如齿轮磨损金属颗粒、氧化铝、二氧化硅等，会在接触滚道和滚动体上压出痕迹，这样会破坏隔开滚动表面的油膜。在局部会增加滚滑表面的摩擦切应力。进一步会引起压痕边缘的应力集中。Ville 和 Nelias[19]通过双圆盘滚滑试验已经证实了应力集中现象。他们进一步说明了滚滑运动组合比单一的滚动更容易出现表面损坏和疲劳。油膜破裂和压痕应力增加会加速滚动接触疲劳和零件失效。图 8.12 摘自 Webster 等人[20]关于表面形貌对疲劳失效影响的研究，它表明了压痕台阶引起失效的相对危险性。

　　Hamer 等人[21]和 Sayles 等人[22]指出，即使相对较软的颗粒，在高速和重载下也会产生可

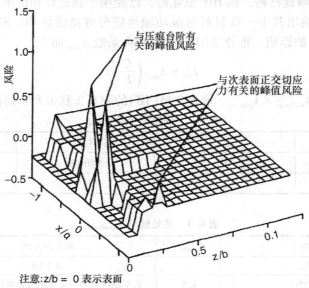

注意:z/b = 0 表示表面

图 8.12　包括压痕台阶影响的滚道次表面引起疲劳失效相对风险示意图

观的压痕。他们进一步指出，颗粒直径与油膜厚度的比值可作为产生压痕的判据参数。在图 8.13 到图 8.15 中，Nelias 和 Ville[23] 显示了由硬颗粒和软颗粒产生的压痕。

利用同样的滚动滑动圆盘耐久试验，Nelias 和 Ville[23] 指出，在摩擦方向上，在表面压痕前部出现微剥落，见图 8.16。Xu 等人[24] 也注意到，在压痕起始或尾部产生剥落，这与摩擦力方向有关。

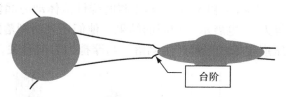

图 8.13　由可延展性金属颗粒，例如 M50 钢，产生的压痕

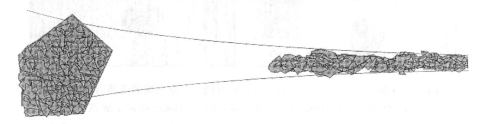

图 8.14　由硬脆性金属颗粒，例如道路灰尘，引起的压痕

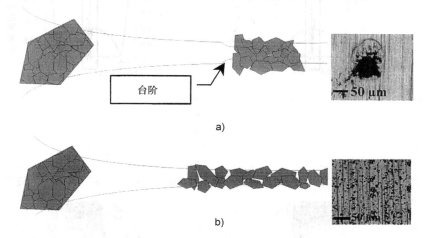

图 8.15　由陶瓷颗粒，如碳化硼或碳化硅引起的压痕
a）在低速下产生的粗糙的压痕，速度 2.51m/s　b）在高速下产生的光滑的压痕，速度 201m/s

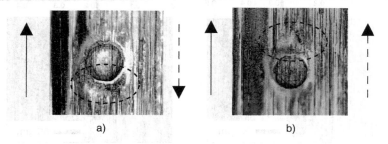

图 8.16　在滚-滑运动方向上由于压痕产生的表面损伤（虚线椭圆处）
52100 钢零件耐久性试验。实线箭头表示滚动方向，虚线箭头表示摩擦力方向
a）快速表面　b）低速表面

Nelias 和 Ville[23]利用瞬时弹性流体动力润滑分析也证实了压痕的位置，见图 8.17。Xu 等人[24]也展示了相同的结果。他们还表明剥落发生的初始位置与 EHL 和压痕状态有关，在压痕起始或尾部产生剥落，与摩擦力方向有关，见图 8.18。

 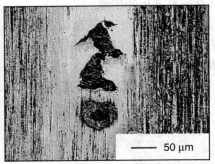

图 8.17　图 8.16 中的低速表面，在滚动方向上，在压痕的前部出现微剥落
52100 钢零件在应力 3 500MPa 下循环次数 60×10^6。滚动速度 40m/s；滑-滚比 0.015

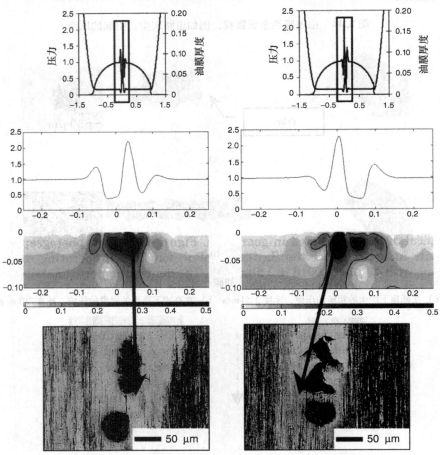

图 8.18　两种相反的滑滚比下的模拟结果和试验结果比较
上层的显示线接触压力分布和油膜厚度，中间的显示在压痕周围的油膜放大图，以及金属中最大等切应力线；下层为压痕面积的显微图。实线箭头表示滚动方向，虚线箭头表示摩擦力方向

Sayles 和 MacPherson[25]根据圆柱滚子轴承耐久试验数据证实了颗粒污染对轴承疲劳寿命不同程度的影响，润滑油过滤的程度从 $40\mu m$ 到 $1\mu m$。颗粒材料是在齿轮箱中产生的。图 8.19 是产生压痕的形貌图，试验条件与 Sayles 和 MacPherson[25]的相同，过滤网为 $40\mu m$，压痕长度约为 $10\sim30\mu m$，深度约为 $2\mu m$。将这个深度与良好的油膜厚度($\Lambda>1.5$)相比，可以断定，油膜很容易在压痕处破裂。利用第 1、第 3 和第 4 章介绍的方法，这种条件下的油膜厚度参数估计值从 $\Lambda\approx0.45$(过滤网 $40\mu m$)到 $\Lambda\approx1$(利用磁过滤)。

图 8.19 颗粒污染引起的压痕

图 8.20[25]显示了寿命 L_{50} 与额定过滤值之间的关系。根据图 8.20，良好的润滑剂过滤可以显著地改进寿命。而过滤水平小于 $3\mu m$ 后对寿命就没有什么改进了。这样，存在一个有效过滤极限。Sayles 和 MacPherson[25]的数据已经被 Tanka 等人所证实，利用汽车齿轮箱中的密封球轴承试验，其寿命比同样条件下开式(无密封)轴承要增加几倍。考虑试验润滑膜的状态，图 8.20 中的数据可以拟合成下面的污染影响系数：

$$A_{\text{contam}}=\left[0.416\ 2+3.366\ \frac{\ln\left(\frac{FR}{h^0}\right)}{\frac{FR}{h^0}}\right]^2$$

$$(8.14)$$

式中，FR 代表额定过滤值。

基于 $3\mu m$ 到 $49\mu m$ 过滤水平的试验结果，Needelman 和 Zaretsky[27]推荐下面的公式来计算因颗粒污染疲劳寿命减小系数。

$$A_{\text{contam}}=1.8(FR)^{-0.25}\quad(8.15)$$

显然，采用上面的公式计算因颗粒污染疲劳寿命减小系数时，必须注意，它们取决

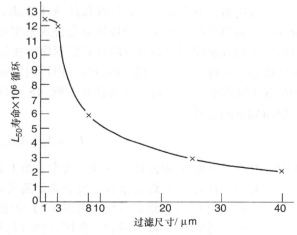

图 8.20 轴承疲劳寿命与润滑剂过滤程度的关系

于颗粒的类型、尺寸以及轴承润滑状态。

　　润滑剂中的水将使钢材表面氢脆，增加应力集中，从而减少疲劳寿命。摘自文献[28]的图 8.21 说明了润滑剂含水量增加会降低寿命。

　　对 ISO220 循环油，表 8.5[28] 列出了润滑剂水分的影响，也包括成分的变化影响。

　　数据表明，A 种润滑剂增加 0.5% 的水分(质量分数)寿命要减少 1/3。这与图 8.21 中的数据一致。而其余的润滑剂表现出对轴承寿命的多种影响，取决于润滑剂的成分和水分含量不同对耐久性有不同的影响。因此，寿命减少系数公式需要结合润滑剂的类型，特别是成分以及含水量的不同予以综合考虑。

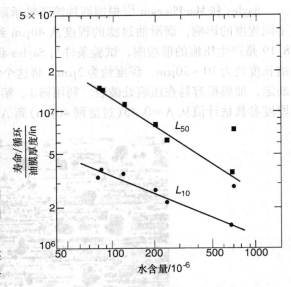

图 8.21　水分对滚动轴承寿命的影响

表 8.5　各种润滑剂 $w_{\mathcal{K}}$ 0.5% 对疲劳寿命的影响

润　滑　剂	L_{10}	L_{50}	润　滑　剂	L_{10}	L_{50}
A(无水)	59.2	171.4	E	20.8	61.2
A	20.8	61.2	F	23.9	168
B	66.7	195.7	G	32.1	143
C	33.4	77	H	66.8	410
D	54.5	195	I	47.4	122

8.6　疲劳寿命综合影响系数

　　通过前面的分析可见，非标准载荷条件下轴承疲劳寿命的计算可以通过确定轴承内部载荷分布并利用本章前面介绍的接触寿命公式来实现。在 PC 计算机上利用第 1 章到第 4 章介绍的公式和方法编制界面友好的计算机程序，能够迅速有效地完成这些计算。为了能考虑可靠性增加、非标准材料、润滑和污染等因数的影响，经常采用的简单方法，是将这些寿命影响系数串联起来使用，这个方法已在文献[18]和很多轴承制造商的样本中加以推荐。该方法使用如下的公式：

$$L_{\mathrm{na}} = A_1 A_2 A_3 A_4 \left(\frac{C}{P} \right)^p \tag{8.16}$$

式中：A_1——可靠度-寿命修正系数，按本书第 1 卷中表 11.25 取值。

　　　A_2——材料-寿命修正系数，按表 8.2 到表 8.4 取值，或按经验取值。

　　　A_3——润滑-寿命修正系数，由图 8.11 决定，或按经验取值。

　　　A_4——污染-寿命修正系数，利用式(8.14)和式(8.15)计算值，或按经验取值。

　　　L_{na}——可靠度为 n 时修正疲劳寿命。

自 1960 年开始，这种简化的方法就被采用。从那时起，轴承材料不断改进，并知道了润滑膜对轴承疲劳寿命的重要作用。然而，并没有认识到不同影响系数之间的关联性。因此，必须谨慎地使用这些系数。例如，ANSI 标准中说："不能假设采用特殊的材料处理和设计来克服润滑的不足。如果 A_2 的取值小于 1（由于存在缺陷），则 A_3 通常不能采用大于 1 的值。"污染修正系数强烈依耐于润滑膜厚度与外来颗粒尺寸的比值，它对大尺寸轴承的影响比小尺寸轴承要小得多。

8.7 Lundberg-Palmgren 理论的局限性

Lundberg-Palmgren 疲劳寿命理论及公式是对轴承理论的重要发展。但是，这种计算轴承表面滚动接触疲劳寿命的方法不能与其他工程结构疲劳计算方法相关联。轴承中的滚动接触疲劳也不可能与滚动接触零件的疲劳相关联。

大多数机械工程结构疲劳寿命分析是认为其受循环拉伸、弯曲、和扭转达到一个耐久极限值时发生疲劳。在这个循环应力水平作用下，结构能可以坚持到疲劳失效。换句话说，如果作用到机械结构上的等效循环应力没有超出耐久极限，结构将无限期工作而没有疲劳破坏的可能。相反，根据 Lundberg-Palmgren 理论和导出的预测滚动轴承疲劳寿命的标准计算方法，不论外加载荷是多大，滚动轴承的疲劳寿命总是有限的。然而，无数现代滚动轴承的应用结果打破了这种限制。在某些应用场合，经过标准设计和采用高质量钢材（杂质极少、化学成分和金相结构均匀[28]）精密制造的轴承的耐久性试验数据表明，无限长的疲劳寿命是实际存在的。由于 Lundberg-Palmgren 公式不能说明无限疲劳寿命，也就不适合结构疲劳预测。超出试验条件时，在这些公式中需要采用经验寿命调整系数来改进。

正如本书第 1 卷第 11 章和图 8.22 所示，Lundberg-Palmgren 理论认为，一个循环作用的集中载荷在滚道接触表面产生 Hertz 应力，进而引起循环次表面正交切应力。一个足够大的正交切应力会使滚道表面下某个材料弱点位置产生初始裂纹。这些弱点假定是随机分布在材料之中。次表面裂纹向表面扩展产生最终的剥落。根据 Lundberg-Palmgren 理论，切应力的最大值是最大正交切应力的变化范围，即 $2\tau_0$，应力发生的深度在表面下 $z_0 \approx 0.5b$ 处，对点接触和线接触都是如此。

在第 4 章中已经说明，油润滑接触的压力分布，即 EHL 压力分布与 Hertz 压力分布是不同的，如图 8.22 所示。进一步，如果表面不是理想的，即不光滑，具有粗糙峰分布在基面上，则会出现微弹流润滑（M-EHL）（如第 5 章所讨论）。另外，Lundberg-Palmgren 理论没有包括表面切应力影响，这个应力会改变次表面应力，如图 8.23 所示。在图 8.23 中，次表面应力是由 von Mises 变形能失效理论确定的，它与次表面的切应力具有类似的情形。

关于次表面应力影响滚动接触疲劳有多种观点。最大正交切应力与最大 von Mises 应力发生在表面下的深度是不同的。后者发生的深度是前者的 50%。无论那种应力都被认为最危险的。表面切应力会使表面下的最大应力移向表面。当比值 $\tau/\sigma \geq 0.30$（近似）时，最大应力会发生在表面上。图 8.23b 表明了这种趋势，在接触区的右上方出现了二次峰。一般来说，这样大小的切应力不会发生在整个 EHL 的有效接触区上。这种应力会出现在整个接触区内的微弹流润滑接触点上。当最大次表面应力接近表面时，表面有可能发生失效。Tallian[29] 考虑了一个有争议的失效模型，即表面始发型和次表面始发型。需要对从表面到次表

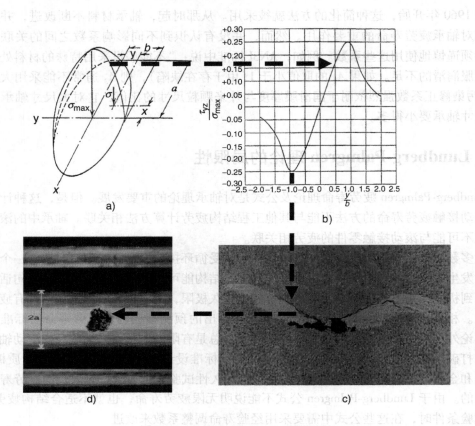

图 8.22　Lundberg-Palmgren 理论基础

a) 滚道接触表面上的循环 Hertz 应力　b) 次表面循环正交切应力

c) 次表面材料薄弱处裂纹　d) 滚道表面剥落

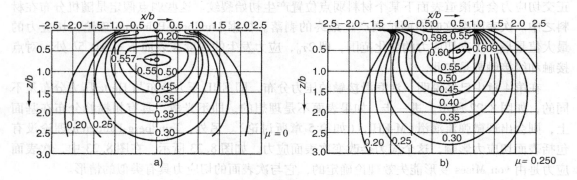

图 8.23　滚动接触表面下材料的 von Mises 应力/$\sigma_{\max}$ 等值线

a) 纯滚动，无表面摩擦应力（摩擦系数 $\mu = 0$）　b) 有表面摩擦应力的滚动（摩擦系数 $\mu = 0.25$）

面接触应力作用下，包括法向和切向应力作用下的任意材料点的失效进行严格的数学分析。

Lundberg 和 Palmgren 给出的基本方程为

$$\ln\frac{1}{\mathcal{S}} \propto \frac{N^e \tau_0^c \, \mathcal{v}}{z_0^h} \tag{8.17}$$

式中，τ_0 为最大正交切应力，z_0 为最大正交切应力出现的深度，$\mathcal{V}$ 为应力作用的材料体积，$\mathfrak{S}$ 为应力作用体积的幸存概率。Lundberg 和 Palmgren 指出，应力作用体积与环形柱体体积成正比：

$$V = 2az_0(2\pi r_r) \tag{8.18}$$

式中，r_r 为滚道半径。Lundberg 和 Palmgren 并没有精确定义如图 8.24 所示的有效应力作用体积。他们的比例关系只有在简单 Hertz 应力作用在光滑表面上时才有效。

Lundberg 和 Palmgren 理论没有考虑轴承工作温度及其对材料性能的影响，也没有考虑温度对润滑以及对表面切应力的影响。此外，这个理论没有考虑滚动接触时材料的能量吸收率。轴承速度只是用于将疲劳寿命的百万次转速转化为时间。套圈安装到轴或轴承座内以及高速离心载荷引起的内应力都没

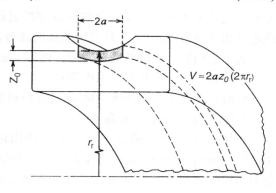

图 8.24 Lundberg-Palmgren 理论，应力作用体积

有考虑。最后，如 Voskamp[30] 指出，接触表面下由于滚动接触引起的微结构改变和残余应力必须加以考虑。

8.8 Ioannides-Harris 理论

考虑到 Lundberg-Palmgren 理论的局限，Ioannides-Harris[31] 提出了下面的基本方程：

$$\ln\left(\frac{1}{\Delta\mathfrak{S}_i}\right) = F(N, T_i - T_{\text{limit}})\Delta V_i \tag{8.19}$$

在这个方程中，假定在给定的单元体积 ΔV_i 内，当应力准则 T_i 超出门槛值 T_{limit} 时，开始产生疲劳裂纹。为了与 Lundberg-Palmgren 理论相一致，应力准则可选择幅值为 $2\tau_0$ 的正交切应力；然而，也可以采用 von Mises 应力或最大切应力。在式(8.19)中，只用 $T_i > T_{\text{limit}}$ 被认为存在风险的增量体积(见图 8.25)来取代 Lundberg-Palmgren 的应力体积，即 $2\pi az_0 d$，其中 d 是滚道直径。

因此，在式(8.19)中，幸存概率为增量，即 $\Delta\mathfrak{S}_i$。零件的幸存概率根据概率乘积原理确定。与 Lundberg-Palmgren 关系式(8.17)相似，得到式(8.20)：

$$\ln\left(\frac{1}{\mathfrak{S}}\right) \approx AN^e \int_{V_R} \frac{(T - T_{\text{limit}})^c}{z'^h}\mathrm{d}V \tag{8.20}$$

式中，A 是与整个材料有关的常数，z' 是风险疲劳体积上的应力加权平均深度。如果取 $T = \tau_0$，同时，$T_{\text{limit}} = 0$，则式(8.20)成为式(8.17)。

用八面体切应力作为初始疲劳应力，Harris 和 McCool[32] 将 Ioannides-Harris 理论

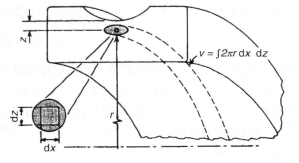

图 8.25 疲劳理论(式(8.19))中的危险体积

应用于 62 种不同的轴承，包括深沟球轴承、角接触球轴承和圆柱滚子轴承，轴承材料分别为 CVD52100、M50、M50NiL 和 8620 渗碳钢。对每种材料确定 $\tau_{\text{oct. limit}}$，利用它对每个应用场合计算 L_{10}，并与轴承疲劳寿命试验值做比较。同时采用 Lundberg-Palmgren 理论(标准方法)计算 L_{10} 并与试验值做比较。通过统计分析，结果表明 Ioannides-Harris 理论的计算结果比上面讨论的采用修正寿命系数的标准方法更接近试验结果。Harris[33] 表明，Ioannides-Harris 理论可用于预测用球/V 形环机所做球的疲劳寿命试验结果。

为了更精确计算轴承疲劳寿命，使用 Ioannides-Harris 理论需要满足：

- 选择一个初始疲劳应力准则；
- 确定并运用作用于滚动体-滚道接触材料上的所有残余应力、外载荷应力和诱导应力；
- 建立和应用应力-寿命系数。

采用本书介绍的分析方法，结合使用球和滚子轴承性能分析程序 TH-BBAN⊖、TH-RBAN、Harris 和 McCool[32] 已经完成了这个研究。另外，应力-寿命系数的概念显然满足了前面引用的各种疲劳寿命影响系数相互独立性的要求。由 Ioannides-Harris[31] 率先开展的工作提出了寿命计算公式(8.16)的另一种形式，已经被 ISO 采纳，这个寿命计算公式为

$$L_{nM} = A_1 A_{\text{ISO}} L_{10} \tag{8.21}$$

式中，L_{nM} 为可靠度等于 $(100 - n)\%$ 的修正基本额定寿命，A_{ISO} 是总的寿命系数，包含了所有从 A_1 到 A_4 和其他所需的多个系数的影响。换句话说，$A_{\text{ISO}} = f(A_1, A_2, A_3, A_4, A_m)$。

ISO[5] 说明了可靠性-寿命系数可以按下面公式计算：

$$A_1 = 0.95 \left(\frac{\ln\left(\dfrac{100}{S}\right)}{\ln\left(\dfrac{100}{90}\right)} \right)^{\frac{1}{e}} + 0.05 \tag{8.22}$$

式中，S 是百分比幸存概率。当 $e = 1.5$ 时，上式计算的结果与本书第 1 卷中表 11.25 的值相同。ISO[5] 提供了计算 A_{ISO} 的方法，本章后面再讨论。

8.9　应力-寿命系数

8.9.1　寿命公式

1995 年，ASME 摩擦学分会成立了一个国际技术委员会研究现代滚动轴承额定寿命。其工作的结果是形成文献[34]，其中提出了计算轴承疲劳寿命的公式为

$$L_n = A_1 A_{\text{SL}} \left(\frac{C}{F_c} \right)^p \tag{8.23}$$

在上面的公式中，C 是轴承样本中给出的额定载荷；F_c 为当量载荷；A_{SL} 是应力-寿命系数。如同 ISO 计算公式(8.21)，A_1 为可靠度-寿命系数，它与应力无关；A_{SL} 是与所有影响寿命的应力有关的系数。这些应力包括滚动体-滚道接触正应力、摩擦切应力、由热处理和制造引起的残余应力以及疲劳极限应力等。在式(8.23)中，指数 p 对球轴承取 3，对滚子轴承取 10/3。

⊖　FORTRAN/VISUAL BASIC 计算机程序，由 T. A. Harris 在 PC 机上开发。

考虑非标准载荷作用下各种接触的寿命计算，对点接触：

$$L_{mj} = A_1 A_{SLmj} \left(\frac{Q_{cmj}}{Q_{mj}} \right)^p \tag{8.24}$$

式中，下标 m 代表滚道接触，对应旋转滚道指数 $p = 3$，对应静止滚道 $p = 10/3$。进一步应注意，式(8.24)中的应力-寿命系数 A_{SLmj} 是滚道和接触带位置的函数。

对线接触：

$$L_{mjk} = A_1 A_{SLmjk} \left(\frac{q_{crj}}{q_{mjk}} \right)^p \tag{8.25}$$

式中，下标 m 代表滚道接触，对于旋转滚道指数 $p = 4$，对于静止滚道 $p = 9/2$。

8.9.2 初始疲劳应力

在文献[34]中，von Mises 应力被认为是合适的初始疲劳应力准则。按照式(8.26)的定义，von Mises 应力是一个标量，它与普通的 Mises Hencky 疲劳失效变形能有关：

$$\sigma_{VM} = \frac{1}{\sqrt{2}} \left[(\sigma_x - \sigma_y)^2 + (\sigma_y - \sigma_z)^2 + (\sigma_z - \sigma_x)^2 + 6(\tau_{xy}^2 + \tau_{yz}^2 + \tau_{zx}^2) \right]^{\frac{1}{2}} \tag{8.26}$$

见文献[35]或其他机械设计参考书。

有趣的是，文献[35]中还定义了一个向量，即八面体切应力作为初始疲劳应力准则，它的模与 von Mises 应力成正比，例如

$$\tau_{oct} = \frac{\sqrt{2}}{3} \sigma_{VM} \tag{8.27}$$

8.9.3 接触表面法向应力引起的次表面应力

所有应用中的载荷，包括标准和非标准载荷，都是由滚动体分担的。垂直作用于接触面上的滚动体载荷将产生压应力。本书第 1 卷第 6 章假定的是"干"接触，并建立了 Hertz 应力的计算公式。第 4 章表明，由于 EHL 的影响，接触面上的法向应力分布与 Hertz 分布多少有些不同。不过，在大多数轴承应用中，假定 Hertz 应力分布是令人满意的。另一方面，如果接触面没有完全被润滑膜分开，表面的粗糙峰将发生接触，这将使接触应力超过 Hertz 应力。为考虑这种现象，可以采用应力集中系数来修正 Hertz 应力。由于部分接触面积上存在库仑摩擦，所以式(8.28)将应力集中系数定义为比值 A_c/A_0 的函数：

$$K_{Ln,mj} = \frac{Q_{mj,c}}{Q_{mj}} \left(\frac{A_c}{A_0} \right)^{-1} + \frac{1}{1 - \dfrac{A_c}{A_0}} \left(1 - \frac{Q_{mj,c}}{Q_{mj}} \right) \tag{8.28}$$

式中，$Q_{mj,c}$ 为粗糙峰承担的载荷；Q_{mj} 是在滚道 m、接触方位 j 上的总的法向接触载荷；下标 L 表示不完全油膜引起的应力集中；下标 n 表示 $K_{Ln,mj}$ 用于 Hertz 或法向应力；A_c/A_0 采用 Greenwood 和 Williamson(见第 5 章文献[21])的方法确定。在接触面下任意点 (x, y, z)，由 Hertz 载荷引起的应力可采用 Thomas 和 Hoersch[36] 的方法确定。在接触表面上一点 (x, y) 处的法向应力为

$$\sigma' = \frac{3K_{Lnmj}Q_{mj}}{2\pi a_{mj} b_{mj}} \left[1 - \left(\frac{x}{a_{mj}} \right)^2 - \left(\frac{y}{b_{mj}} \right)^2 \right]^{\frac{1}{2}} \tag{8.29}$$

8.9.4 接触表面摩擦切应力引起的次表面应力

在大多数滚动轴承接触中,如第2章中所讨论的,会发生不同程度的滑动。在角接触球轴承、球面滚子轴承和推力滚子轴承中,会发生较大的滑动。当滚子-滚道接触载荷较重,这样的滑动会产生显著的摩擦切应力。在任意点(x,y)处的摩擦切应力的大小取决于该处的接触压力、滑动速度、润滑剂的流变特性以及接触表面形貌。

根据润滑膜隔离接触面的程度,伴随滚动而出现的滑动会引起表面损伤,如表面微剥落。Nelias等人[37]进行了滚-滑盘的耐久试验,证实52 100和M50钢材制作的光滑试样,没有滑动,表面没有损伤。这些试验是在1 500~3 500MPa压力和油膜参数Λ为0.6~1.3的范围下进行的。这表明滚动体与滚道表面需要精加工,特别是存在边界润滑状态时。Nelias等人[37]注意到,在没有滑动的情况下,微剥落发生在滑动方向和与滑动垂直的方向上。摘自文献[37]的图8.26表明了这一点。在试验套环中,主动环比被动环转得快,在被动环上摩擦力与滚动方向一致。而在主动环上正好与滚动方向相反。图8.27显示,微裂纹取决于摩擦方向。可以看到,典型的箭头形状朝着摩擦方向,而裂纹沿摩擦相反的方向扩展。Nelias等人[37]进一步注意到被动表面比主动表面有更大的破坏危险倾向。

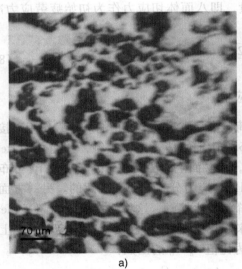 

a)   b)

图 8.26 M50 钢耐久试验试样表面

接触应力 3 500MPa

a) 简单滚动 b) 滚动和滑动

Nelias等人[37]观察到另外一个现象,是剥落材料的尺寸与体积随Hertz应力的增加而增加(见图8.28)。这种情况说明重载条件比轻载条件滑动更严重。对于在重载下存在边界润滑的角接触球轴承和球面滚子轴承必须要引起关注。

由表面切应力在接触表面下任意点(x,y,z)引起的应力可以采用Ahmadi等人[38]的方法确定。

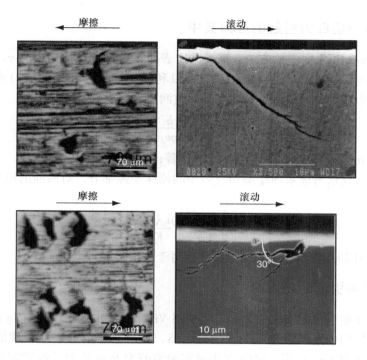

图 8.27 M50 钢试样驱动表面在滚动和摩擦方向上的微裂纹
接触应力 3 500MPa

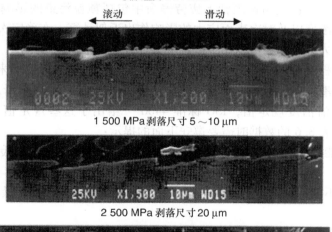

1 500 MPa 剥落尺寸 5～10 μm

2 500 MPa 剥落尺寸 20 μm

3 500 MPa 剥落尺寸 40 μm

图 8.28 M50 钢试样在法向应力和滚动与滑动试验
条件下微裂纹扩展尺寸(长度及深度)

8.9.5　表面摩擦切应力引起的应力集中

为了采用 Ahmadi 等人[38]的方法，需要确定表面每一点的摩擦切应力 τ。对于在滚动方向和垂直滚动方向都发生滑动的接触情况，可以利用式(5.49)和式(5.50)来确定两个方向的表面摩擦切应力 τ_y、τ_x，条件是滚动接触面被润滑膜完全分开。

$$\tau_d = c_v \frac{A_c}{A_0} \mu_a \sigma + \left(1 - \frac{A_c}{A_0}\right)\left(\frac{h}{\eta v_d} + \frac{1}{\tau_{\lim}}\right)^{-1}, \quad d = y, \; x \qquad (5.49)(5.50)$$

式中，法向应力 σ 需要用式(8.29)定义的 σ'代替；粘度也应采用 σ'计算。

另外一方面，仅仅考虑表面摩擦切应力中的流体摩擦部分，对后面的应力可以采用下面的应力集中系数：

$$K_{\mathrm{Lf},mj} = 1 + \frac{\mu_c Q_{mj,c}}{F_{\mathrm{fmj}}} \qquad (8.30)$$

式中，μ_c 是粗糙峰相互作用有关的摩擦系数，对于润滑接触可取 $\mu_c = 0.1$。

8.9.6　颗粒污染引起的应力

为了确定因压痕引起的表面应力，可以采用 Ville 和 Nelias[19,23]或 Ai 与 Cheng[39]建立的方法。这需要在应用中先确定杂质的含量。当然，如果有压痕的表面形貌能够确定，Webster 等人[20]的方法也可以采用。这些方法对实验室研究是有效的，但它对简单接触的分析要花费几分钟甚至几小时的计算机时间。滚动轴承疲劳寿命分析包括对接触问题上千次的迭代求解。为了能够在工程应用预测轴承疲劳寿命中包括颗粒污染的影响，必须对颗粒的类型、在润滑剂中的浓度以及对次表面应力的影响作出近似计算。在确定次表面应力时，根据这些参数确定的应力集中系数可以用于接触应力计算。

润滑油的污染程度可以用油中的颗粒含量来度量。这个信息可以用来建立污染参数 C_L。在轴承应用中，润滑剂中的颗粒在大小和性质上多种多样。对油浴润滑，Ioannides 等人[40]建议采用国际油品清洁度规定值，ISO 标准 4406[41]给出了这些规定值。清洁度水平列于表 8.6 中。在利用表 8.6 的数据时需要遵守下面的提示：

1）如果过滤能保证有效的系统工作状态，应采用与表中最左边最低水平(最清洁)对应的规定过滤值。

2）如果过滤不能保证有效的系统工作状态，应采用与表中右边的最高水平(最污染)对应的规定过滤值。

3）如果要求低污染水平，比如在有通风过滤装置的清洁的室内环境中，清洁度水平应向左移动一个档次。

4）如果允许高污染，比如对有着开式机箱的移动设备，清洁度水平应向右移动一个档次。

5）例1：对于在高污染工作条件下使用的全流动 5μm 过滤器，开始时的合适水平为 15/12/10，以后应向右移动一个档次，即为 16/13/11。

6）例2：对于在中等污染工作条件下使用的全流动 12μm 过滤器，应采用最高水平，即 21/18/15。

7）如果采用同一系列的两台全流动过滤器，两个水平值应当相减。

表 8.6　ISO 标准 4406 油品清洁度水平

过滤器额定量 $\beta(x_c)$[①]	清洁度水平[②]			
2.5	13/10/7	14/11/9	15/12/10	16/13/11
5	15/12/10	16/13/12	16/14/12	17/15/12
7	17/14/12	18/15/12	18/16/13	19/16/14
12	18/16/13	19/16/14	20/17/14	21/18/15
22	20/17/14	21/18/15	22/19/16	23/20/17
35	22/19/26	23/20/17	24/21/18	25/22/18

① 在 $\beta(x_c) \geqslant 1\,000$ 时，x_c 为颗粒尺寸（μm），$1\,000$ 为过滤比，即对给定的颗粒尺寸 x_c，上游过滤的颗粒数等于下游过滤颗粒数的 $1\,000$ 倍。

② 代码 X/Y/Z，如 13/10/7，表示清洁度，其中 X 是尺寸 $\geqslant 4\mu m$ 的颗粒数，Y 是尺寸 $\geqslant 6\mu m$ 的颗粒数，Z 是尺寸 $\geqslant 14\mu m$ 的颗粒数。

为了使用由文献[34]提供的计算机程序计来算轴承疲劳寿命，表 8.7 对清洁度水平提供了简化的指导值。

早期的分级未考虑颗粒的硬度。而现在已经了解，在广泛的滚动轴承应用中硬颗粒和软颗粒存在类似的分布，它们对降低疲劳寿命的影响是相似的。即使在表 8.6 中表明了颗粒 $\geqslant 4\mu m$、$\geqslant 6\mu m$ 和 $\geqslant 14\mu m$ 的数量，但这并不意味着恰好是这些少量的、微小的污染颗粒影响到轴承的疲劳寿命。这些标准化数值只是对存在的危险颗粒的一种统计值。

Ioannides 等人[40]表明，对循环油润滑，系统过滤的效率可以取代 ISO4406[41]用来定义污染物的尺寸。这也可以通过 ISO4372[42]规定的过滤能力来定义。

表 8.7　ASME 对清洁度划分与清洁度水平的指导值

清洁度划分	ISO4406 清洁度水平	过滤器额定量 $\beta(x_c)/\mu m$
极清洁	14/11/8	2.5~5
比较清洁	16/13/10	5
清洁	18/15/12	7
中度污染	20/17/14	12~22
重污染	22/19/16	35

由于轴承中接触区域的尺寸不同，对颗粒污染的敏感性是变化的。球轴承比滚子轴承更脆弱，污染颗粒对小尺寸轴承的滚动体危害比对大尺寸滚动体更严重。考虑先前试验确定的数据，Ioannides 等人[40]将轴承尺寸、润滑系统和润滑效果与污染参数 C_L 联系起来。进一步认为，轴承中找到的固体颗粒主要是硬金属颗粒（来自机械系统的磨损），他们建立了图 CD8.1 至图 CD8.14，这些图是 C_L 与润滑剂效果参数 κ 和轴承节圆直径 d_m 的关系曲线，且对应于 ISO 标准 4406 中的各种清洁度水平。对循环油润滑系统，ISO4572 确定了过滤水平。

根据这些图提供的曲线，可以由基本公式得到 C_L 的值。从 ISO 标准 281[5]可得到计算式

$$C_L = C_{L1}\left(1 - \frac{C_{L2}}{d_m^{\frac{1}{3}}}\right) \tag{8.31}$$

式中
$$C_{L1} = C_{I3}\kappa^{0.68}d_m^{0.55}, \quad C_{L1} \leqslant 1 \tag{8.32}$$

对于各种 ISO 确定的污染水平，表 8.8 列出了常数 C_{I2}，C_{I3} 的值。对油润滑轴承，对应于表 8.8 的基础水平值，表 8.9 给出了污染水平范围。对循环油润滑的轴承，根据基本的污染水平表，8.9 给出了 $\beta(x_c)$ 的水平值。

表 8.8 润滑剂污染系数

润滑类型	污染水平	C_{I2}	C_{I3}	备 注
循环油	ISO-/13/10	0.566 3	0.086 4	
	ISO-/15/12	0.998 7	0.043 2	
	ISO-/17/14	1.632 9	0.028 8	
	ISO-/19/16	2.336 2	0.021 6	
油浴	ISO-/13/10	0.679 6	0.086 4	
	ISO-/15/12	1.141	0.028 8	
	ISO-/17/14	1.670	0.013 3	
	ISO-/19/16	2.516 4	0.008 64	
	ISO-/21/18	3.897 4	0.004 11	
脂	高清洁	0.679 6	0.086 4	
	正常清洁	1.141	0.043 2	
	轻微污染	1.887	0.017 7	$d_m < 500mm$
		1.677	0.017 7	$d_m \geqslant 500mm$
	严重污染	2.662	0.011 5	
	重度污染	4.06	0.006 17	

在式(8.32)以及图 CD8.1 至图 CD8.14 中，$\kappa = \nu/\nu_1$，其中 ν 是工作温度下的润滑剂运动粘度，ν_1 是适当分开接触面所需的润滑剂运动粘度。根据 ISO281[5]，$\kappa \approx \Lambda^{1.12}$。参考粘度 ν_1 可以利用式(8.33)和式(8.34)计算，也可以采用图 CD8.15 中的图表来估算。

$$\nu_1 = 45\,000 n^{-0.83} d_m^{-0.5}, \quad n < 1\,000 r/min \tag{8.33}$$
$$\nu_1 = 45\,000 n^{-0.5} d_m^{-0.5}, \quad n \geqslant 1\,000 r/min \tag{8.34}$$

表 8.9 润滑剂污染水平范围，$\beta(x_c)$ 系数值

润滑类型	基本 ISO 污染水平	ISO 污染水平范围	x_c	$\beta(x_c)$
循环油	−13/10	−13/10，−12/10，−13/11，−14/11	6	200
	−15/12	−15/12，−16/12，−15/13，−16/13	12	200
	−17/14	−17/14，−18/14，−18/15，−19/15	25	75
	−19/16	−19/16，−20/17，−21/18，−22/18	40	75
油浴	−13/10	−13/10，−12/10，−11/9，−12/9	—	—
	−15/12	−15/12，−14/12，−16/12，−16/13	—	—
	−17/14	−17/14，−18/14，−18/15，−19/15	—	—
	−19/16	−19/16，−18/16，−20/17，−21/17	—	—
	−21/18	−21/18，−21/19，−22/19，−23/19	—	—

对循环油,在图 CD8.1 到图 CD8.4 中,如表 8.6 脚注所述,依照文献[40],参数 β_x 定义为

$$\beta_x = \frac{N_{\text{pu}} > x}{N_{\text{pd}} > x} \tag{8.35}$$

式中,N_{pu} 为尺寸大于 $x\mu\text{m}$ 的上游颗粒数量,N_{pd} 为尺寸大于 $x\mu\text{m}$ 的下游颗粒数量。例如,$\beta_6 = 200$ 意味着如果过滤器上游有 200 个大于 $6\mu\text{m}$ 颗粒,则只有 1 个大于 $6\mu\text{m}$ 的颗粒通过了过滤器。虽然这是一个比较过滤参数的有用的方法,但由于工作环境中的污染颗粒的形状不同,这个方法也不可靠。

利用图 CD8.1 到图 CD8.9 得到的 C_L 值适用于无添加剂的润滑油。当计算出的 $\beta_x < 1$ 时,应在磨合期内使用经过验证的高品质润滑剂和经许可的添加剂以提升滚道表面的光滑性。这样,β_x 将得到改善并接近于 1。

当润滑剂的污染程度不能测量或不能详细了解时,污染参数 C_L 可以利用文献[5,43]提供的表 8.10 来估算。

为了获得滚动接触疲劳寿命,需要将污染参数 C_L 转化为应力集中系数应用于接触应力。例如,$\sigma'(x,y) = K_c\sigma(x,y)$。当然,应力集中系数也可以用于表面切应力的计算,如,$\tau'(x,y) = K_c\tau(x,y)$。继 Ioannides 等人[40]的工作之后,Barnsby 等人[34]对点接触和线接触给出了下列公式:

$$K_{C,\text{point}} = 1 + (1 - C_L^{\frac{1}{3}})\frac{\sigma_{\text{VM,lim}}}{\sigma_{\text{VM,max}}} \tag{8.36}$$

$$K_{C,\text{lin}} = 1 + (1 - C_L^{\frac{1}{4}})\frac{\sigma_{\text{VM,lim}}}{\sigma_{\text{VM,max}}} \tag{8.37}$$

式中,$\sigma_{\text{VM,max}}$ 是接触表面下最大 von Mises 应力,$\sigma_{\text{VM,lim}}$ 是滚动零件材料的 von Mises 应力疲劳极限。本章后面将讨论这些疲劳极限应力值。

表 8.10 污染参数水平值

轴承工作状态	$C_L(d_m < 100)/\text{mm}$	$C_L(d_m \geqslant 100)/\text{mm}$
极清洁(颗粒尺寸是油膜厚度量级)	1	1
高清洁(油通过极好的过滤器过滤;条件:轴承特殊脂润滑长寿命和密封)	0.8~0.6	0.9~0.8
正常清洁(油通过良好的过滤器过滤;条件:轴承特殊脂润滑长寿命和屏蔽)	0.6~0.5	0.8~0.6
轻微污染(润滑剂中有少量污染)	0.5~0.3	0.6~0.4
典型污染(条件:轴承没有整体密封,磨损颗粒,从周围进入)	0.3~0.1	0.4~0.2
严重污染①(条件:轴承工作环境严重污染,轴承不合适的密封)	0.1~0	0.1~0
重度污染①	0	0

① 对严重污染和重度污染,失效由磨损引起,轴承寿命会大大短于计算的额定寿命。

在图 8.29 中,Nelias[44]说明,对于压痕或粗糙表面,切应力的最大值强烈地受表面滑动影响。Nelias[44]进一步假定,压痕或粗糙表面的疲劳可能开始于近表面。然而,在平均接

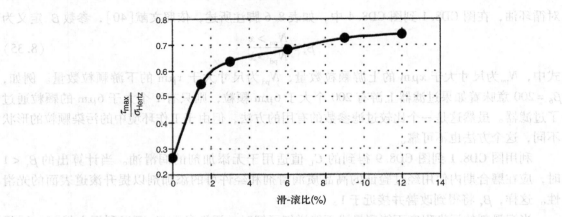

图 8.29   压痕附近最大切应力/最大 Hertz 应力与滑-滚比的关系

压痕深度 1.5μm,宽度 40μm,台肩高 0.5μm

触载荷作用下,微裂纹会朝着最大次表面应力的位置方向延伸聚集。在这种表面状态下可能引起次表面失效。图 8.30 显示了这种次表面初始疲劳应力的演变。因为大多数现代球和滚子轴承具有相对光滑的滚道和滚动体表面,在有杂质的应用中压痕主要表征为粗糙度。这样,在存在杂质的场合,将发生更多的次表面初始疲劳失效的演变。当计算结果显示次表面 von Mises 应力(或其他假定的初始失效应力)的最大值趋近于表面时,这样可以预计表面首先出现点坑,而不是由于次表面疲劳失效经过多次循环累积而延伸至表面。

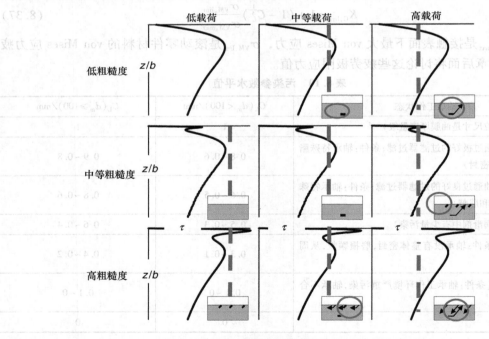

图 8.30   各种载荷和表面粗糙度下表面和次表面裂纹扩展

每个图表示切应力随量纲为 1 的深度 z/b 的变化。

虚线代表疲劳极限应力,低于该应力不会产生初始裂纹

8.9.7　润滑与污染引起的组合应力集中系数

应力集中系数 K_L 和 K_c 与表面不完全接触有关，这些应力集中系数不是相互独立的，而是按下式组合为

$$K_{LC,mj} = K_{L,mj} + K_{C,mj} - 1 \tag{8.38}$$

可见，对于没有压痕的非常光滑的滚动接触表面，$K_{LC,mj} = 1$，而对于不存在污染的表面，$K_{LC,mj} = K_{L,mj}$。

8.9.8　润滑添加剂对轴承疲劳寿命的影响

到目前为止，只考虑了润滑剂的基础油对疲劳寿命的影响。然而，基础油很少直接用于滚动轴承润滑。事实上，除了整体密封和注脂交货的轴承以外，大部分轴承，如齿轮箱轴承都要求使用全部性能最优的润滑剂。这些润滑剂需要特殊的添加剂以得到一种或多种下面的性能：①抗磨损；②抗极压（EP）；③抗氧化；④抗起沫；⑤缓蚀；⑥添加清洗剂控制表面沉积物；⑦利用水分离防乳化；⑧利用分散剂控制淤积。有些添加剂可能会明显影响疲劳寿命，但不可能通过接触应力集中系数来反映这些影响。在文献［34］中，说明了这些添加剂对 L_{10} 寿命的影响，如表 8.11。

表 8.11　使用普通润滑剂的轴承寿命范围估计

润滑剂类型	疲劳寿命范围	平均疲劳寿命	润滑剂类型	疲劳寿命范围	平均疲劳寿命
工业润滑剂			合成抗磨油	$0.8 \sim 1.7L_{10}$	$1.2L_{10}$
液压油	$0.6 \sim 1.0L_{10}$	$0.8L_{10}$	齿轮油	$0.4 \sim 1.3L_{10}$	$0.8L_{10}$
无抗磨添加剂滚动轴承油	$0.8 \sim 1.4L_{10}$	$1.1L_{10}$	汽车与航空润滑剂		
有抗磨添加剂滚动轴承油	$0.6 \sim 1.0L_{10}$	$0.8L_{10}$	齿轮润滑剂	$0.3 \sim 0.7L_{10}$	$0.5L_{10}$
透平油	$0.6 \sim 1.0L_{10}$	$0.8L_{10}$	汽车变速器油	$0.6 \sim 1.0L_{10}$	$0.8L_{10}$
无抗磨添加剂循环油	$0.8 \sim 1.4L_{10}$	$1.1L_{10}$	航空透平油	$0.8 \sim 1.7L_{10}$	$1.2L_{10}$
有抗磨添加剂循环油	$0.6 \sim 1.0L_{10}$	$0.8L_{10}$			

8.9.9　周向应力

为了防止轴承内圈在轴上转动和避免轴承内孔磨损，轴承内圈常常是压装到轴上。径向过盈量以及所需的内圈与轴之间的压力，首先取决于作用载荷的大小，其次取决轴的转速。载荷越大，速度越高，防止内圈转动的过盈量就越大。对向心球、圆柱滚子和球面滚子轴承，在给定的使用条件下，ANSI/ABMA 标准 No. 7［45］推荐了仅由作用载荷确定的过盈配合的数值。对圆锥滚子轴承，可参考 ANSI/ABMA 标准 No. 19.1［46］和 No. 19.2［47］。因为套圈和轴的尺寸及材料已确定，可以用计算材料标准强度的方法，例如 Timoshenko［48］的方法来确定径向应力。过盈配合会使套圈涨大并产生周向拉应力。

类似地，对外圈旋转情况，如在轮毂轴承应用中，外圈应被压进轴承座中。这样会引起周向压应力和径向应力。

特别是在高速下旋转，套圈的离心力会增大，这又会使套圈产生附加的周向应力并进一

步使套圈膨胀。外圈旋转产生的周向拉应力会抵消外圈与轴承座之间由于压配合而产生的周向压应力。Timoshenko[48]详细介绍了由于圆环旋转引起的周向拉应力和径向应力的计算方法。

由压装配合或套圈旋转引起的每一种应力都应叠加到由表面接触应力产生的次表面应力场中。

8.9.10　残余应力

8.9.10.1　残余应力源

残余应力指所有外载荷撤除后，材料中仍保留的应力。在一个形状和体积非均匀变化的实体中会出现残余应力。这些残余应力可能是机械过程、化学过程以及一种组合过程所引起的[49]。下面是一个例子。

如果一片相对薄的可塑性材料，如铜片，经过反复锤打，薄片的厚度会减少而长度和宽度相应会增加，即体积保持不变。如果相同数量的等强度捶击均匀分散到几厘米厚的铜块表面上，塑性变形渗透的深度与铜块的厚度相比相对较浅。表面层的变形会受到变形较小的次表层材料横向膨胀的约束。结果，严重变形的表面材料会像一个被压缩的弹簧，阻止了与弹性延伸的次表面材料相邻的未受力部分的膨胀。最终的残余应力状态是，表面区域呈现残余压应力，而次表面区域是与之相平衡的残余拉应力。这个例子也可作为表面受到钢粒或玻璃粒轰击的喷丸处理的说明。对于在高的循环拉应力下工作的零件，非常希望在表面产生残余压应力状态。这样，零件承受的拉应力将会由于结构的残余压应力而降低，从而显著提高部件的疲劳寿命，例如对轴和弹簧。

喷丸的例子表明了表面残余应力的基本特性：

1）非均匀的塑性变形；表面材料横向膨胀；

2）次表面材料在限制表面材料膨胀时受到拉伸的弹性限制，塑性变形很小，因此在表面区域出现残余压应力；

3）最终的残余应力状态是表面和次表面应变的弹性分量的反映，这些应力是平衡的，从而形成了拉-压平衡系统。

使滚动轴承零件淬硬的热处理会使残余应力状态发生明显的改变。根据钢材材料成分、奥氏体转化温度、淬火硬度、几何形状、截面厚度等的不同，热处理可能会使淬硬零件的表面出现残余压应力或残余拉应力[49,50]。从表面到零件的芯部温度存在梯度。与这种梯度相关的温度差使零件出现不同的塑性变形，从而产生残余应力。此外，钢材在热处理过程中伴随相变出现在不同时间内体积发生改变。这种连续的体积变化与温差收缩相结合，也会在淬硬钢零件中产生残余应力。这些影响因素的大小决定了应力的大小和表面是残余拉应力还是压应力。

淬硬零件的研磨也会影响表面残余应力。如果忽略磨削过程中产生的热和微结构的改变，则磨削对残余应力的影响通常限制在材料表面下 $50\mu m$ 之内。良好的研磨过程，如对轴承套圈的研磨，产生的残余应力在很浅的表层中。研磨有时候也会产生表面的塑性变形，引起上面提到的残余压应力。

因此，加工完的轴承零件中的残余应力状态与热处理和研磨有关。如果研磨适当，淬透的轴承零件中的残余应力几乎是 0 到轻微的压应力。热处理也会引起次表面残余应力。在一个表面淬硬的零件中，表面和次表面中的残余应力都是压应力；而材料的芯部将是拉应力。这种情况下残余压应力必须有足够的深度以保证轴承的疲劳持久性。过去一直将这个深度定为最大次表面正交切应力深度的4倍，见本书第1卷第6章。

8.9.10.2 滚动接触引起的交变残余应力

因滚动接触引起的应力循环的结果是轴承钢微结构发生变化。与这种变化相关的是残余应力和残余奥氏体的改变，文献[30,51-55]已经报告了这些变化。图8.31显示了残余应力沿周向变化和奥氏体形状的改变。在本书第1卷图11.4中也可以看到，在微结构交变过程中残余应力和残余奥氏体发生了明显的改变。

在图8.31中，随着应力循环的增加，在不断增加深度处残余应力表现出峰值，残余奥氏体也有这种现象，只是峰值影响深度比残余应力的要小些。对残余应力和残余奥氏体，在高的最大接触应力下，图8.31中的数据说明发生迅速变化。

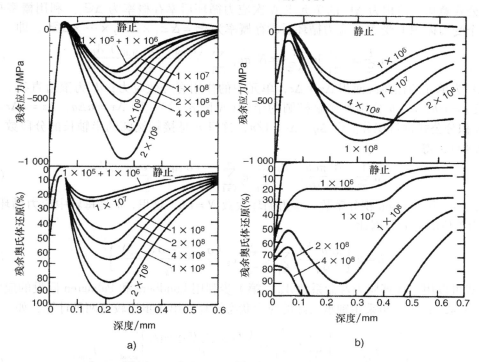

图8.31 309深沟球轴承不同内圈转数下，残余应力与残余奥氏体还原百分比与滚道表面下深度的关系

轴承材料为52100淬透钢，硬度64Rc

a）最大接触应力3 280MPa，最大正交切应力深度0.19mm，最大切应力深度0.30mm

b）最大接触应力3 720MPa，最大正交切应力深度0.21mm，最大切应力深度0.33mm

Harris[56]已经发现，对M50钢和52100钢做成的新球中的表面存在压应力范围约为600MPa。在表面下最大接触区范围内这个压应力减少到70MPa。当球在正常的Hertz应力作用下，如最大应力为2 700MPa，这些压应力几乎消失，就像残余奥氏体转变一样。在深度上稍微有点不同，在这些深度处残余应力出现峰值而残余奥氏体还原，这分别与最大切应力和最大正交切应力相对应。Muro和Tsuhima[53]支持残余应力峰值与最大切应力相关。这也表明残余奥氏体还原与残余压应力没有直接关系。Voskamp等人[54]也说明这些过程与微观

个未硬化的芯子中，尖角处残余拉应力的诱导会促使其开裂。

过盈配合下的残余拉应力存在能以加载时微动腐蚀形成点蚀。

8.9.10.3　冷作硬化

已经观察到在滚道磨合过程中，正常工作之前短时间重载荷会引起表面区域附近冷作硬化。这会使材料中产生一点残余压应力，它会阻止疲劳。而过大的残余应力会加快疲劳。

8.9.11　寿命积分

本节所讨论的各种应力都会影响整个次表面中的应力分布。利用叠加原理和采用 von Mises 应力作为疲劳失效等效应力，对次表面中的每一点 (x,y,z) 可以计算应力张量。根据 Ioannides-Harris 理论。式(8.19)可以重新计算为

$$\ln \frac{1}{\Delta \mathfrak{S}_i} \propto \frac{N^e \left(\sigma_{VM,i} - \sigma_{VM,lim}\right)^c \Delta V_i}{z_i^h} \tag{8.39}$$

上面的公式意味：体积为 ΔV_i 的单元受 N 次应力循环后幸存概率为 $\Delta \mathfrak{S}_i$。利用概率乘积原理，整个受力体积 V 受 N 次应力循环后幸存概率为 $\mathfrak{S} = \Delta \mathfrak{S}_1 \times \Delta \mathfrak{S}_2 \times \cdots \times \Delta \mathfrak{S}_n$，即

$$\ln \frac{1}{\mathfrak{S}} = \sum_{i=1}^{n} \ln \frac{1}{\Delta \mathfrak{S}_i} \propto N^e \pi d_r \sum_{i=1}^{n} \frac{\left(\sigma_{VM,i} - \sigma_{VM,lim}\right)^c A_i}{z_i^h} \tag{8.40}$$

式中，A_i 为单元的径向截面积 $\Delta x \times \Delta z$，单元中的作用有等效应力；d_r 为滚道直径。令 $q = x/a$，及 $r = z/b$，a，b 分别为接触椭圆的半轴(见图 8.22)。则 $\Delta x = a\Delta q$，$\Delta z = b\Delta r$。利用 Simpson 积分公式进行积分。设 $\Delta q = \Delta r = 1/n$，这里 n 是接触椭圆的半轴长的分段数。代入到式(8.40)，得

$$\ln \frac{1}{\mathfrak{S}} = \frac{N^e \pi a b^{1-h} d_r}{9n^2} \sum_{j=1}^{n} c_j \sum_{k=1}^{n} c_k \frac{\left(\sigma_{VM,jk} - \sigma_{VM,lim}\right)^c}{r_k^h} \tag{8.41}$$

式中，c_j，c_k 为 Simpson 积分系数。应力循环次数 $N = uL$。这里 u 是每转中应力循环次数，L 以转为单位的寿命。因此

$$L \propto u \left\{ \frac{\pi a b^{1-h} d_r}{9n^2} \sum_{j=1}^{n} c_j \sum_{k=1}^{n} c_k \frac{\left(\sigma_{VM,jk} - \sigma_{VM,lim}\right)^c}{r_k^h} \right\}^{\frac{1}{e}} \tag{8.42}$$

上述公式可以用于计算应力寿命系数 A_{SL}。第 1 步利用 Lundberg 和 Palmgren 假设的应力状态计算式(8.42)；第 2 步采用轴承实际的应力状态计算；第 3 步比较这两种计算，如

$$A_{SL} = \frac{L_{actual}}{L_{LP}} = \frac{\left\{ \sum_{j=1}^{n} c_j \sum_{k=1}^{n} c_k \frac{\left(\sigma_{VM,jk} - \sigma_{VM,lim}\right)^c}{r_k^h} \right\}_{actual}^{\frac{1}{e}}}{\left\{ \sum_{j=1}^{n} c_j \sum_{k=1}^{n} c_k \frac{\left(\sigma_{VM,jk}\right)^c_{LP}}{r_k^h} \right\}_{LP}^{\frac{1}{e}}} = \frac{I_{actual}}{I_{LP}} \tag{8.43}$$

式中，I 称为寿命积分。

准确计算每种条件下的积分 I 需要确定受力体积的边界。前面已经表明，因为只考虑 Hertz 应力，Lundberg 和 Palmgren 假设受力的体积正比于 $\pi a d_r z_0$。这里 z_0 是最大正交切应力 τ_0 所在的深度。在应力寿命系数分析中，采用 von Mises 应力代替 τ_0，并在近似的体积上对有效应力积分。这个体积定义为有效应力大于零($\sigma_{VM,i} - \sigma_{VM,lim} > 0$)的区域。可以证明，采用 Lundberg 和 Palmgren 方法得到

$$L \propto \frac{1}{\tau_0^{\frac{c}{e}}} = \frac{1}{\tau_0^{9.3}} \tag{8.44}$$

考虑到等效的寿命积分，Harris 和 Yu[57]已经给出

$$L \propto \frac{1}{\tau_{ij}^{\frac{9}{39}}} \qquad (8.45)$$

此外，他们还确定，当所有有效应力

$$\sigma_{VM,i} - \sigma_{VM,lim} < 0.6 (\sigma_{VM,i} - \sigma_{VM,lim})_{max}$$

时，影响寿命小于 1% 。对于简单的 Hertz 载荷，寿命影响区域如图 8.32 所示。与 Lundberg-Palmgren 理论相比，Hertz 载荷下应力体积比例为 $z_0/b \approx 0.5$，而临界应力体积向下伸展到 $z_0/b \approx 1.6$。这个临界应力体积不同于每个滚道接触加载应力和残余应力的组合，在式(8.43)中应该采用应力积分计算。

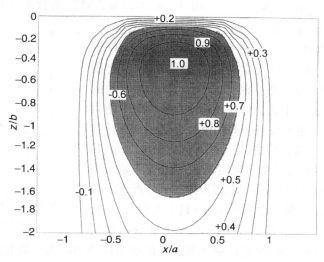

图 8.32 简单 Hertz 载荷下 τ_{12}/τ_0 等值线，阴影面积为寿命影响应力区

8.9.12 疲劳极限应力

为了计算寿命积分，轴承材料的疲劳极限应力值必须知道。这可以利用轴承或其零件的耐久试验来确定。文献[32,33]介绍了这种试验过程，其中包括了 129 套轴承应用条件和其他的材料，提炼出了预测轴承以及球与套圈试验结果。同疲劳失效等效准则一样，也是采用 von Mises 应力来分析。根据 Harris[56]的研究，表 8.12 给出了轴承材料的疲劳极限应力值。

表 8.12 轴承材料的疲劳极限应力值(von Mises 失效等效准则)

材　　料	$\sigma_{VM,lim}$(MPa)	材　　料	$\sigma_{VM,lim}$(MPa)
AISI52100CVD 钢(最小硬度 58HRC)	684	440C 不锈钢	400
SAE4320/8620 渗碳钢(最小硬度 58HRC)	590	感应淬火钢(轮毂轴承)	450
VIMVARM50 钢(最小硬度 58HRC)	717	氮化硅陶瓷	1 200
VIMVAR M50NiL 渗碳钢(最小硬度 58HRC)	579		

Bohmer 等人[58]建立了疲劳极限应力随温度变化的函数。按照他们的图表数据，利用曲线拟合方法，可以得出适合各种轴承钢温度超过 80℃时的函数关系如下：

$$\left(\frac{\sigma_{VM,lim}(T)}{\sigma_{VM,lim}(80)}\right)_{52\,100} = 1.165 - 2.035 \times 10^{-3}T \tag{8.46}$$

$$\left(\frac{\sigma_{VM,lim}(T)}{\sigma_{VM,lim}(80)}\right)_{M50} = 1.076 - 9.494 \times 10^{-4}T \tag{8.47}$$

$$\left(\frac{\sigma_{VM,lim}(T)}{\sigma_{VM,lim}(80)}\right)_{M50NiL} = 1.079 - 1.040 \times 10^{-3}T \tag{8.48}$$

利用表 8.12 中的数据,式(8.46)至式(8.48)可用于实际应用分析。

8.9.13　ISO 标准

在文献[5]中介绍的式(8.21),采用 A_{ISO} 来作为寿命修正系数的"系统近似"。有些制造商,如文献[43]所言,用"ISO"取代了自己的标记。本书及文献[34]将整体应力-寿命系数指定为 A_{SL}。ISO 标准[5]规定 A_{ISO} 可以表示为耐久应力极限与实际应力比值 σ_u/σ 的函数,而实际应力必要时可以包含很多有影响的应力分量。图 8.33 显示了 A_{ISO} 与 σ_u/σ 的关系。图中使用了法向应力 σ_u 和 σ,也可以基于剪切耐久强度,它是计算滚动轴承疲劳寿命的历史准则;例如 Lundberg 和 Palmgren[1,2]考虑过用最大正交切应力的幅值作为初始疲劳应力。从图 8.33 中也可注意到,当实际应力 σ 趋近于耐久极限应力 σ_u 时,A_{ISO}(也即轴承疲劳寿命)趋于无穷大。

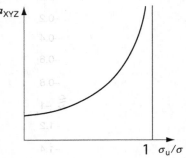

图 8.33　对给定的润滑条件,A_{ISO} 与 σ_u/σ 的关系

ISO[5]认为,初始疲劳应力实质上取决于轴承内部的载荷分布以及与最大滚动体-滚道接触载荷相关的次表面应力。为了简化计算 A_{ISO},ISO 引入了下面的近似公式:

$$A_{ISO} = f\left(\frac{\sigma_u}{\sigma}\right) \approx f\left(\frac{F_{lim}}{F_c}\right) \tag{8.49}$$

式中,F_{lim} 是作用在轴承上的静止载荷,它使最大滚动体-滚道接触载荷处正好达到疲劳极限应力。在确定 F_{lim} 时,需要考虑下面的影响因素

- 轴承类型、尺寸和内部几何关系;
- 滚动体和滚道轮廓形状;
- 轴承制造质量;
- 轴承滚道材料的疲劳极限应力。

在最初的 Lundberg-Palmgren 理论和寿命预测方法中,滚动体的疲劳是不考虑的。

对于高质量的球轴承和滚子轴承,如采用淬透轴承钢 52100 制造,附录中提供了专门的计算 F_{lim} 的方法。它基于最大接触应力(Hertz 应力)为 1 500MPa。显然,ISO 标准[5]不能直接用于其他材料制造的轴承。

针对向心球轴承、向心滚子轴承以及推力滚子轴承,Ioannides 等人[40]建立了 A_{ISO} 随 C_L、F_{lim}/F_e、κ 变化的图表曲线。这些都反映在图 CD8.16 到图 CD8.19 之中。A_{ISO} 也可以采用 ISO 标准提供的公式来计算:

$$A_{ISO} = 0.1\left[1 - \left(x_1 - \frac{x_2}{\kappa^{e_1}}\right)^{e_2}\left(\frac{C_L F_{lim}}{F_e}\right)^{e_3}\right]^{e_4} \tag{8.50}$$

式中，常数 x_1、x_2 和指数 $e_1 \sim e_4$ 列于表 8.13 中。

表 8.13 式（8.50）中的系数和指数值

轴承类型	润滑膜参数范围	x_1	x_2	e_1	e_2	e_3	e_4
向心球	$0.1 \leqslant \Lambda < 0.4$	2.567 1	2.264 9	0.054 381	0.83	1/3	−9.3
	$0.4 \leqslant \Lambda < 1.0$	2.567 1	1.998 7	0.190 87	0.83	1/3	−9.3
	$1.0 \leqslant \Lambda < 4.0$	2.567 1	1.998 7	0.071 739	0.83	1/3	−9.3
向心滚子	$0.1 \leqslant \Lambda < 0.4$	1.585 9	1.399 3	0.045 381	1	0.4	−9.185
	$0.4 \leqslant \Lambda < 1.0$	1.585 9	1.234 8	0.190 87	1	0.4	−9.185
	$1.0 \leqslant \Lambda < 4.0$	1.585 9	1.234 8	0.071 739	1	0.4	−9.185
推力球	$0.1 \leqslant \Lambda < 0.4$	2.567 1	2.264 9	0.054 381	0.83	1/3	−9.3
	$0.4 \leqslant \Lambda < 1.0$	2.567 1	1.998 7	0.190 87	0.83	1/3	−9.3
	$1.0 \leqslant \Lambda < 4.0$	2.567 1	1.998 7	0.071 739	0.83	1/3	−9.3
推力滚子	$0.1 \leqslant \Lambda < 0.4$	1.585 9	1.399 3	0.054 381	1	0.4	−9.185
	$0.4 \leqslant \Lambda < 1.0$	1.585 9	1.234 8	0.190 87	1	0.4	−9.185
	$1.0 \leqslant \Lambda < 4.0$	1.585 9	1.234 8	0.071 739	1	0.4	−9.185

参见例 8.4 ~ 例 8.6。

8.10 结束语

Lundberg- Palmgren 预测轴承寿命理论是现代轴承工业技术最显著的进步，它影响了轴承内部设计和外部尺寸达 40 年之久。弹流润滑理论（EHL）（由 Grubin 引入并经过众多研究者推进）开始是影响了轴承微观几何形貌，后来由于材料的改进，它们一起增加了轴承的耐久性，进而有使球轴承和滚子轴承小型化的趋势。Ioannides-Harris 理论能够用于各种应力状态模式下预测任何轴承使用寿命。采用轴承材料疲劳极限带来了下一个发展平台，它增加了对材料质量和集中接触表面整体的进一步认识。现在已经清楚，一个轴承，如果采用清洁均匀的材料精密制造，工作的滚-滑接触表面没有污染，也没有过载，它不会发生疲劳。事实上，Palmgren 最初认为存在一个疲劳应力极限。但是，那时的滚动轴承的加载试验总出现失效，Lundberg- Palmgren 理论就是依据这些试验发展起来的，因此他放弃了这种想法。到了 20 世纪 80 年代初期，Ioannides-Harris 理论正在发展中，疲劳试验要耗费很长时间，常常是半年多时间还没有发生失效，而轴承已经转了 5 亿转了。

本章将 Ioannides-Harris 理论付之实际应用。该寿命理论以应力为基础，而不是像以式（8.16）为代表的修正的 Lundberg-Palmgren 理论（标准方法[3-5]）以系数为基础。Ioannides-Harris 理论将基本的 Lundberg- Palmgren 寿命公式与一个整合了所有作用在轴承接触材料上的应力对疲劳寿命影响的系数 A_{SL} 结合在一起。任何轴承应用的准确寿命预测仅仅取决于对合适应力的成功计算。应用现代计算机和计算方法，可以仔细研究这些应力。利用当前高性价比的台式和便携式计算机，全世界的工程师们都有能力应用本书介绍的方法，建立滚动轴承性能分析程序，进行相应的分析。

例题

例 8.1 有游隙的向心球轴承的 L_{10} 疲劳寿命

问题：本书第 1 卷例 7.1 中的 209 向心球轴承径向游隙为 0.015 0mm，在径向载荷 8 900N 作用下，$\varepsilon = 0.434$，标准的额定载荷是基于 $\varepsilon = 0.5$，即零游隙状态，与标准额定寿命相比，L_{10} 寿命将降低多少？

解：

从图 8.1ex 得：$\varepsilon = 0.434$ 时，$A_c = 0.93$

$$\frac{L_{10}}{L_{10}(\text{ANSI})} = A_c = 0.93$$

当 $\varepsilon = 0.5$ 时，$A_c = 1$

比较结果，额定寿命降低了 7%。

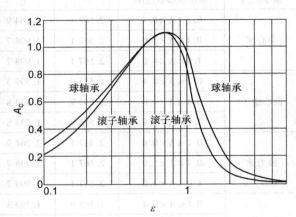

图 8.1ex 寿命减少系数 A_c 随径向游隙 ε 变化

例 8.2 良好润滑对圆柱滚子轴承 L_{10} 疲劳寿命的影响

问题：例 4.1 中的 209 圆柱滚子轴承，滚子算术平均表面粗糙度为 0.080 6μm，滚道算术平均表面粗糙度为 0.163μm。确定润滑膜厚度对轴承疲劳寿命的影响。

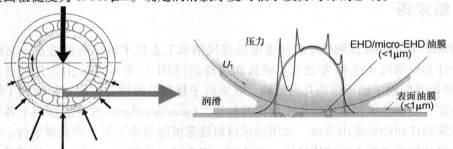

图 8.2ex 润滑情况示意图

解： 由例 4.1，$h^0 = 0.721\mu m$

$$SF(\text{rms}) = 1.25 SF(\text{AA})$$

（AA = 算术平均表面粗糙度）

$$SF(\text{rms}) = \left[SF(AA)_R^2 + SF(AA)_T^2 \right]^{\frac{1}{2}} \times 1.25$$

$$SF(\text{rms}) = \left[(0.080\ 6)^2 + (0.163)^2 \right]^{\frac{1}{2}} \times 1.25$$

$$= 0.227\mu m$$

$$\Lambda = \frac{h^0}{SF(\text{rms})} = \frac{0.721}{0.227} = 3.18$$

由图 8.11，平均值 $L/L_{10} = a_3 = 2.5$

所以，预期的轴承寿命为 $2.5L_{10}$。

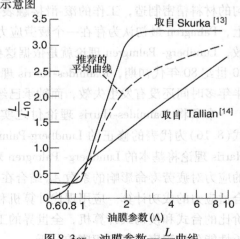

图 8.3ex 油膜参数—$\dfrac{L}{L_{10}}$ 曲线

例8.3　边界润滑对圆柱滚子轴承 L_{10} 疲劳寿命的影响

问题：例4.2中的209圆柱滚子轴承，滚子表面粗糙度为 $0.080\ 6\mu mAA$，滚道表面粗糙度为 $0.163\mu mAA$。如果最小油膜厚度为 $0.073\ 3\mu m$，确定润滑膜厚度对轴承疲劳寿命的影响。

解：由例4.2，$h^0 = 0.073\ 3\mu m$

由例8.2，$SF(\text{rms}) = 0.227\mu m$

$$\Lambda = \frac{h^0}{SF(\text{rms})} = \frac{0.073\ 3}{0.227} = 0.323$$

由图8.11，平均值 $L/L_{10} = a_3$ 处在 $0\sim0.2$ 的很小的范围内。

因此，轴承寿命的降低是不可避免的。如果在滚子-滚道接触处存在任何程度的滑动，则疲劳寿命将严重降低。

例8.4　考虑润滑和污染影响的向心球轴承的高可靠性疲劳寿命

问题：在本书第1卷例11.7中209深沟球轴承的 L_{10} 疲劳寿命为 49.64×10^6 转。当轴的转速为 $1\ 800r/min$ 时，$L_{10} = 459.6h$。假如采用循环油润滑适当，即 $k = 1$，并且采用 $20\mu m$ 的过滤网以防止杂质侵入（忽略轴承和润滑剂内的残留物）。按照式(8.16)，试确定可靠度为99%的轴承寿命。

解：由式(8.16)得

$$L_{na} = A_1 A_2 A_3 A_4 \left(\frac{C}{F}\right)^p$$

可　靠　度	L_F	A_1	可　靠　度	L_F	A_1
90	10	1	97	3	0.44
95	5	0.62	98	2	0.33
96	4	0.53	99	1	0.21

由本书第1卷表11.25，对 L_1，$A_1 = 0.21$

由本书第1卷例11.7，$C = 32\ 710N$

由本书第1卷表11.11，对用高质量的CVD52100钢制造的深沟球轴承，$b_m = 1.3$。由表8.2~表8.4可得材料寿命系数 $A_2 = 5.4$。但在使用式(8.16)时，基本额定载荷 C 应除以系数 b_m，即 $C' = C/b_m$。因此 $C' = 25\ 160N$。

$\Lambda = \kappa^{0.7}$（近似），所以 $\Lambda = 1$；这样，接触表面被润滑膜合理地隔离，因此 $A_3 = 1$。

由式(8.15)得

$$A_4 = 1.8(FR)^{-0.25} = 1.8 \times (20)^{-0.25} = 0.85$$

由本书第1卷例11.7，$F_r = 8\ 900N$

$$L_1 = A_1 A_2 A_3 A_4 \left(\frac{C}{F}\right)^p = 0.21 \times 5.4 \times 1 \times 0.85 \times \left(\frac{25\ 160}{8\ 900}\right)^3 = 21.78 \times 10^6\ 转$$

例8.5　考虑润滑和污染影响的向心球轴承的高可靠性疲劳寿命

问题：利用ISO标准[5]提供的集成系统方法计算例8.4中209轴承的99%可靠度寿命。

解：这种计算需要知道疲劳极限应力。如图8.41所示，这可利用疲劳极限载荷 F_{lim} 来完成。一些轴承制造商在他们的总目录中对各种轴承提供了这些参数。SKF[43]对6209轴承

给出 $F_{\text{lim}} = 915\text{N}$。

由表 8.11,对正常游隙,$C_L = 0.6$

$$\frac{C_L F_{\text{Limit}}}{F_e} = \frac{0.6 \times 915}{8\,900} = 0.062$$

由图 CD8.16,当 $\kappa = 1$ 时,$A_{\text{SL}} = 1.1$

由式(8.23)得

$$L_1 = A_1 A_{\text{SL}} \left(\frac{C}{F_e}\right)^p = 0.21 \times 1.1 \times \left(\frac{32\,710}{8\,900}\right)^3 = 13.55 \times 10^6 \text{ 转}$$

例 8.6　利用 ASME 寿命计算程序确定向心球轴承的高可靠性疲劳寿命

问题:例 8.4 中的 209 深沟球轴承轴的转速为 1 800r/min,工作温度为 80℃。轴承具有全寿命整体密封和脂润滑;浓缩矿物油的粘度特性符合 ISOV46。轴承滚道表面粗糙度为 0.05μmAA;钢球为 0.01μmAA。利用文献[8.28]中的 ASME 寿命计算程序计算轴承的 99% 可靠度寿命,并与例 8.4 中的结果进行比较。

解:轴承尺寸为

$$Z = 9(\text{球数})$$
$$D = 12.7\text{mm}$$
$$d_m = 65\text{mm}$$
$$f_i = f_o = 0.52$$
$$s_i = s_o = 0.05\mu\text{mAA}$$
$$s_{\text{RE}} = 0.01\mu\text{mAA}$$

由参考文献[8.43],基本额定载荷 $C = 33\,200\text{N}$;基本额定静载荷 $C_s = 21\,600\text{N}$。由于轴承出厂时保证了全寿命润滑,所以可认为具有最高的清洁度。

由表 8.13,对 52100CVD 钢,疲劳极限应力为 $\sigma_{\text{VM,lim}} = 684\text{MPa}$。

ASME 寿命输出数据:

最大球-滚道接触载荷 $Q_{i1} = 4\,321\text{N}$

最大球-滚道接触应力 $\sigma_{i1} = 2\,981\text{MPa}$

最小球-滚道接触 $\Lambda_{i1} = 0.963\,3$

ISO 标准 L_{10} 寿命 $= 480.7\text{h}$

ASME L_{10} 寿命 $= 5\,316\text{h}$

$A_{\text{SL}} = 11.06$

由本书第 1 卷表 11.25,对于 L_1,$A_1 = 0.21$

$$L_1 = 0.21 \times 11.06 \times 480.7 = 1\,116\text{h}$$

说明:

① 润滑状态属于边界润滑,原因是脂润滑引起的乏油。但由于润滑剂的"超清洁度",疲劳寿命仍然很好。

② 如果轴承在较低的温度下工作,Λ_{i1} 会更高,因而寿命会更长。

③ L_1 寿命 1 116h >459.6h(本书第一卷例 11.7 中的寿命)。这主要是由于非零疲劳极限应力的影响。

图

1. 润滑剂污染系数图
在线循环过滤油润滑轴承：

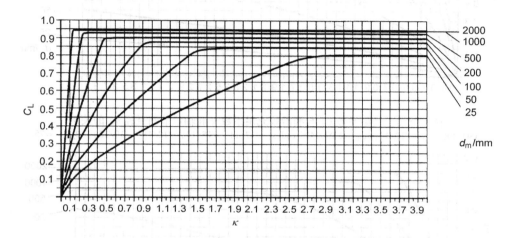

图 CD8.1 污染系数 C_L 与润滑膜充足系数 κ 和轴承节圆直径 d_m 的关系

ISO4406 Code--/13/10(range of ISO4406 codes: --/13/10, --/12/10, --/13/11, --/14/11), $\beta_{6(C)} = 200$

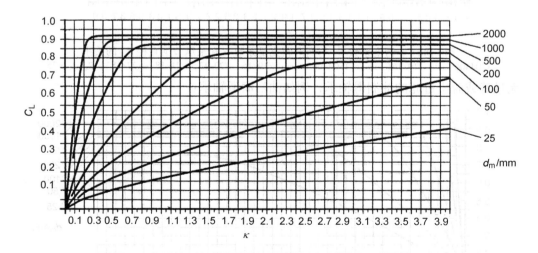

图 CD8.2 污染系数 C_L 与润滑膜充足系数 κ 和轴承节圆直径 d_m 的关系

ISO4406 Code--/15/12(range of ISO4406 codes: --/15/12, --/16/12, --/15/13, --/16/13), $\beta_{12(C)} = 200$

在线循环过滤油润滑轴承：

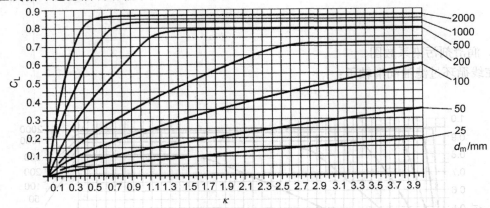

图 CD8.3　污染系数 C_L 与润滑膜充足系数 κ 和轴承节圆直径 d_m 的关系
ISO4406 Code--/17/14(range of ISO4406 codes：--/17/14，--/18/14，--/18/15，--/19/15)，$\beta_{25(C)} = 75$

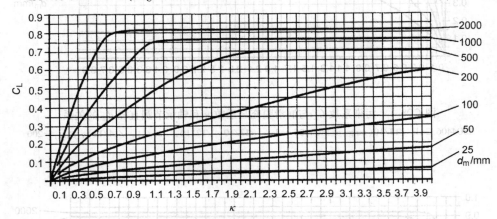

图 CD8.4　污染系数 C_L 与润滑膜充足系数 κ 和轴承节圆直径 d_m 的关系
ISO4406 Code--/19/16(range of ISO4406 codes：--/19/16，--/20/17，--/21/18，--/22/18)，$\beta_{40(C)} = 75$

无过滤或脱机过滤的油润滑轴承，例如油浴润滑轴承：

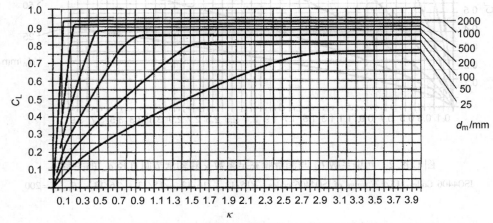

图 CD8.5　污染系数 C_L 与润滑膜充足系数 κ 和轴承节圆直径 d_m 的关系
ISO4406 Code--/13/10(range of ISO4406 codes：--/13/10，--/12/10，--/11/9，--/12/9)

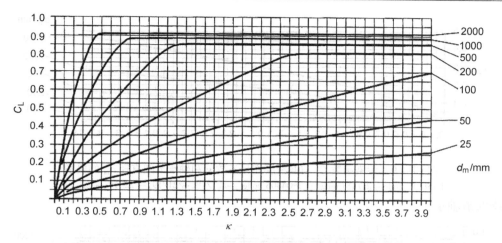

图 CD8.6　污染系数 C_L 与润滑膜充足系数 κ 和轴承节圆直径 d_m 的关系

ISO4406 Code--/15/12(range of ISO4406 codes:--/15/12,--/14/12,--/16/12,--/16/13)

无过滤或脱机过滤的油润滑轴承，例如油浴润滑轴承：

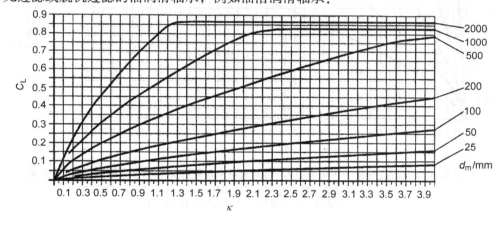

图 CD8.7　污染系数 C_L 与润滑膜充足系数 κ 和轴承节圆直径 d_m 的关系

ISO4406 Code--/17/14(range of ISO4406 codes:--/17/14,--/18/14,--/18/15,--/19/15)

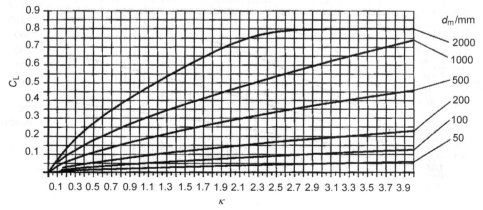

图 CD8.8　污染系数 C_L 与润滑膜充足系数 κ 和轴承节圆直径 d_m 的关系

ISO4406 Code--/19/16(range of ISO4406 codes:--/19/16,--/18/16,--/20/17,--/21/17)

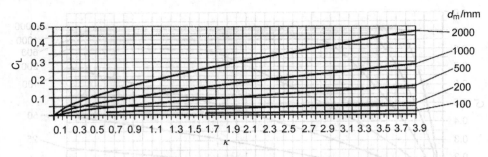

图 CD8.9　污染系数 C_L 与润滑膜充足系数 κ 和轴承节圆直径 d_m 的关系
ISO4406 Code--/21/18(range of ISO4406 codes:--/21/18 ,--/21/19 ,--/22/19 ,--/23/19)

脂润滑轴承:

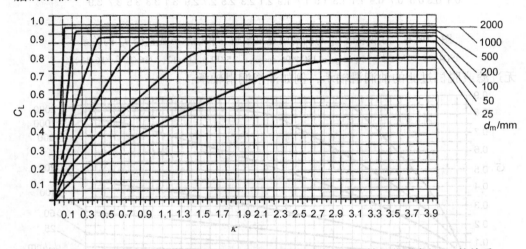

图 CD8.10　高清洁度脂的污染系数 C_L 与润滑膜充足系数 κ 和轴承节圆直径 d_m 的关系
(仔细清洗后非常清洁的装配;工作状态下有很好的密封;连续或短暂间隔注脂;
工作状态下能有效密封,脂寿命与密封轴承相同)

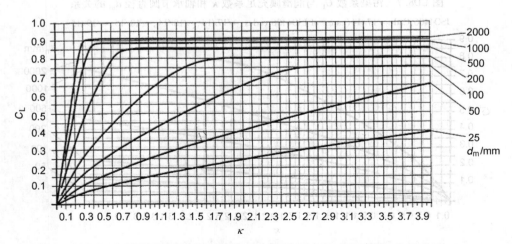

图 CD8.11　一般清洁度脂的污染系数 C_L 与润滑膜充足系数 κ 和轴承节圆直径 d_m 的关系
(清洗后清洁的装配;工作状态下密封良好;按操作规程注脂;脂寿命与具有适当密封性能的轴承如防尘盖轴承相同)

脂润滑轴承：

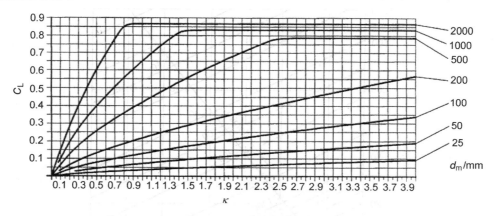

图 CD8.12　有轻微-典型污染的润滑脂的污染系数 C_L 与润滑膜充足系数 κ 和轴承节圆直径 d_m 的关系
（清洁装配；中等密封性能；按操作规程注脂）

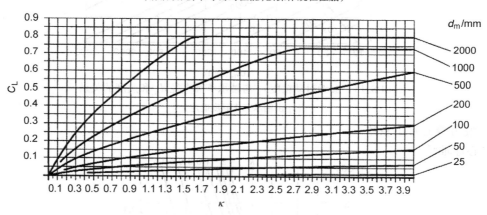

图 CD8.13　严重污染润滑脂的污染系数 C_L 与润滑膜充足系数 κ 和轴承节圆直径 d_m 的关系
（在车间装配；装配后不恰当清洗；注脂周期超过规程规定）

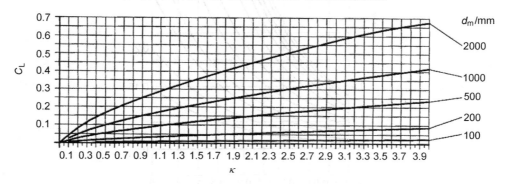

图 CD8.14　非常严重污染润滑脂污染系数 C_L 与润滑膜充足系数 κ 和轴承节圆直径 d_m 的关系
（在污染环境中装配；密封不适当；注脂周期过长）

2. 确定参考运动粘度 V_1：

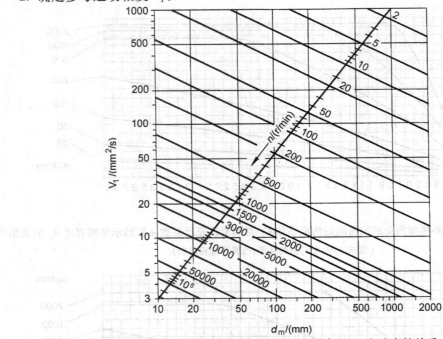

图 CD8.15　参考运动粘度 v_1 与轴承节圆直径 d_m 和速度的关系

（v_1 由轴承工作温度确定）

3. 疲劳寿命修正系数

向心球轴承：

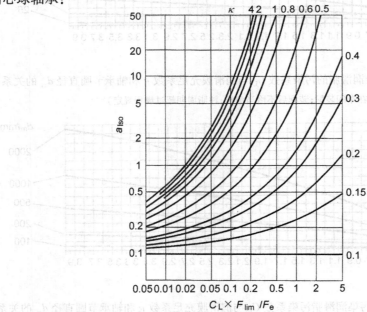

图 CD8.16　向心球轴承疲劳寿命修正系数 a_{ISO} 与 $C_L \times F_{lim}/F_e$ 和 κ 的关系

（C_L = 由图 CD8.1 ~ CD8.14 确定的污染系数；F_{lim} = 疲劳极限载荷；F_e = 作用于轴承
上的当量动载荷；κ = 润滑剂充分参数）

向心滚子轴承：

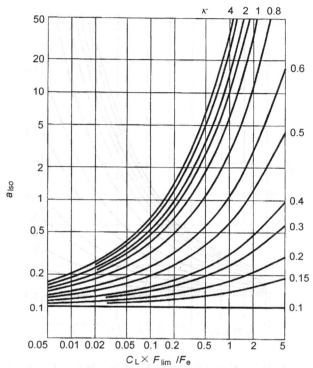

图 CD8.17 向心滚子轴承疲劳寿命修正系数 a_{ISO} 与 $C_L \times F_{lim}/F_e$ 和 κ 的关系
（C_L = 由图 CD8.1 ~ CD8.14 确定的污染系数；F_{lim} = 疲劳极限载荷；F_e = 作用于轴承上的当量动载荷；κ = 润滑剂充分参数）

推力球轴承：

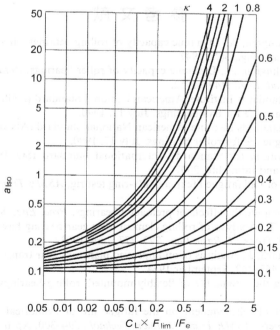

图 CD8.18 推力球轴承疲劳寿命修正系数 a_{ISO} 与 $C_L \times F_{lim}/F_e$ 和 κ 的关系
（C_L = 由图 CD8.1 ~ CD8.14 确定的污染系数；F_{lim} = 疲劳极限载荷；F_e = 作用于轴承上的当量动载荷；κ = 润滑剂充分参数）

推力滚子轴承：

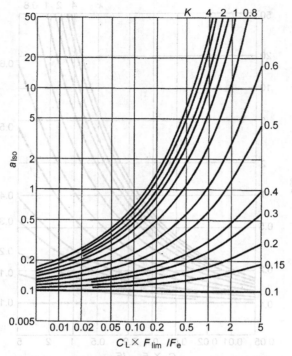

图 CD8.19　推力滚子轴承疲劳寿命修正系数 a_{ISO} 与 $C_{\mathrm{L}} \times F_{\mathrm{lim}} / F_{\mathrm{e}}$ 和 κ 的关系
(C_{L} = 由图 CD8.1 ~ CD8.14 确定的污染系数；F_{lim} = 疲劳极限载荷；F_{e} = 作用于轴承上的
当量动载荷；κ = 润滑剂充分参数)

参 考 文 献

[1] Lundberg, G. and Palmgren, A., Dynamic capacity of rolling bearings, *Acta Polytech. Mech. Eng. Ser. 1, Roy. Swed. Acad. Eng.*, 3(7), 1947.

[2] Lundberg, G. and Palmgren, A., Dynamic capacity of roller bearings, *Acta Polytech. Mech. Eng. Ser. 2, Roy. Swed. Acad. Eng.*, 9(49), 1952.

[3] American National Standards Institute, American National Standard (ANSI/ABMA) Std. 9–1990, Load ratings and fatigue life for ball bearings, July 17, 1990.

[4] American National Standards Institute, American National Standard (ANSI/ABMA) Std.11–1990, Load ratings and fatigue life for roller bearings, July 17, 1990.

[5] International Organization for Standards, International Standard ISO 281, Rolling bearings—dynamic load ratings and rating life, 2007.

[6] Harris, T., Prediction of ball fatigue life in a ball/v-ring test rig, *ASME Trans., J. Tribol.*, 119, 365–374, July 1997.

[7] Harris, T., How to compute the effects of preloaded bearings, *Prod. Eng.*, 84–93, July 19, 1965.

[8] Jones, A. and Harris, T., Analysis of rolling element idler gear bearing having a deformable outer race structure, *ASME Trans., J. Basic Eng.*, 273–277, June 1963.

[9] Harris, T. and Broschard, J., Analysis of an improved planetary gear transmission bearing, *ASME Trans., J. Basic Eng.*, 457–462, September 1964.

[10] Harris, T., Optimizing the fatigue life of flexibly mounted, rolling bearings, *Lubr. Eng.*, 420–428, October 1965.

[11] Harris, T., The effect of misalignment on the fatigue life of cylindrical roller bearings having crowned rolling members, *ASME Trans., J. Lubr. Technol.*, 294–300, April 1969.

[12] Tallian, T., Sibley, L., and Valori, R., Elastohydrodynamic film effects on the load–life behavior of rolling contacts, ASME Paper 65-LUBS-11, *ASME Spring Lubr. Symp.*, NY, June 8, 1965.

[13] Skurka, J., Elastohydrodynamic lubrication of roller bearings, ASME Paper 69-LUB-18, 1969.

[14] Tallian, T., Theory of partial elastohydrodynamic contacts, *Wear*, 21, 49–101, 1972.

[15] Harris, T., The endurance of modern rolling bearings, AGMA Paper 269.01, *Am. Gear Manudac. Assoc. Rol. Bear. Symp.*, Chicago, October 26, 1964.

[16] Bamberger, E., et al., *Life Adjustment Factors for Ball and Roller Bearings*, AMSE Engineering Design Guide, 1971.

[17] Schouten, M., *Lebensduur van Overbrengingen*, TH Eindhoven, November 10, 1976.

[18] STLE, *Life Factors for Rolling Bearings*, E. Zaretsky, Ed., 1992.

[19] Ville, F. and Nélias, D., Early fatigue failure due to dents in EHL contacts, Presented at the STLE Annual Meeting, Detroit, May 17–21, 1998.

[20] Webster, M., Ioannides, E., and Sayles, R., The effect of topographical defects on the contact stress and fatigue life in rolling element bearings, *Proc. 12th Leeds–Lyon Symp. Tribol.*, 207–226, 1986.

[21] Hamer, J., Sayles, R., and Ioannides E., Particle deformation and counterface damage when relatively soft particles are squashed between hard anvils, *Tribol. Trans.*, 32(3), 281–288, 1989.

[22] Sayles, R., Hamer, J., and Ioannides, E., The effects of particulate contamination in rolling bearings—a state of the art review, *Proc. Inst. Mech. Eng.*, 204, 29–36, 1990.

[23] Nélias, D. and Ville, F., Deterimental effects of dents on rolling contact fatigue, *ASME Trans., J. Tribol.*, 122, 1, 55–64, 2000.

[24] Xu, G., Sadeghi, F., and Hoeprich, M., Dent initiated spall formation in EHL rolling/sliding contact, *ASME Trans., J. Tribol.*, 120, 453–462, July 1998.

[25] Sayles, R. and MacPherson, P., Influence of wear debris on rolling contact fatigue, *ASTM Special Technical Publication 771*, J. Hoo, Ed., 255–274, 1982.

[26] Tanaka, A., Furumura, K., and Ohkuna, T., Highly extended life of transmission bearings of "sealed-clean" concept, SAE Technical Paper, 830570, 1983.

[27] Needelman, W. and Zaretsky, E., New equations show oil filtration effect on bearing life, *Pow. Transmis. Des.*, 33(8), 65–68, 1991.

[28] Barnsby, R., et al., Life ratings for modern rolling bearings, ASME Paper 98-TRIB-57, presented at the ASME/STLE Tribology Conference, Toronto, October 26, 1998.

[29] Tallian, T., On competing failure modes in rolling contact, *ASLE Trans.*, 10, 418–439, 1967.

[30] Voskamp, A., Material response to rolling contact loading, ASME Paper 84-TRIB-2, 1984.

[31] Ioannides, E. and Harris, T., A new fatigue life model for rolling bearings, *ASME Trans., J. Tribol.*, 107, 367–378, 1985.

[32] Harris, T. and McCool, J., On the accuracy of rolling bearing fatigue life prediction, *ASME Trans., J. Tribol.*, 118, 297–310, April 1996.

[33] Harris, T., Prediction of ball fatigue life in a ball/v-ring test rig, *ASME Trans., J. Tribol.*, 119, 365–374, July 1997.

[34] Barnsby, R., et al., *Life Ratings for Modern Rolling Bearings—A Design Guide for the Application of International Standard ISO 281/2*, ASME Publication TRIB-Vol 14, New York, 2003.

[35] Juvinall, R. and Marshek, K., *Fundamentals of Machine Component Design*, 2nd ed., Wiley, New York, 1991.

[36] Thomas, H. and Hoersch, V., Stresses due the pressure of one elastic solid upon another, *Univ. Illinois, Bull.*, 212, July 15, 1930.

[37] Nélias, D., et al., Experimental and theoretical investigation of rolling contact fatigue of 52100 and M50 steels under EHL or micro-EHL conditions, *ASME Trans., J. Tribol.*, 120, 184–190, April 1998.

[38] Ahmadi, N., et al., The interior stress field caused by tangential loading of a rectangular patch on an elastic half space, *ASME Trans., J. Tribol.*, 109, 627–629, 1987.

[39] Ai, X. and Cheng, H., The influence of moving dent on point EHL contacts, *Tribol. Trans.*, 37(2), 323–335, 1994.

[40] Ioannides, E., Bergling, G., and Gabelli, A., An analytical formulation for the life of rolling bearings, *Acta Polytech. Scand.*, Mech. Eng. Series No. 137, Finnish Institute of Technology, 1999.

[41] International Organization for Standards, International Standard ISO 4406, Hydraulic fluid power—fluids—method for coding level of contamination by solid particles, 1999.

[42] International Organization for Standards, International Standard ISO 4372, Hydraulic fluid power—filters—multi-pass method for evaluating filtration performance, 1981.

[43] SKF, *General Catalog 4000 US,* 2nd ed., 1997.

[44] Nélias, D., *Contribution a L'etude des Roulements*, Dossier d'Habilitation a Diriger des Recherches, Laboratoire de Mécanique des Contacts, UMR-CNRS-INSA de Lyon No. 5514, December 16, 1999.

[45] American National Standards Institute, American National Standard (ABMA/ANSI) Std 7–1972, Shaft and Housing Fits for Metric Radial Ball and Roller Bearings (Except Tapered Roller Bearings) 1972.

[46] American National Standards Institute, American National Standard (ABMA/ANSI) Std 19.1– 1987, Tapered Roller Bearings-Radial, Metric Design, October 19, 1987.

[47] American National Standards Institute, American National Standard (ABMA/ANSI) Std 19.2– 1994, Tapered Roller Bearings-Radial, Inch Design, May 12, 1994.

[48] Timoshenko, S., *Strength of Materials, Part I, Elementary Theory and Problems*, Van Nostrand, 1955.

[49] Society of Automotive Engineers, Residual stress measurements by X-ray diffraction, *SAE J784a,* 2nd ed., New York, 1971.

[50] Koistinen, D., The distribution of residual stresses in carburized cases and their origins, *Trans. ASM*, 50, 227–238, 1958.

[51] Gentile, A., Jordan, E., and Martin, A., Phase transformations in high-carbon high-hardness steels under contact loads, *Trans. AIME*, 233, 1085–1093, June 1965.

[52] Bush, J., Grube, W., and Robinson, G., Microstructural and residual stress changes in hardened steel due to rolling contact, *Trans. ASM*, 54, 390–412, 1961.

[53] Muro, H. and Tsushima, N., Microstructural, microhardness and residual stress changes due to rolling contact, *Wear*, 15, 309–330, 1970.

[54] Voskamp, A., et al., Gradual changes in residual stress and microstructure during contact fatigue in ball bearings, *Metal. Tech.*, 14–21, January 1980.

[55] Zaretsky, E., Parker, R., and Anderson, W., A study of residual stress induced during rolling, *J. Lub. Tech.*, 91, 314–319, 1969.

[56] Harris, T., Establishment of a new rolling bearing fatigue life calculation model, Final Report U.S. Navy Contract N00421-97-C-1069, February 23, 2002.

[57] Harris, T. and Yu, W.-K., Lundberg–Palmgren fatigue theory: considerations of failure stress and stressed volume, *ASME Trans., J. Tribol.*, 121, 85–89, 1999.

[58] Böhmer, H.-J., et al., The influence of heat generation in the contact zone on bearing fatigue behavior, *ASME Trans., J. Tribol.*, 121, 462–467, July 1999.

[59] Palmgren, A., The service life of ball bearings, *Zeitschrift des Vereines Deutscher Ingenieure*, 68(14), 339–341, 1924.

第9章 超静定轴与轴承系统

符号表

符 号	定 义	单 位
a	从轴承右侧到载荷作用点的距离	mm
A	滚道沟曲率中心之间的距离	mm
D	滚动体直径	mm
d_m	节圆直径	mm
$\mathfrak{D}_o$	轴的外径	mm
$\mathfrak{D}_i$	轴的内径	mm
E	弹性模量	MPa
F	轴承径向载荷	N
f	r/D	
I	截面的惯性距	mm^4
K	载荷-位移系数	N/mm^x
l	轴承中心之间的距离	mm
$\mathfrak{M}$	轴承力矩载荷	N·mm
P	a 点的作用载荷	N
Q	滚动体载荷	N
$\mathfrak{R}$	从轴承中心线到沟道曲率中心的半径	mm
T	a 点的力矩载荷	N·mm
w	单位长度上的载荷	N/mm
x	轴上的距离	mm
y	y 方向的位移	mm
z	z 方向的位移	mm
α°	初始接触角	rad, (°)
γ	$D\cos\alpha/d_m$	
δ	轴承径向位移	mm
θ	轴承倾斜角	rad, (°)
$\sum\rho$	曲率和	mm^{-1}
ψ	滚动体方位角	rad, (°)
角 标		
1, 2, 3	轴承位置	
a	轴向	
h	轴承位置	

j	滚动体位置
y	y 方向
z	z 方向
xy	xy 平面
xz	xz 平面

上　　标

| k | 作用载荷或力矩 |

9.1　概述

在滚动轴承的一些现代工程应用中，比如高速航空发动机、机床主轴和陀螺仪中，通常必需把轴承和这些系统处理成一个整体，才能精确地确定轴的变形、轴的动力载荷以及轴承的性能。第 1 章和第 3 章详细介绍了在径向、轴向和力矩组合载荷作用下轴承滚动体载荷分布的计算方法，这些载荷分布也受到轴承支承处轴的径向位移和角位移的影响。在这一章中，将要建立在轴变形影响下轴承载荷的分析方程。

9.2　二轴承系统

9.2.1　刚性轴系统

图 9.1 和图 9.2 表示的是通常采用的由两套背对背安装布置的角接触球轴承或圆锥滚子轴承支承的轴-轴承系统。在这些应用中，轴承的径向载荷一般是用静定方法来独立计算的。然而，注意到在图 9.1 和图 9.2 中，每个径向载荷的作用点位于接触角延长线与轴承轴线的相交处，这样可以看到，两套背对背轴承的载荷中心的长度比面对面安装要长一些。这也意味着背对背轴承的径向载荷会小一些。

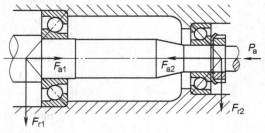
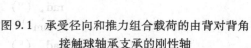
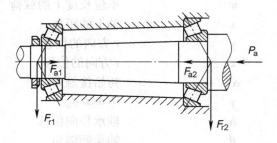

<table>
<tr><td>图 9.1　承受径向和推力组合载荷的由背对背角
接触球轴承支承的刚性轴</td><td>图 9.2　承受径向和推力组合载荷的由
背对背圆锥滚子轴承支承的刚性轴</td></tr>
</table>

每套轴承承受的轴向或推力载荷取决于单个轴承内部的载荷分配。对于简单的推力轴承系统，用例 9.3 中说明的方法可以确定每套轴承的轴向载荷。当每套轴承必须同时承受径向和轴向载荷时，尽管系统是超静定的，但如果认为轴是刚性的，也可以采用简化的分析方法。本书第 1 卷第 11 章可以证明，承受径向和轴向组合载荷的轴承可以认为是承受了一个如下的当量载荷：

$$F_e = XF_r + YF_a \tag{9.1}$$

载荷系数 X 和 Y 是初始接触角的函数，并且假定初始接触角不随滚动体方位变化，也不受作用载荷的影响。这个条件对圆锥滚子轴承是成立的，但是，正如在第 1 章中所表明的，对于球轴承它只是一种近似处理。球轴承和圆锥滚子轴承的 X 和 Y 的值通常在制造商的产品目录中提供。假定用静定计算方法确定了径向载荷 F_{r1} 和 F_{r2}，那么轴承的轴向载荷 F_{a1} 和 F_{a2} 可以用下面的条件来近似计算。

如果定义载荷条件①为

$$\frac{F_{r2}}{Y_2} < \frac{F_{r1}}{Y_1}$$

以及载荷条件②为

$$\frac{F_{r2}}{Y_2} > \frac{F_{r1}}{Y_1} \quad P_a \geqslant \frac{1}{2}\left(\frac{F_{r2}}{Y_2} - \frac{F_{r1}}{Y_1}\right)$$

则

$$F_{a1} = \frac{F_{r1}}{2Y_1} \tag{9.2}$$

$$F_{a2} = F_{a1} + P_a \tag{9.3}$$

如果定义载荷条件③为

$$\frac{F_{r2}}{Y_2} > \frac{F_{r1}}{Y_1} \quad P_a < \frac{1}{2}\left(\frac{F_{r2}}{Y_2} - \frac{F_{r1}}{Y_1}\right)$$

则

$$F_{a2} = \frac{F_{r2}}{2Y_2} \tag{9.4}$$

$$F_{a1} = F_{a2} - P_a \tag{9.5}$$

参看例 9.1 和 9.2。

9.2.2　柔性轴系统

在最普通的二轴承轴系中，在非自调心轴承支承处除了有径向载荷 F_h 外，由于轴的柔性还将引起力矩载荷 $\mathfrak{M}_h$。如图 9.3 所示，这个承载系统是超静定的，因为该系统有四个

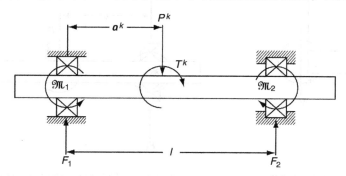

图 9.3　二轴承支承的超静定轴系

未知量 F_1，F_2，$\mathfrak{M}_1$ 和 $\mathfrak{M}_2$，而静力平衡方程只有两个，即

$$\sum F = 0 \qquad F_1 + F_2 - P = 0 \tag{9.6}$$

$$\sum M = 0 \qquad F_1 l - \mathscr{M}_1 + T - P(l-a) + \mathscr{M}_2 = 0 \tag{9.7}$$

考虑轴的弯曲,任意截面的弯矩由下式给出:

$$EI \frac{d^2 y}{dx^2} = -\mathscr{M} \tag{9.8}$$

式中,E 是弹性模量,I 是轴横截面的惯性距,y 是轴截面处的挠度。对圆形截面的轴:

$$I = \frac{\pi}{64}(\mathfrak{D}_o^4 - \mathfrak{D}_i^4) \tag{9.9}$$

对于如图 9.4 所示的位于 $0 \leqslant x \leqslant a$ 的截面,

$$EI \frac{d^2 y}{dx^2} = -F_1 x + \mathscr{M}_1 \tag{9.10}$$

对式(9.10)积分,得

$$EI \frac{dy}{dx} = -\frac{F_1 x^2}{2} + \mathscr{M}_1 x + C_1 \tag{9.11}$$

对式(9.11)积分,得

$$EIy = -\frac{F_1 x^3}{6} + \mathscr{M}_1 \frac{x^2}{2} + C_1 x + C_2 \tag{9.12}$$

在式(9.11)和式(9.12)中,C_1 和 C_2 是积分常数。在 $x = 0$ 处,假定轴和轴承的位移是 δ_{r1},同时在 $x = 0$ 处,假定轴的转角与轴承抵抗力矩载荷而产生的转角一致,都是 θ_1。这样,

$$C_1 = EI\theta_1$$
$$C_2 = EI\delta_{r1}$$

因此,式(9.11)和式(9.12)变成

$$EI \frac{dy}{dx} = -\frac{F_1 x^2}{2} + \mathscr{M}_1 x + EI\theta_1 \tag{9.13}$$

$$EIy = -\frac{F_1 x^3}{6} + \mathscr{M}_1 \frac{x^2}{2} + EI\theta_1 x + EI\delta_{r1} \tag{9.14}$$

对于如图 9.5 所示的位于 $a \leqslant x \leqslant l$ 的截面,

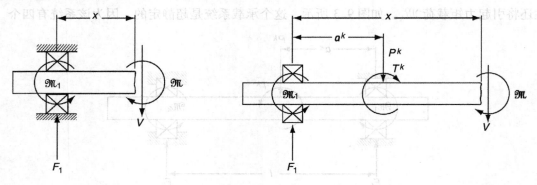

图 9.4　二轴承超静定轴系载荷作
用点左侧截面上的力和力矩

图 9.5　二轴承超静定轴系上作用在载荷作用
点右侧截面上的力和力矩

$$EI \frac{\mathrm{d}^2 y}{\mathrm{d}x^2} = -F_1 x + \mathfrak{M}_1 + P(x - a) - T \tag{9.15}$$

对式(9.15)积分，得

$$EI \frac{\mathrm{d}y}{\mathrm{d}x} = -\frac{F_1 x^2}{2} + (\mathfrak{M}_1 - T)x + Px\left(\frac{x}{2} - a\right) + C_3 \tag{9.16}$$

对式(9.16)积分，得

$$EIy = -\frac{F_1 x^3}{6} + (\mathfrak{M}_1 - T)\frac{x^2}{2} Px^2\left(\frac{x}{6} - \frac{a}{2}\right) + C_3 x + C_4 \tag{9.17}$$

在 $x = l$ 处，轴的转角和位移分别是 θ_2 和 δ_{r2}，所以，

$$EI \frac{\mathrm{d}y}{\mathrm{d}x} = -\frac{F_1(l^2 - x^2)}{2} + (T - \mathfrak{M}_1)(l - x) + \frac{P}{2}[x(x - 2a) - l(l - 2a)] + EI\theta_2 \tag{9.18}$$

$$EIy = -\frac{F_1}{6}[l^2(2l - 3x) + x^3] + \left(\frac{\mathfrak{M}_1}{2} - \frac{T}{2}\right)(l - x)^2 + \frac{P}{6}[x^2(x - 3a)$$
$$- l^2(3x + 3a - 2l) + 6xla] + EI[\delta_{r2} - \theta_2(l - x)] \tag{9.19}$$

在 $x = a$ 处，只存在一个转角和位移。所以，当 $x = a$ 时，式(9.13)和式(9.18)的值应分别等于式(9.14)和式(9.19)。求解这两个联立方程，得

$$F_1 = \frac{P(l - a)^2(l + 2a)}{l^3} - \frac{6Ta(l - a)}{l^3} - \frac{6EI}{l^2}\left[\theta_1 + \theta_2 + \frac{2(\delta_{r1} - \delta_{r2})}{l}\right] \tag{9.20}$$

$$\mathfrak{M}_1 = \frac{Pa(l - a)^2}{l^2} + \frac{T(l - a)(l - 3a)}{l^2} - \frac{2EI}{l}\left[2\theta_1 + \theta_2 + \frac{3(\delta_{r1} - \delta_{r2})}{l}\right] \tag{9.21}$$

将式(9.20)和式(9.21)代入式(9.6)和式(9.7)，得：

$$F_2 = \frac{Pa^2(3l - 2a)}{l^3} + \frac{6Ta(l - a)}{l^3} + \frac{6EI}{l^2}\left[\theta_1 + \theta_2 + \frac{2(\delta_{r1} - \delta_{r2})}{l}\right] \tag{9.22}$$

$$\mathfrak{M}_2 = \frac{Pa^2(l - a)}{l^2} + \frac{Ta(2l - 3a)}{l^2} + \frac{2EI}{l}\left[\theta_1 + 2\theta_2 + \frac{3(\delta_{r1} - \delta_{r2})}{l}\right] \tag{9.23}$$

在式(9.20)～式(9.23)中，转角 θ_1 和 δ_{r1} 被认为是正的，而 θ_2 和 δ_{r2} 的符号可以由式(9.18)和式(9.19)确定。P 和 T 的相对值及其方向将决定轴承位置处轴的转角的方向。为了确定轴承的反作用力，必须建立轴承转角 θ_h 与倾复力矩 $\mathfrak{M}_h$ 以及轴承径向位移 δ_{rh} 与载荷 F_h 之间的关联方程。这可以用第 1 章和第 3 章中的内容来完成。

当把轴承考虑成轴向无约束的铰支座时，式(9.20)和式(9.22)与本书第 1 卷按静定系统给出的式(4.29)和式(4.30)是相等的。设 $\mathfrak{M}_h = \delta_{rh} = 0$，并联立求解式(9.21)和式(9.23)，得到 θ_1 和 θ_2 的值，将它们代入式(9.20)和式(9.22)便得到式(4.29)和式(4.30)。如果轴很柔软，而轴承的抗弯刚度很大，则有 $\theta_1 = \theta_2 = 0$，将它们代入式(9.20)至式(9.23)，便得到两端固定梁的经典解。如果有多个载荷或力偶作用在两个支座之间，则可应用叠加原理，得

$$F_1 = \frac{1}{l^3}\sum_{k=1}^{k=n} P^k(l - a^k)^2(l + 2a^k) - \frac{6}{l^3}\sum_{k=1}^{k=n} T^k a^k(l - a^k) - \frac{6EI}{l^2}\left[\theta_1 + \theta_2 + \frac{2(\delta_{r1} - \delta_{r2})}{l}\right]$$
$$\tag{9.24}$$

$$\mathfrak{M}_1 = \frac{1}{l^2}\sum_{k=1}^{k=n} P^k a^k(l - a^k)^2 + \frac{1}{l^2}\sum_{k=1}^{k=n} T^k(l - a^k)(l - 3a^k) - \frac{2EI}{l}\left[2\theta_1 + \theta_2 + \frac{3(\delta_{r1} - \delta_{r2})}{l}\right]$$
$$\tag{9.25}$$

$$F_2 = \frac{1}{l^3} \sum_{k=1}^{k=n} P^k (a^k)^2 (3l - 2a^k) - \frac{6}{l^3} \sum_{k=1}^{k=n} T^k a^k (l - a^k) + \frac{6EI}{l^2} \left[\theta_1 + \theta_2 + \frac{2(\delta_{r1} - \delta_{r2})}{l} \right]$$
$$(9.26)$$

$$\mathfrak{M}_2 = \frac{1}{l^2} \sum_{k=1}^{k=n} P^k (a^k)^2 (l - a^k) + \frac{1}{l^2} \sum_{k=1}^{k=n} T^k a^k (2l - 3a^k) + \frac{2EI}{l} \left[2\theta_1 + \theta_2 + \frac{3(\delta_{r1} - \delta_{r2})}{l} \right]$$
$$(9.27)$$

参看例9.3。

9.3 三轴承系统

9.3.1 刚性轴系统

当轴很刚硬而轴承之间的距离很小时，轴的挠度对轴承之间载荷分配的影响可以忽略。这种类型的应用可以用图9.6来说明。

在这个系统中，角接触球轴承被视为一套双列轴承。作用在该双列轴承上的推力载荷是由锥齿轮施加的推力载荷 P_a。为了计算径向载荷 F_r 和 F_{r3} 的值，必须确定 F_r 的有效作用点。如果 $P_a = 0$，F_r 作用在双列轴承的中心；如果推力载荷不为零，F_r 的作用线将向承受推力载荷的那一列滚动体的压力中心移动。只有当双列球轴承与滚子轴承中心之间的距离 l 大于距离 b 时，F_r 作用点的位移才可以忽略。采用单列轴承的系数 X 和 Y（见式(9.1)）。图9.7给出了相对距离 b_1/b 与参数 $F_a Y / [F_r (1 - X)]$ 之间的函数关系。当载荷条件 $F_a/F_r > e$ 时，系数 X 和 Y 必须在轴承样本中选择。

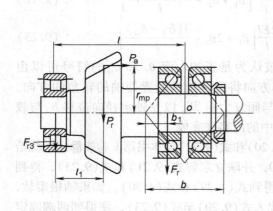

图9.6　三轴承刚性轴系统

参看例9.4。

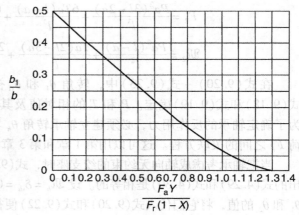

图9.7　三轴承刚性轴系统中 b_1/b 与 $F_a Y / [F_r (1 - X)]$ 的关系

9.3.2 非刚性轴系统

图9.8a 表示的是三轴承-轴系统的一般载荷情况。该系统可以分解为图9.8b 所示的两个系统。

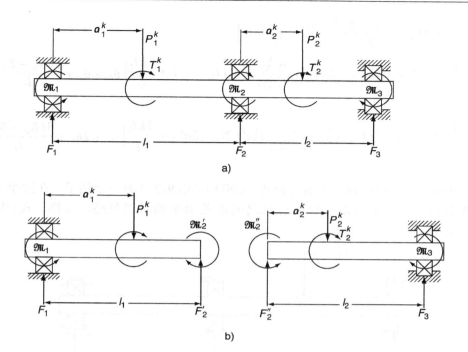

图9.8 三轴承系统载荷

a) 三轴承-轴系统一般载荷 b) 等效二轴承-轴系统载荷

从而可用上节给出的用于二轴承-非刚性轴的方法来分析，但应满足：

$$F_2' + F_2'' = F_2 \tag{9.28}$$

$$\mathfrak{M}_2' - \mathfrak{M}_2'' = \mathfrak{M}_2 \tag{9.29}$$

这样，利用式(9.24)～式(9.27)，可得到

$$F_1 = \frac{1}{l_1^3} \sum_{k=1}^{k=n} P_1^k (l_1 - a_1^k)^2 (l_1 + 2a_1^k) - \frac{6}{l_1^3} \sum_{k=1}^{k=n} T_1^k a_1^k (l_1 - a_1^k) - \frac{6El_1}{l_1^2} \Big[\theta_1 + \theta_2 + \frac{2(\delta_{r1} - \delta_{r2})}{l_1} \Big] \tag{9.30}$$

$$\mathfrak{M}_1 = \frac{1}{l_1^2} \sum_{k=1}^{k=n} P_1^k a_1^k (l_1 - a_1^k)^2 + \frac{1}{l_1^2} \sum_{k=1}^{k=n} T_1^k (l_1 - a_1^k)(l_1 - 3a_1^k) - \frac{2EI_1}{l_1} \Big[2\theta_1 + \theta_2 + \frac{3(\delta_{r1} - \delta_{r2})}{l_1} \Big] \tag{9.31}$$

$$F_2 = \frac{1}{l_1^3} \sum_{k=1}^{k=n} P_1^k (a_1^k)^2 (3l_1 - 2a_1^k) - \frac{1}{l_2^3} \sum_{k=1}^{k=n} P_2^k (l_2 - a_2^k)(l_2 + 2a_2^k) + \frac{6}{l_1^3} \sum_{k=1}^{k=n} T_1^k a_1^k (l_1 - a_1^k)$$

$$- \frac{6}{l_2^3} \sum_{k=1}^{k=n} T_2^k a_2^k (l_2 - a_2^k) + 6E \Big[\frac{I_1(\theta_1 + \theta_2)}{l_1^2} - \frac{I_2(\theta_2 + \theta_3)}{l_2^2} \Big] + 12E \Big[\frac{I_1(\delta_{r1} - \delta_{r2})}{l_1^3} - \frac{I_2(\delta_{r2} - \delta_{r3})}{l_2^3} \Big] \tag{9.32}$$

$$\mathfrak{M}_2 = \frac{1}{l_1^2} \sum_{k=1}^{k=n} P_1^k (a_1^k)^2 (l_1 - a_1^k) - \frac{1}{l_2^2} \sum_{k=1}^{k=n} P_2^k (a_2^k)^2 (l_2 - a_2^k) + \frac{1}{l_1^2} \sum_{k=1}^{k=n} T_1^k a_1^k (2l_1 - 3a_1^k)$$

$$- \frac{1}{l_2^2} \sum_{k=1}^{k=n} T_2^k (l_2 - a_2^k)(l_2 - 3a_2^k) + 2E \Big[\frac{I_1(\theta_1 + 2\theta_2)}{l_1} + \frac{I_2(2\theta_2 + \theta_3)}{l_2} \Big]$$

$$+ 6E\left[\frac{I_1(\delta_{r1} - \delta_{r2})}{l_1^2} + \frac{I_2(\delta_{r2} - \delta_{r3})}{l_2^2}\right] \tag{9.33}$$

$$F_3 = \frac{1}{l_2^3}\sum_{k=1}^{k=n}P_2^k(a_2^k)^2(3l_2 - 2a_2^k) + \frac{6}{l_2^3}\sum_{k=1}^{k=n}T_2^k a_2^k(l_2 - a_2^k) + \frac{6EI_2}{l_2^2}\left[\theta_2 + \theta_3 + \frac{2(\delta_{r2} - \delta_{r3})}{l_2}\right] \tag{9.34}$$

$$\mathfrak{M}_3 = \frac{1}{l_2^2}\sum_{k=1}^{k=n}P_2^k(a_2^k)^2(l_2 - a_2^k) + \frac{1}{l_2^2}\sum_{k=1}^{k=n}T_2^k a_2^k(2l_2 - 3a_2^k) + \frac{2EI_2}{l_2}\left[\theta_2 + 2\theta_3 + \frac{3(\delta_{r2} - \delta_{r3})}{l_2}\right] \tag{9.35}$$

图 9.9 所示的系统是利用普遍方程式(9.30)~式(9.35)的一个例子。在这个系统中，假定力矩载荷为零，而且轴承径向位移之间的差别小到可以忽略。这样，式(9.30)至式(9.35)变成

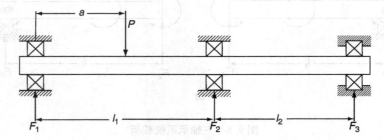

图 9.9　简单三轴承-轴系统

$$F_1 = \frac{P(l_1 - a)^2(l_1 + 2a)}{l_1^3} - \frac{6EI}{l_1^2}(\theta_1 + \theta_2) \tag{9.36}$$

$$2\theta_1 + \theta_2 = \frac{Pa(l_1 - a)^2}{2EIl_1} \tag{9.37}$$

$$F_2 = \frac{Pa^2(3l_1 - 2a)}{l_1^3} + 6EI\left(\frac{\theta_1 + \theta_2}{l_1^2} - \frac{\theta_2 + \theta_3}{l_2^2}\right) \tag{9.38}$$

$$\frac{\theta_1 + 2\theta_2}{l_1} + \frac{2\theta_2 + \theta_3}{l_2} = -\frac{Pa^2(l_1 - a)}{2EIl_1^3} \tag{9.39}$$

$$F_3 = \frac{6EI(\theta_2 + \theta_3)}{l_2^2} \tag{9.40}$$

$$\theta_2 + 2\theta_3 = 0 \tag{9.41}$$

求解式(9.37)、式(9.39)和式(9.41)，可以得到 θ_1、θ_2 和 θ_3 的值，将这些值代入式(9.36)、式(9.38)和式(9.40)，便得到下面的结果：

$$F_1 = \frac{P(l_1 - a)[2l_1(l_1 + l_2) - a(l_1 + a)]}{2l_1^2(l_1 + l_2)} \tag{9.42}$$

$$F_2 = \frac{Pa[(l_1 + l_2)^2 - a^2 - l_2^2]}{2l_1^2 l_2} \tag{9.43}$$

$$F_2 = -\frac{Pa(l_1^2 - a^2)}{2l_1 l_2(l_1 + l_2)} \tag{9.44}$$

当轴承的跨距很小，或者轴的刚度很大时，轴承的径向位移将决定轴承之间的载荷分配。在图 9.10 中，考虑相似三角形的关系可以得到：

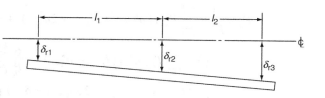

图 9.10　三轴承-刚性轴系统的位移

$$\frac{\delta_{r1} - \delta_{r2}}{l_1} = \frac{\delta_{r2} - \delta_{r3}}{l_2} \qquad (9.45)$$

在式(9.30) ~ 式(9.35) 中，如果设轴横截面的惯性矩 I 为无穷大，就可以得到上面的恒等式。对于径向受载的有着刚性套圈的轴承，其最大滚动体载荷与作用载荷 F_r 成正比，而最大滚动体变形决定了轴承的径向位移。由于滚动体载荷 $Q = K\delta^n$，所以，

$$F_r = K\delta_r^n \qquad (9.46)$$

将式(9.46)重新排列，有

$$\delta_r = \left(\frac{F_r}{K}\right)^{\frac{1}{n}} \qquad (9.47)$$

将式(9.47)代入式(9.45)，得

$$\left(\frac{F_{r1}}{K_1}\right)^{\frac{1}{n}} - \left(\frac{F_{r2}}{K_2}\right)^{\frac{1}{n}} = \frac{l_1}{l_2}\left[\left(\frac{F_{r2}}{K_2}\right)^{\frac{1}{n}} - \left(\frac{F_{r3}}{K_3}\right)^{\frac{1}{n}}\right] \qquad (9.48)$$

式(9.48)仅适用于承受径向载荷的轴承。当同时存在推力和力矩载荷作用时，则要用到更复杂的关系式。联立求解方程式(9.48)和平衡方程，可以得到 F_{r1}，F_{r2} 和 F_{r3} 的值。

参看例 9.5。

9.4　多轴承系统

式(9.30) ~ 式(9.35)也可以用来确定多轴承系统中轴承的反作用力，例如图 9.11 所示的有着柔性轴的多轴承系统。

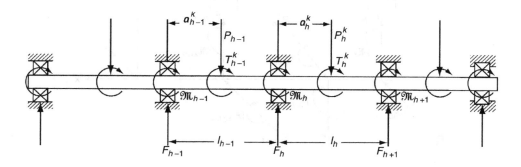

图 9.11　多轴承-轴系统

显然，任意支座位置 h 处轴承的反力是支座位置 $h-1$ 和 $h+1$ 之间的作用载荷的函数。因此，利用式(9.30) ~ 式(9.35)，可以得到支座位置 h 处的反作用载荷：

$$F_h = \frac{1}{l_{h-1}^3} \sum_{k=1}^{k=p} P_{h-1}^k (a_{h-1}^k)^2 (3l_{h-1} - 2a_{h-1}^k) + \frac{1}{l_h^3} \sum_{k=1}^{k=q} P_h^k (l_h - a_h^k)^2 (l_h + 2a_h^k)$$

$$+ \frac{6}{l_{h-1}^3} \sum_{k=1}^{k=r} T_{h-1}^k a_{h-1}^k (l_{h-1} - a_{h-1}^k) - \frac{6}{l_h^3} \sum_{k=1}^{k=s} T_h^k a_h^k (l_h - a_h^k)$$

$$+ 6E \left\{ \frac{I_{h-1}}{l_{h-1}^2} \left[\theta_{h-1} + \theta_h + \frac{2(\delta_{r,h-1} - \delta_{r,h})}{l_{h-1}} \right] - \frac{I_h}{l_h^2} \left[\theta_h + \theta_{h+1} + \frac{2(\delta_{r,h} - \delta_{r,h+1})}{l_h} \right] \right\}$$

$$\text{(9.49)}$$

$$\mathfrak{M}_h = \frac{1}{l_{h-1}^2} \sum_{k=1}^{k=p} P_{h-1}^k (a_{h-1}^k)^2 (l_{h-1} - a_{h-1}^k) - \frac{1}{l_h^2} \sum_{k=1}^{k=q} P_h^k a_h^k (l_h - a_h^k)^2$$

$$+ \frac{1}{l_{h-1}^2} \sum_{k=1}^{k=r} T_{h-1}^k a_{h-1}^k (2l_{h-1} - 3a_{h-1}^k) - \frac{1}{l_h^2} \sum_{k=1}^{k=s} T_h^k (l_h - a_h^k)(l_h - 3a_h^k)$$

$$+ 2E \left\{ \frac{I_{h-1}}{l_{h-1}} \left[\theta_{h-1} + 2\theta_h + \frac{3(\delta_{r,h-1} - \delta_{r,h})}{l_{h-1}} \right] + \frac{I_h}{l_h} \left[2\theta_h + \theta_{h+1} + \frac{3(\delta_{r,h} - \delta_{r,h+1})}{l_h} \right] \right\}$$

$$\text{(9.50)}$$

　　对于有 n 个支座的轴-轴承系统，即 $h = n$，式(9.49)和式(9.50)表示的是有 $2n$ 个方程的系统。最简单的情况是认为所有的轴承都具有自调心性能，即所有的 $\mathfrak{M}_h$ 都等于零；另外，认为所有的 $\delta_{r,h}$ 与轴的挠度相比都可以忽略，这样式(9.49)和式(9.50)就简化为熟知的"三弯矩"方程。

　　显然，式(9.49)和式(9.50)对轴承反力 $\mathfrak{M}_h$ 和 F_h 的解取决于系统中各个轴承的径向载荷与径向位移，以及力矩载荷与倾斜角之间的关系。这些关系已在第 1 章和第 3 章中进行了定义。为了对图 9.12 所示的非常复杂的轴-轴承系统进行求解，可以认为由 h 个轴承支承，同时承受了 k 个载荷的轴关于轴承只有两个自由度，即三个主方向上只有两个方向会有位移。在每个轴承位置 h 处，必须建立下列关系：

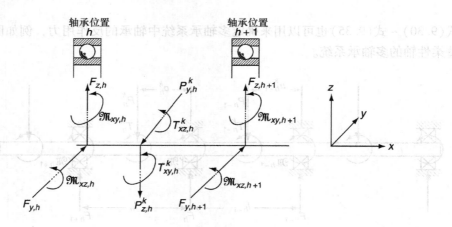

图 9.12　三维载荷系统

$$\delta_{y,h} = f_1 (F_{x,h}, F_{y,h}, F_{z,h}, \mathfrak{M}_{xy,h}, \mathfrak{M}_{xz,h}) \tag{9.51}$$

$$\delta_{z,h} = f_2 (F_{x,h}, F_{y,h}, F_{z,h}, \mathfrak{M}_{xy,h}, \mathfrak{M}_{xz,h}) \tag{9.52}$$

$$\theta_{xy,h} = f_3 (F_{x,h}, F_{y,h}, F_{z,h}, \mathfrak{M}_{xy,h}, \mathfrak{M}_{xz,h}) \tag{9.53}$$

$$\theta_{xz,h} = f_4 (F_{x,h}, F_{y,h}, F_{z,h}, \mathfrak{M}_{xy,h}, \mathfrak{M}_{xz,h}) \tag{9.54}$$

为了容纳轴在两个主方向上的移动，对每个球轴承来说，要用下面的表达式取代式(3.72)和式(3.73)(见参考文献[1])：

$$S_{xj} = BD\sin\alpha° + \delta_x + \mathfrak{R}_i\theta_{xz}\sin\psi_j + \mathfrak{R}_i\theta_{xy}\cos\psi_j \tag{9.55}$$

$$S_{zj} = BD\cos\alpha° + \delta_y\sin\psi_j + \delta_j\cos\psi_j \tag{9.56}$$

9.5　结束语

在大多数滚动轴承应用中，完全可以将轴和轴承座看成是刚体结构。然而，正如在例9.3中表明的，当轴的空心度和轴承支座之间的跨距足够大时，要想使计算的轴承载荷或整个系统的变形特性达到预期的精度就不能将轴的弯曲特性与轴承的位移特性截然分开。实际上，轴承的刚性可能比简化的位移公式所预期的要强，或许甚至比采用精确计算载荷分布的更完善的解所预测的刚度也要强。刚度的增加将会缩短轴承的寿命因此可以通过减小力矩载荷来获得刚度的改善。

值得注意的是，在整个轴-轴承-轴承座系统中，要精确确定轴承的载荷涉及到很多联立方程的求解。例如，在三个球轴承支承的高速轴系中，如果每套轴承有 10 个球，轴在载荷作用下使每个轴承产生五个自由度的变形，则需要求解 142 阶联立方程组，其中大多数需要确定的变量是非线性的。再者，如果系统中包括一些滚子轴承，其中每一列有 20 个或者更多的滚子，这又要增加联立方程组的数目。更有甚者，轴承的外圈和内圈可能是柔性支承的，比如在航空动力传动中那样，即使使用了求解非线性联立方程组的数值分析方法，比如 Newton-Raphson 法，也更增加了分析系统的复杂性和求解的难度。

例题

例 9.1　背对背安装于轴上的成对圆锥滚子轴承承受的推力载荷

问题：如图所示，不同系列的成对圆锥滚子轴承背对背安装于轴上。较小的轴承(标号1)轴向载荷系数为 $Y_1 = 1.77$，较大的轴承(标号2)$Y_2 = 1.91$。轴承受到的径向载荷为 $F_{r1} = 3\ 500\mathrm{N}$，$F_{r2} = 5\ 000\mathrm{N}$。忽略作用于轴上的轴向载荷 1 800N，利用静力平衡条件确定每套轴承承受的推力载荷。

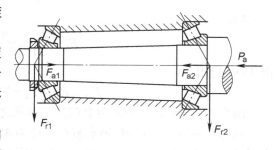

解：

$$\frac{F_{r1}}{Y_1} = \frac{3\ 500}{1.77} = 1\ 977\mathrm{N}$$

$$\frac{F_{r2}}{Y_2} = \frac{5\ 000}{1.91} = 2\ 618\mathrm{N}$$

$$P_a = 1\ 800 \geqslant \frac{1}{2}\left(\frac{F_{r2}}{Y_2} - \frac{F_{r1}}{Y_1}\right) = \frac{1}{2}(2\ 618 - 1\ 977) = 320.5\mathrm{N}$$

由于

$$\frac{F_{r2}}{Y_2} > \frac{F_{r1}}{Y_1} \text{以及} P_a \geqslant \frac{1}{2}\left(\frac{F_{r2}}{Y_2} - \frac{F_{r1}}{Y_1}\right)$$

由式(9.2)得

$$F_{a1} = \frac{F_{r1}}{2Y_1} = \frac{3\ 500}{2 \times 1.77} = 988.7\text{N}$$

由式(9.3)得

$$F_{a2} = F_{a1} + P_a = 988.7 + 1\ 800 = 2\ 789\text{N}$$

例9.2 背对背安装于轴上的成对角接触球轴承承受的推力载荷

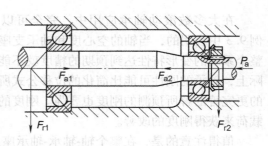

问题：如图所示，不同系列的成对角接触球轴承背对背安装于轴上。较大的轴承(标号 1)型号为 318；较小的轴承(标号 2)为 218，公称接触角都是 40°。轴承受到的径向载荷为 $F_{r1} = 8\ 900\text{N}$，$F_{r2} = 5\ 300\text{N}$。忽略作用与轴上的轴向载荷 225N，利用静力平衡条件确定每套轴承承受的推力载荷。

解：对 40°角接触球轴承，$Y = 0.57$

$$\frac{F_{r1}}{Y} = \frac{8\ 900}{0.57} = 15\ 610\text{N}$$

$$\frac{F_{r2}}{Y} = \frac{5\ 300}{0.57} = 9\ 298\text{N}$$

由于

$$\frac{F_{r2}}{Y} < \frac{F_{r1}}{Y} = 9\ 289\text{N} < 15\ 610\text{N}$$

由式(9.2)得

$$F_{a1} = \frac{F_{r1}}{2Y} = \frac{8\ 900}{2 \cdot 0.57} = 7\ 807\text{N}$$

由式(9.3)得

$$F_{a2} = F_{a1} + P_a = 7\ 807 + 225 = 8\ 032\text{N}$$

例9.3 支承柔性轴的两套深沟球轴承之间的载荷分布

问题：一对 209DGBB 轴承装在外径为 45mm，内径为 40.56mm 的空心轴上。轴承中心之间的距离为 254mm，在其中间位置作用了径向载荷 13 350N。209 轴承的相关尺寸如下：

$$D = 12.7\text{mm}$$
$$d_m = 65\text{mm}$$
$$Z = 9(\text{球数})$$
$$f_i = f_o = 0.52$$

轴承与轴为过盈配合，并形成 7°30′的初始接触角。试确定每套轴承的径向载荷、力矩载荷、径向位移和倾斜角。

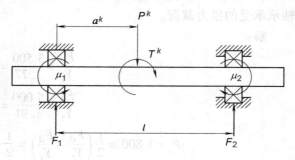

解：由式(9.9)得

$$I = \frac{\pi}{64}(D_o^4 - D_i^4) = \frac{\pi}{64}(45^4 - 40.56^4) = 6.855 \times 10^4 \text{mm}^4$$

由于径向载荷作用于中点，因此轴承 1 和 2 的载荷相等，$F_1 = F_2 = 6\ 675\text{N}$。

由式(9.21)得

$$M = \frac{Pa(l-a)^2}{l^2} - \frac{2EI}{l}\Big[2\theta_1 + \theta_2 + \frac{3(\delta_{r1} - \delta_{r2})}{l}\Big]$$

因为 $\delta_{r1} = \delta_{r2}$，$\theta_1 = -\theta_2$

$$M = \frac{Pa(I-a)^2}{l^2} - \frac{2EI\theta}{l} = \frac{6\ 675 \times 127 \times (254-127)^2}{(254)^2} - \frac{2 \times 2.069 \times 10^5 \times 6.855 \times 10^4}{254}\theta$$

$$M = 2.119 \times 10^5 - 1.115 \times 10^8 \theta \tag{a}$$

由式(1.3)得

$$\Re_i = \frac{d_m}{2} + \Big(r_i - \frac{D}{2}\Big)\cos\alpha^\circ = \frac{d_m}{2} + \Big(f_i - \frac{1}{2}\Big)D\cos\alpha^\circ$$

$$\Re_i = \frac{65}{2} + \Big(0.52 - \frac{1}{2}\Big) \times 12.7 \times \cos(7.5^\circ) = 32.75\text{mm}$$

由式(1.23)得

$$F_r - K_n A^{1.5} \cdot$$

$$\sum_{\psi=0}^{\psi=\pm\pi} \frac{\{[(\sin\alpha^\circ + \bar{\delta}_a + \Re_i\bar{\theta}\cos\psi)^2 + (\cos_\alpha^\circ + \bar{\delta}_r\cos\psi)^2]^{\frac{1}{2}} - 1\}^{1.5}(\cos\alpha^\circ + \bar{\delta}_r\cos\psi)\cos\psi}{[(\sin\alpha^\circ + \bar{\delta}_a + \Re_i\bar{\theta}\cos\psi)^2 + (\cos\alpha^\circ + \bar{\delta}_r\cos\psi)^2]^{\frac{1}{2}}} = 0$$

因为

$$A = B \cdot D = (f_i + f_o - 1)D = (0.52 + 0.52 - 1) \times 12.7 = 0.508\text{mm}$$

$$6\ 675 - 0.362\ 1 \times K_n \sum_{\psi=0}^{\psi=\pm\pi}$$

$$\frac{\{[(0.130\ 5 + 32.75\bar{\theta}\cos\psi)^2 + (0.991\ 4 + \bar{\delta}_r\cos\psi)^2 - 1]\}^{1.5}(0.991\ 4 + \bar{\delta}_r\cos\psi)\cos\psi}{[(0.130\ 5 + 32.75\bar{\theta}\cos\psi)^2 + (0.991\ 4 + \bar{\delta}_r\cos\psi)^2]^{\frac{1}{2}}} \tag{b}$$

由式(1.24)得

$$M - \frac{d_m}{2}K_n A^{1.5} \cdot$$

$$\sum_{\psi=0}^{\psi=\pm\pi} \frac{\{[(\sin\alpha^\circ + \bar{\delta}_a + \Re_i\bar{\theta}\cos\psi)^2 + (\cos\alpha^\circ + \bar{\delta}_r\cos\psi)^2]^{\frac{1}{2}} - 1\}^{1.5}(\sin\alpha^\circ + \bar{\delta}_a + \Re_i\bar{\theta}\cos\psi)\cos\psi}{[(\sin\alpha^\circ + \bar{\delta}_a + \Re_i\bar{\theta}\cos\psi)^2 + (\cos\alpha^\circ + \bar{\delta}_r\cos\psi)^2]^{\frac{1}{2}}} = 0$$

代入已知数据：

$$M - 11.77 \times K_n \sum_{\psi=0}^{\psi=\pm\pi}$$

$$\frac{\{[(0.130\ 5 + 32.75\bar{\theta}\cos\psi)^2 + (0.991\ 4 + \bar{\delta}_r\cos\psi)^2 - 1]\}^{1.5}(0.139\ 5 + 32.75\bar{\theta}\cos\psi)\cos\psi}{[(0.130\ 5 + 32.75\bar{\theta}\cos\psi)^2 + (0.991\ 4 + \bar{\delta}_r\cos\psi)^2]^{\frac{1}{2}}}$$

$$\tag{c}$$

在方程(b)和(c)中，K_n 取决于接触角。

由本书第 1 卷式(7.6)得

$$K_{nj} = (K_{ij}^{-\frac{2}{3}} + K_{oj}^{-\frac{2}{3}})^{-\frac{3}{2}}$$

其中，由本书第 1 卷式(7.8)，

$$K_{ij} = 2.15 \times 10^5 \sum \rho_{ij}^{-\frac{1}{2}} (\delta_{ij}^*)^{-\frac{3}{2}}$$

由本书第 1 卷式(2.28)得

$$\sum \rho_i = \frac{1}{D}\left(4 - \frac{1}{f_i} + \frac{2\gamma_j}{1 - \gamma_j}\right)$$

由本书第 1 卷式(2.27)得

$$\gamma_j = \frac{D\cos\alpha_j}{d_m} = \frac{12.7\cos\alpha_j}{65} = 0.195\,4\cos\alpha_j$$

下标 j 表示球-滚道的圆周位置。

$$\sum \rho_{ij} = \frac{1}{12.7}\left(4 - \frac{1}{0.52} + \frac{2\gamma_j}{1 - \gamma_j}\right) = 0.163\,5 + \frac{0.157\,5 \times 0.195\,4\cos\alpha_j}{1 - 0.195\,4\cos\alpha_j} = \frac{0.030\,78\cos\alpha_j}{1 - 0.195\,4\cos\alpha_j}$$

为了确定 δ_i^*，还需要计算 $F(\rho)_i$，
由本书第 1 卷式(2.29)得

$$F(\rho)_i = \frac{\dfrac{1}{f_i} + \dfrac{2\gamma_j}{1 - \gamma_j}}{4 - \dfrac{1}{f_i} + \dfrac{2\gamma_j}{1 - \gamma_j}} = \frac{\dfrac{1}{0.52} + \dfrac{0.157\,5 \times 0.195\,4\cos\alpha_j}{1 - 0.195\,4\cos\alpha_j}}{4 - \dfrac{1}{0.52} + \dfrac{0.157\,5 \times 0.195\,4\cos\alpha_j}{1 - 0.195\,4\cos\alpha_j}}$$

$$F(\rho)_{ij} = \frac{1.923 + \dfrac{0.157\,5 \times 0.195\,4\cos\alpha_j}{1 - 0.195\,4\cos\alpha_j}}{2.077 + \dfrac{0.157\,5 \times 0.195\,4\cos\alpha_j}{1 - 0.195\,4\cos\alpha_j}} = \frac{1.923 + \dfrac{0.030\,78\cos\alpha_j}{1 - 0.195\,4\cos\alpha_j}}{2.077 + \dfrac{0.030\,78\cos\alpha_j}{1 - 0.195\,4\cos\alpha_j}}$$

相同的步骤可以用来确定 K_{oj}。

在方程(b)和(c)中，由式(1.18)定义：

$$\bar{\delta}_r = \frac{\delta_r}{A} = \frac{\delta_r}{0.508} = 1.969\delta_r$$

由式(1.10)定义：

$$\bar{\theta} = \frac{\theta}{A} = \frac{\theta}{0.508} = 1.969\theta$$

方程式(a)~(c)构成了以 δ_r，θ 和 M 为未知量的联立非线性方程组。用 Newton-Raphson 法进行求解，得：

$$\delta_r = 0.020\,73\text{mm}$$

$$\theta = 0°11'$$

$$M = 68\,040\text{N} \cdot \text{mm}$$

相应的钢球载荷分布和接触角如下

$\psi(°)$	$\alpha(°)$	Q/N
0	18.6	3 540
40	16.3	2 213
80	10.05	194
120	0	0
160	0	0

图 9.3ex1 ~ 图 9.3ex3 表明了轴的不同空心度和轴承不同间距下的 δ_r，θ 和 M。

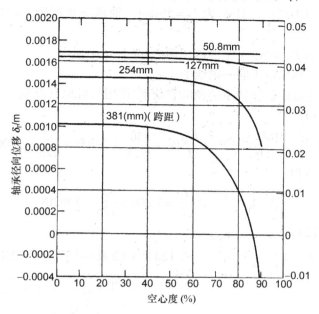

图 9.3ex1　轴承径向位移与空心度和跨距的关系

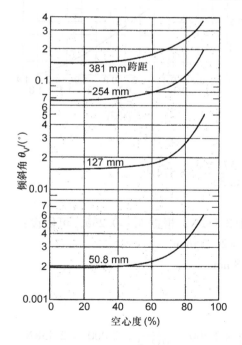

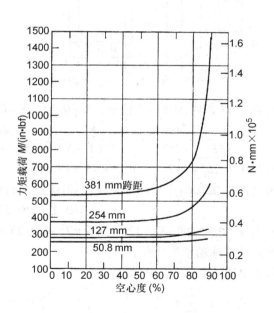

图 9.3ex2　轴承倾斜角与空心度和跨距的关系　　　　图 9.3ex3　轴承力矩载荷与空心度和跨距的关系

例 9.4 支承刚性轴的两套角接触球轴承与一套圆柱滚子轴承之间的载荷分布

问题：在上图所示的轴承应用中，作用于锥齿轮平均节圆半径上的切向载荷为 $P_t = 7\,000$N，在径向平面内的径向载荷为 $P_r = 2\,300$N，轴向载荷为 $P_a = 2\,000$N。成为角接触球轴承为 200 系列 ACBB 型，接触角 40°，接触中心之间的距离 $b = 75\text{mm}$；圆柱滚子轴承为 CRB 型，其中心与齿轮中心距离为 $l_1 = 50\text{mm}$，轴承支承跨距 $l = 125\text{mm}$。试确定作用于每套轴承上的载荷。

　　解：设　① P_r 和 P_a 位于 xy 平面内，而 P_t 位于 xz 平面内。

　　　　　　② 轴与轴承位于同一轴线上。

　　　　　　③ 双列角接触球轴承的径向载荷 F_r 作用与对称点 O 处。

由本书第 1 卷式(4.30)得

$$F_{ry} = \pm \sum_{k=1}^{k=n} P^k \frac{a^k}{l} + \frac{T^k}{l} = \frac{l_1}{l}P_r + \frac{r_{mp}}{l}P_a = \frac{50}{125} \times 2\,300 + \frac{75}{125} \times 2\,000 = 2\,120\text{N}$$

由本书第 1 卷式(4.6)得

$$F_{rz} = P\frac{a}{l} = P_t\frac{l_1}{l} = 7\,000 \times \frac{50}{125} = 2\,800\text{N}$$

由本书第 1 卷式(4.12)得

$$F_r = (F_{ry}^2 + F_{rz}^2)^{\frac{1}{2}} = [(2\,120)^2 + (2\,800)^2]^{\frac{1}{2}} = 3\,512\text{N}$$

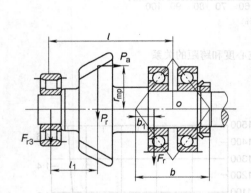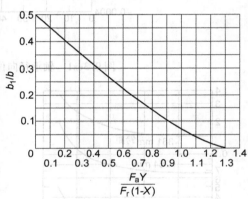

对 40°200 系列 ACBB 型轴承，$X = 0.35$，$Y = 0.57$

$$\frac{F_a Y}{F_r(1-X)} = \frac{2\,300 \times 0.57}{3\,512 \times (1-0.35)} = 0.574$$

由图 9.7，$b_1 = 0.23b = 0.23 \times 75 = 17.25\text{mm}$

所以，F_r 的作用点与外部载荷 P_r 很接近，而且大于 3 512N。根据 $b_1 > 0.23b$，可假设：

$$b_1 = 0.27b = 0.27 \times 75 = 20.25\text{mm}$$

F_{r3} 与 F_r 之间的距离是 $125 - 0.5 \times 75 + 20.25 = 107.8\text{mm}$

重新计算球轴承的载荷：

由本书第 1 卷式(4.30)得

$$F_{ry} = \pm \sum_{k=1}^{k=n} P^k \frac{a^k}{l} + \frac{T^k}{l} = \frac{l_1}{l}P_r + \frac{r_{mp}}{l}P_a = \frac{50}{107.8} \times 2\,300 + \frac{75}{107.8} \times 2\,000 = 2\,458\text{N}$$

由本书第 1 卷式(4.6)得

$$F_{rz} = P\frac{a}{l} = P_t\frac{l_1}{l} = 7\,000 \times \frac{50}{107.8} = 3\,247\text{N}$$

由本书第 1 卷式(4.12)得

$$F_r = (F_{ry}^2 + F_{rz}^2)^{\frac{1}{2}} = [(2\ 458)^2 + (3\ 247)^2]^{\frac{1}{2}} = 4\ 072\text{N}$$

$$\frac{F_a Y}{F_r(1-X)} = \frac{2\ 300 \times 0.57}{4\ 072 \times (1-0.35)} = 0.495$$

由图 9.7，$b_1 = 0.27b$，因此这个解是合适的。

计算圆柱滚子轴承的载荷：

由本书第 1 卷式(4.29)得

$$F_{3ry} = \pm \sum_{k=1}^{k=n} P^k \left(1 \mp \frac{a^k}{l}\right) - \frac{T^k}{l} = \left(1 - \frac{l_1}{l}\right)P_r - \frac{r_{mp}}{l}P_a$$

$$= \left(1 - \frac{50}{107.8}\right) \times 2\ 300 - \frac{75}{107.8} \times 2\ 000 = -158.3\text{N}$$

由本书第 1 卷式(4.7)得

$$F_{3rz} = \left(1 - \frac{l_1}{l}\right)P_t = \left(1 - \frac{50}{107.8}\right) \times 7\ 000 = 3\ 753\text{N}$$

由本书第 1 卷式(4.6)得

$$F_3 = (F_{3ry}^2 + F_{3rz}^2)^{\frac{1}{2}} = [(-158.3)^2 + (3\ 753)^2]^{\frac{1}{2}} = 3\ 756\text{N}$$

例 9.5　支承刚性轴的 3 套深沟球轴承之间的载荷分布

问题：在上图中，3 套彼此相距 127mm 的相同的深沟球轴承被安装在刚性轴上。一个 44 500N 的载荷作用于与中间轴承相距 50.8mm 的轴上。试确定每套轴承上的径向载荷。

解：

$$\sum F_r = 0$$

$$F_1 + F_2 + F_3 - 44\ 500 = 0 \qquad (\text{a})$$

$$\sum M_3 = 0$$

$$254F_1 + 127F_2 - 44\ 500 \times 177.8 = 0$$

$$2F_1 + F_2 - 62\ 300 = 0 \qquad\qquad (\text{b})$$

由式(9.48)得

$$\left(\frac{F_{r1}}{K_1}\right)^{\frac{2}{3}} - \left(\frac{F_{r2}}{K_2}\right)^{\frac{2}{3}} = \frac{l_1}{l_2}\left[\left(\frac{F_{r2}}{K_2}\right)^{\frac{2}{3}} - \left(\frac{F_{r3}}{K_3}\right)^{\frac{2}{3}}\right]$$

由于 $K_1 = K_2 = K_3$ 以及 $l_1 = l_2$，所以

$$F_1^{\frac{2}{3}} - 2F_2^{\frac{2}{3}} + F_3^{\frac{2}{3}} = 0 \qquad\qquad (\text{c})$$

联立求解方程式(a) ~ (c)得：

$$F_1 = 24.030\text{N}$$

$$F_2 = 14.240\text{N}$$

$$F_3 = 6\ 230\text{N}$$

参 考 文 献

[1] Jones, A., A general theory of elastically constrained ball and radial roller bearings under arbitrary load and speed conditions, *ASME Trans.*, *J. Basic Eng.*, 82, 309–320, 1960.

第 10 章　滚动轴承失效和破坏形式

10.1　概述

虽然球和滚子轴承看起来是相对简单的机械零件，但它们内部的运动是相当复杂的。所以，在《滚动轴承分析》第 5 版中提供了大量篇幅的论证来评价轴承的设计和应用。经验表明，在很多应用场合，如果能满足以下条件，滚动轴承就能够成功地运转：

- 在给定的应用条件下，选择正确设计和尺寸合适的轴承；
- 轴承正确地安装在轴和轴承座上；
- 轴承润滑系统设计合理；润滑膜厚度足以使滚动接触表面适当分离；润滑剂供应充足；
- 滚动体与保持架、保持架与轴承套圈之间的润滑充分；
- 轴承运转速度与润滑方法相一致，防止温度过高；
- 防止污染物进入轴承。

经验还表明，在很多应用场合，这些条件是可以满足的。

然而，在某些应用中，设计的功能特性和耐久性条件不能得到满足，这是由于：

- 极端工作条件，如重载或复杂载荷，过高的转速或加速度，过高或过低的工作温度等；

以及可能会出现的

- 未充分重视正确的机械装配方法和操作习惯。

这些情况很容易导致轴承早期失效，并可能使机械过早损坏。

根据以上说明，滚动轴承失效可以解释为不能满足应用设计的需要。因此，失效本身的情况可以是：

1）变形过大；
2）振动或噪声过大；
3）摩擦力矩和温度过高；
4）轴承咬死。

事实上，情况 1）~3）中的一个或多个出现时，都会导致最后一种情况 4）发生。滚动接触表面损伤的结果很可能就是情况 1）~3）。在最好的情况下，利用本章的分析技术可以预测和避免在给定应用条件下发生这种损伤的可能性。在最不利的情况下，通过这种分析也可以找出早期失效的原因。

本章的目的在于说明滚动轴承应用中可能发生的损伤和失效的不同类型，并揭示与此相关的物理现象及其原因。

10. 2　润滑失误引起的轴承失效

10. 2. 1　轴承供油中断

大多数球或滚子轴承失效是由于轴承的润滑剂供应中断，或者起码是不能将润滑剂恰当地输送到滚动体与滚道接触的区域。在以发动机失效为致命故障的航空发动机主轴应用中，球和滚子轴承的保持架是镀银的。在润滑剂供应临时中断的情况下，一些银会被转移到滚动体表面，以增加润滑性并提供比钢-钢接触更低的摩擦系数。在后一种情况下，有氮化硅滚动体的轴承在滚动体-滚道和滚动体-保持架接触时的摩擦系数也要比钢制滚动体轴承低。

10. 2. 2　热不平衡

在球和滚子轴承运转中，保持轴承内、外滚道之间的温度梯度，防止引起径向预载荷是重要的。因为这种情况会导致增加滚动体-滚道接触载荷，增加摩擦和温升。如果轴承外圈的散热率大于内圈，则会出现温度偏转并导致轴承咬死。经常出现机械中其他部件的发热量高于轴承运转产生的热量，例如电机中线圈的发热就是如此，在这种情况下，重要的是在设计热传导路径时，要保证穿过轴承的温度梯度不会导致热偏转。

轴承滑动量过大也会引起高摩擦。滚动体-滚道在边界润滑状态下的接触运转，就会出现这种情况。换句话说，当滚动体与滚道接触部位润滑膜厚度不能充分隔离滚动/滑动零件时，接触体之间就会出现表面粗糙峰的相互作用。在固体润滑轴承中也会产生高摩擦，例如用二硫化钼来润滑的轴承。

过多的摩擦发热首先是因为润滑剂的氧化和退化。在这种情况中，润滑剂颜色变暗，甚至变黑而且摩擦增大，如图 10.1 所示。润滑剂过热和氧化还会在滚动体、套圈和保持架上产生化学沉积物和污点，分别见如图 10.2、图 10.3 和图 10.4。

图 10. 1　脂润滑球轴承出现润滑剂氧化

图 10. 2　高接触应力下滑动产生的高温
使聚合脂在球上形成有机硬涂层

随着轴承零件温度增加，轴承套圈和滚动体钢材的硬度会下降，弹性会降低，并导致塑性变形(见图 10.5 ~ 图 10.7)。最终，热不平衡失效将导致轴承零件破坏和轴承咬死，如

图 10.8 ~ 图10. 10 所示。轴承咬死将使轴承功能完全丧失并很可能使机器能受损。

图 10.3　温度过高引起的轴承套圈表面的污点和氧化皮

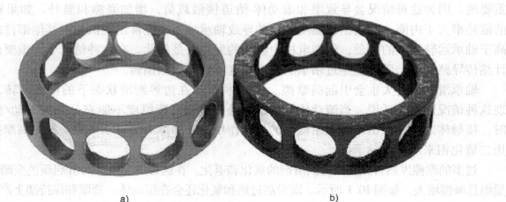

a)　　　　　　　　　　　　　　　　　b)

图 10.4　机床用球轴承酚醛保持架
a) 原始颜色　b) 高温引起的褪色和氧化

图 10.5　圆锥滚子轴承热不平衡失效
引起的外圈、滚子和保持架变形

图 10.6　球面滚子轴承热不平衡失效引起的内滚道和滚子变形

图 10.7　圆柱滚子轴承热不平衡失效使滚子变成了球

图 10.8　圆柱滚子轴承热不平衡失效引起的保持架破坏

图 10.9　深沟球轴承热不平衡失效引起的保持架和球的破坏

图 10.10　轴承内圈沟道的磨蚀

10.3　微振磨损造成的轴承套圈破坏

由于要随轴转动，轴承内圈与轴的装配通常使用压装或过盈配合，以防止在外载荷作用下内圈相对于轴的转动。对外圈旋转的情况，如汽车轮毂轴承，外圈与轴承座之间通常也是过盈配合，以防止在轴承运转期间外圈相对于轴承座转动。由于滚动体在圆周方向的间隔，使得内圈相对于轴和外圈相对于轴承座的转动通常是很小的间歇式运动。如果过盈配合足以阻止这种运动，就会出现微动磨损的现象。微动磨损是对相对运动表

图 10.11　轴承外圈外径上出现的磨蚀

面的一种化学侵蚀，它会去除局部的材料，这种现象被称为磨蚀或磨损。图 10.10 和图 10.11 中表明了轴承套圈的磨蚀。这种磨蚀或磨损能够导致轴承套圈破裂，如图 10.12 所示。因此，磨蚀会导致轴承功能伤失和潜在的灾难性破坏。

图 10.12　由磨蚀引起的轴承外圈断裂

10.4　过大的推力载荷造成的轴承失效

球轴承中，过大的推力载荷会使球跨越套圈挡边运动，如图 10.13 所示。这会使滚道接触区域被截断，导致很高的接触应力和表面摩擦切应力，由于过热而使轴承迅速失效。图 10.14 给出了内、外滚道失效模式的示意图。

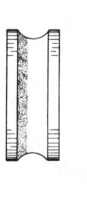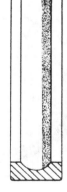

图 10.13　推力载荷过大引起的
轴承内圈滚道左侧滚轧

图 10.14　推力载荷过大时球轴承
内、外滚道失效检视图

在圆锥滚子和球面滚子轴承中,过大的推力载荷将放大滚子与滚道的载荷,并导致早期的表面初始疲劳失效(见后面的章节)。

10.5 保持架断裂造成的轴承失效

在本书第1卷第7章中已经指出,在向心球或滚子轴承中,内圈与轴或外圈与轴承座之间的过盈配合会减小径向游隙。同样,如果内滚道比外滚道运转温度高,那么径向游隙也会减小。在轴承运转中,如果完全没有径向游隙而产生径向干涉,轴承保持架与滚动体之间的载荷会过大,从而使保持架断裂。图10.15和图10.16说明了这种情况。在保持架断裂时,可能有碎片脱落并挤在滚动体与滚道之间,引起摩擦增大、过热和轴承咬死。这将是灾难性失效。这种情况发生后对轴承滚道的检查可以发现,内滚道载荷带比设计尺寸宽了,而外滚道载荷带延伸至整个360°,其滚道载荷模式如图10.17所示。这表明过大的径向预载荷导致了轴承失效。

轴承运行中过度的倾斜也会引起保持架断裂。此时保持架将受到很高的正反方向的轴向载荷作用,并使其断裂。这种滚道的载荷模式示于图10.18中。

a)

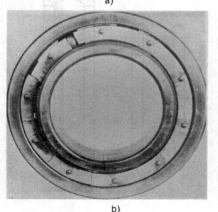

b)

图10.15 深沟球轴承钢保持架断裂
a)浪型保持架 b)车制铆合保持架

图10.16 双列圆柱滚动轴承中车制黄铜保持器断裂

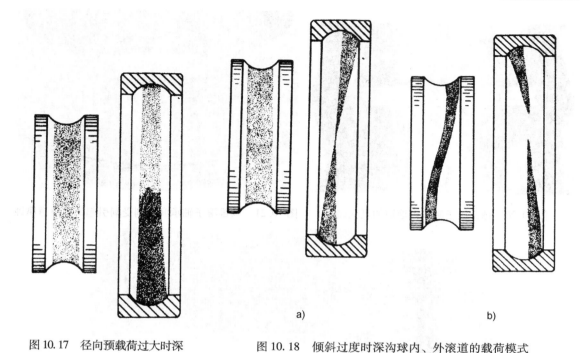

图 10.17　径向预载荷过大时深
沟球内、外滚道载荷模式

图 10.18　倾斜过度时深沟球内、外滚道的载荷模式
a) 外圈相对于轴倾斜　b) 内圈相对轴承座倾斜

10.6　滚动接触表面点蚀或压痕造成的早期失效

10.6.1　点蚀

　　轴承正常运转时，它承受的摩擦转矩很小。在 10.2.2 节中提到，应用设计必须使热量耗散与轴承的工作发热和摩擦发热相匹配而不致出现显著的温升。在第 2 章中表明，在大多数滚动体与滚道接触中，滚动和滑动会同时出现，而且进一步表明，滑动是产生滚动轴承摩擦的主要原因。而由腐蚀点或凹坑造成的滚动表面的接触中断会加剧这一状况。图 10.19 和图 10.20 所示为滚动接触表面的腐蚀点和氧化（锈蚀）现象。

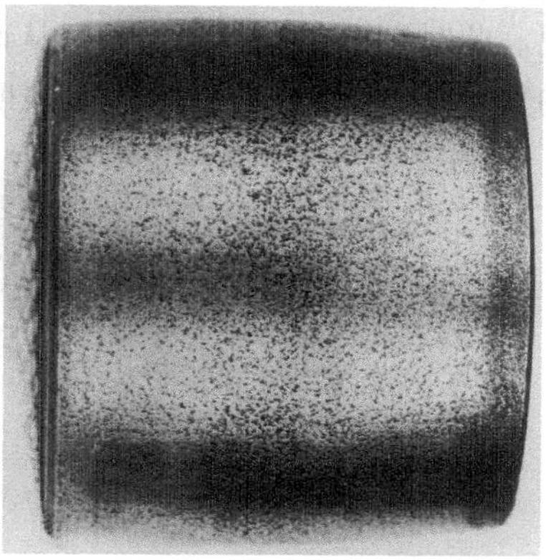

　　图 10.21 所示为由于润滑剂受潮引起的圆锥滚子轴承外滚道的腐蚀现象。这些情况中的任何一种都表示滚动接触表面光滑性的中断。

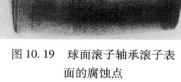

图 10.19　球面滚子轴承滚子表
面的腐蚀点

10.6.2　击蚀

　　滚动轴承中的击蚀是一种塑性变形，它是由运转中突发的冲击载荷或是由停转时的重载荷引起的。图 10.22 所示为这种压痕，它典型地分布在滚动体圆周间隔上。

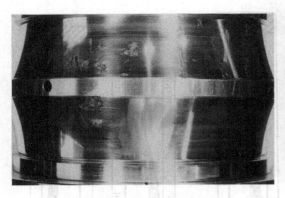 

图 10.20　球面滚子轴承内滚道的氧化斑　　　图 10.21　圆锥滚子轴承润滑剂受潮引起的内滚道腐蚀

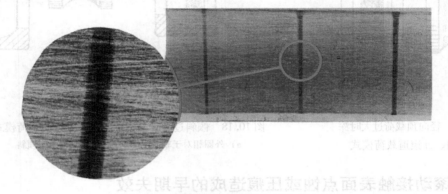

图 10.22　圆锥滚子轴承外滚道上的击蚀

10.6.3　轴承滚道的摩擦腐蚀

图 10.23 表示的摩擦腐蚀实际上是发生在轴承滚道上的磨蚀磨损。它是在轴承装配或应用安装前由运输环节的振动造成的。轴承应用中振动载荷引起的小幅振荡也可以造成这种情况。此时润滑剂被挤出接触区从而产生磨蚀。如图 10.23 所示，摩擦腐蚀的痕迹比击蚀造成的宽，图 10.24 和图 10.25 也表明了轴承滚道的摩擦腐蚀。

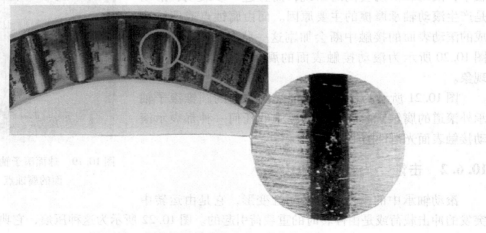

图 10.23　圆锥滚子轴承外滚道上的摩擦腐蚀

图 10. 24 深沟球轴承内滚道上
的摩擦腐蚀

图 10. 25 圆锥滚子轴承内滚道上的摩擦腐蚀

10. 6. 4 电流通过轴承造成的腐蚀

在与电机相关的应用中，如果轴承不绝缘，电流就可能通过轴承。这会在滚动表面形成一连串微小的坑点。连续运转就会导致表面出现被称为刻痕的波纹，如图 10. 26 和图 10. 27 所示。波纹的间距是轴承内部速度和电流频率的函数。滚动体上还会出现如图 10. 28 所示的电弧点蚀。图 10. 29 表明了电弧点蚀周围的特殊结构。

10. 6. 5 硬颗粒杂质造成的压痕

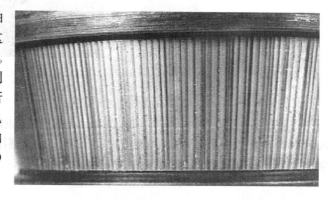

图 10. 26 圆锥滚子轴承内滚道上由电弧引起的刻痕

硬颗粒侵入密封圈或防尘盖进入到润滑油和轴承内部空间也会导致滚道接触表面的破坏

图 10. 27 圆柱滚子轴承内滚道上由电弧引起的刻痕

图 10.28　圆锥滚子轴承圆锥滚子上由电弧引起的点蚀

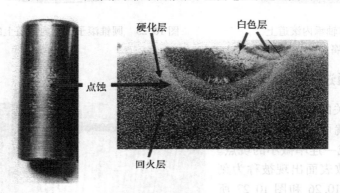

图 10.29　电弧引起的点蚀结构

或凹痕。这些颗粒在滚动体和滚道之间积聚，并被碾压。这样就会在滚动表面形成较深的压痕，如图 10.30 ~ 图 10.32 所示。

图 10.30　深沟球轴承内滚道上的压痕

图 10.31　双列球面滚子轴承内滚道上的压痕

10.6.6　点蚀和压痕对轴承性能和耐久性的影响

第 8 章表明，当球或滚子轴承运转时的润滑膜厚度不小于相对滚动接触表面综合粗糙度

的四倍时，轴承寿命会非常长。现代
中等尺寸深沟球轴承的滚道表面粗糙
度典型值可以做到 $R_a = 0.05\mu m$，甚至
更低，其等效方均根粗糙度值（rms）可
达到 $0.062\ 5\mu m$。因此理想的油膜厚
度应接近 $0.25\mu m$（球的 R_a 比滚道小很
多，因此对计算没有显著影响）。大型
轴承和滚子轴承的表面一般要稍差一
些，例如，滚子轴承滚道和滚子表面
粗糙度的代表值为 $R_a = 0.25\mu m$。其
rms 约为 $0.442\mu m$。在这种情况下，理
想的油膜厚度应接近 $1.77\mu m$。

　　在表面存在点蚀和压痕时，为了
确定分离的滚动接触表面润滑油膜的
有效性，需要考虑点蚀或压痕的深度。
图 10.33 是滚道表面压痕的剖面图。
这种压痕的典型深度是几个微米。这
就意味着润滑油膜可能会破裂，形成
负压。图 10.34 是在球-盘摩擦试验机
（见第 11 章）上通过透明盘拍摄的图
片。它显示了压痕通过球-盘接触区润
滑油的过程，而且表明压痕改变了接
触区内的油膜厚度和压力分布，并在

a)

b)

c)

图 10.32　滚动体上的压痕
a) 球　b) 球面滚子　c) 圆锥滚子

负压周围形成了很高的压力峰。在轴承中，这样的高压对滚动体和滚道材料的表面和次表面
应力有极大的影响，并成为疲劳失效的起始点。图 10.35a 显示滚道上的一个压痕。
图 10.35b 表明了从压痕尾部压力峰处开始的疲劳剥落。因此，磨蚀和氧化点蚀、击蚀和摩
擦腐蚀，以及硬颗粒杂质压痕等都会造成局部初始疲劳。这些都是轴承耐久性低于设计要求
的原因，并可能导致轴承迅速失效。

图 10.33　轴承滚道压痕剖面

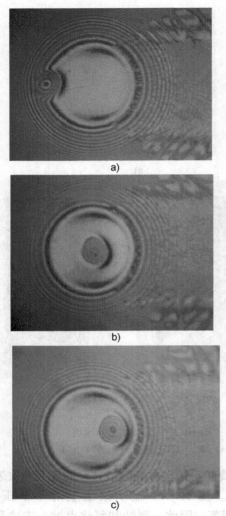

图 10.34　压痕通过球-盘接触区
a) 压痕进入接触区　b) 压痕位于接触
区中心　c) 压痕即将退出接触区

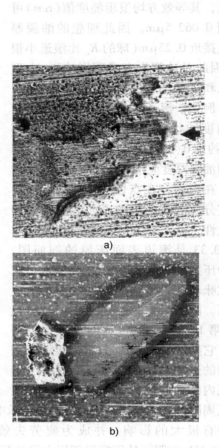

图 10.35　滚道上的压痕
a) 压痕周围的负压　b) 压痕
尾部边缘的疲劳剥落

10.7　磨损

10.7.1　磨损定义

根据 Tallian[1] 的见解，(接触零件的)磨损定义为零件粗糙表面在高拖动力作用下以颗粒脱落形式出现的材料转移。

磨损的结果是滚动接触表面几何精度的不断伤失和轴承性能的逐渐退化；例如：变形增大、摩擦和温度升高、振动加剧等等。在球和滚子轴承中，磨损是可以预防的，这可通过注重轴承与应用设计、精细加工、适当润滑和防止污染等手段来实现。所以，在计算滚动轴承寿命时还没有将磨损因数考虑在内。

根据某些轴承专业人士的看法，磨损宽泛地包括所有形式的表面材料的转移，也包括点蚀和剥落。在这里，滚动轴承材料磨损的定义不包括后面两种形式的材料损耗。

10.7.2　磨损类型

轻度磨损通常也叫简单磨损。常常需要区分如下两种轻度磨损：

1）发生在接触界面内的粘着或二体磨损。

2）由外部硬颗粒在接触界面内引起的吸附或三体磨损。

Tallian[1]指出，磨损表面肉眼看是"无特征、粗糙和无方向的"，原始加工表面的加工痕迹特征被磨损掉了。他进一步指出，材料转移的其他类型的外观特征，如微振磨损、微点蚀和擦伤等已明显不存在。在任何情况下，轻度磨损自身既不是轴承失效的一种模式，也不会导致轴承迅速失效。

严重磨损或擦伤定义为材料以可见碎屑的形式从一个接触表面转移到另一接触表面，而且有可能回到原来的表面。这种材料的转移，是由于在粗糙表面滑动产生高摩擦切应力引起的。在滚动轴承中，这种严重磨损现象也叫蹭伤。这是一种接触表面部分材料之间产生粘附的现象。图 10.36 至图 10.38 表明了蹭伤的轴承零件。蹭伤表明轴承摩擦增大，而且可能导致轴承耐久性低于预期值。图 10.39 是一个蹭伤区域的放大图。

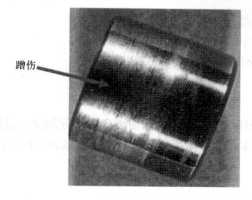

图 10.36　圆柱滚子轴承内滚道的蹭伤

图 10.37　球面滚子轴承非对称滚子的蹭伤

图 10.38　圆锥滚子轴承内滚道上的蹭伤

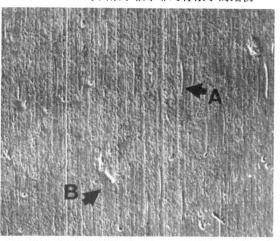

图 10.39　轴承滚道蹭伤（金属有明显移动）

10.8　微剥蚀

Tallian[1]狭义地把表面损坏定义为粗糙表面在高法向力作用下引起的表面材料的塑性流动。这种表面损坏会导致微剥蚀，如图 10.40 所示。该定义意味着表面损坏和微剥蚀是在纯滚动下发生的，即不存在滑动。在任何情况下，微剥蚀都是表面损坏的严重形式。

图 10.40　球轴承内滚道表面
严重损坏(微剥蚀)

10.9　表面初始疲劳

滚动接触表面在反复的有时超过疲劳强度的循环压力作用下，表面将产生疲劳裂纹。裂纹将扩张，直至在表面上产生一个大的凹坑或剥落，如图 10.41 所示。这种剥落的显著特征是：
- 深度相对较浅。
- 起始于接触尾部边缘。
- 如果疲劳剥落在明显扩散之前被发现，箭头的起始点通常可以辨识。

图 10.42 和图 10.43 表明了轴承表面初始疲劳的前期阶段。

在正确设计、加工、应用选型、安装和润滑的滚动轴承中，表面初始疲劳发生的机会几乎没有。因此，尽管有 Tallian 关于表面损坏的定义，但当表面初始疲劳发生时，在滚动体-滚道有限的润滑接触区内，滑动状态通常是存在的。而且，滑动时表面摩擦切应力很可能增加，这是由于前面提到的下述情况使接触表面产生负压造成的：
- 侵蚀或电弧点蚀；
- 击蚀；
- 摩擦腐蚀；
- 硬颗粒杂质造成的压痕；
- 微剥蚀。

滚动接触表面另一种失效形式是由于氢离子攻击表面材料，导致表面出现点蚀或剥落。图 10.44 表示由于氢的脆变在钢球表引起的剥落。这种相对少的失效形式一般出现在以稳

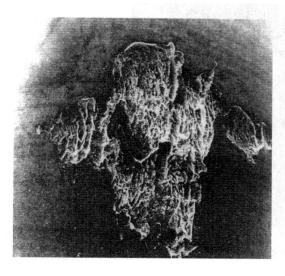

图 10.41　轴承滚道上的表面初始疲劳剥落　　　图 10.42　推力球轴承滚道与钢球表面初始疲劳晚期

态温度运转的滚动接触表面上，而该温度超过了使矿物润滑油产生退化的温度。这种失效形式一般还与表面之间的严重滑差有关，当矿物油润滑膜不完全或有限隔离滚动接触表面而使表面产生很高的赫兹应力时，就会产生这种情况。接触产生的高温会引起润滑剂化学分解并释放氢离子。氢的脆变还与轴承周边环境有关，这种环境，比如良好密封的环境，使氢离子很难从轴承中逃逸。

图 10.44 中的圆形剥落面可能与轴承钢球热处理和精加工后的残余应力轴对称分布有关。如图 10.45 所示，氢离子从零件表面渗透到钢里，造成裂纹。这些裂纹逐渐扩展，使材料弱化直至产生剥落。许多研究人员对氢脆变失效进行了研究。在所有的实验报告中，都是将氢引入到存在过高接触应力的环境，而在大多数情况下是高温环境中。在这些情况中都不会因为润滑剂化学分解而生成氢离子。

图 10.43　圆柱滚子轴承内滚　　　　图 10.44　轴承钢球表面由于氢脆变引起的剥落
　　道表面初始疲劳晚期

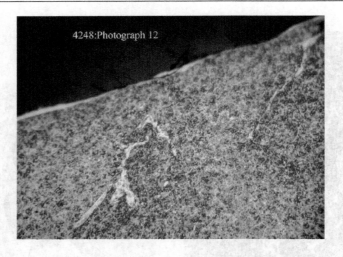

图 10.45　钢球表面由于氢离子渗透引起的裂纹

10.10　次表面初始疲劳

　　如本章开始所述，滚动轴承的每一种破坏和失效形式都是可以避免的。然而，在很高的载荷下，即使轴承加工精良、安装正确、润滑良好，但由于次表面的初始疲劳，轴承也可能失效。滚动轴承从开始运转到首次发生次表面初始剥落的寿命，在疲劳寿命计算的 ISO[2] 标准以及相应的国家标准中已做了基本规定，见本书第 1 卷第 11 章。图 10.46 表明了出现次表面初始剥落的球轴承滚道。很显然，其深度并不浅。图 10.47 表明了球面滚子轴承滚道剥落扩展的情况，而图 10.48 表明了边缘载荷造成的圆锥滚子轴承滚道剥落的情况。

图 10.46　球轴承滚道上的次表面初始疲劳剥落

　　疲劳剥落不认为是灾难型的失效。轴承的连续运转取决于润滑的方式和剂量，但也伴随着摩擦的增加（见参考文献[3,4]），经过一段时间，轴承或者会出现过度的振动或者会因表面的摩擦发热而发生咬死，时间的长短取决于载荷的大小、运转速度和润滑的有效性。

图 10.47　球面滚子轴承滚道上的次
表面初始疲劳剥落及其扩展

图 10.48　圆锥滚子轴承内滚道由边缘载
荷引起的次表面初始疲劳剥落

10.11　结束语

　　本章详细介绍了滚动轴承的不同失效形式。可以看到，其中大部分情况是由轴承运转时的外部颗粒造成的。正如在这之前以及本书第 1 卷中介绍的，滚动轴承是根它们对初始滚动接触疲劳的抵抗能力来评价的。根据制造商回收失效轴承的统计数据，图 10.49 表明，后一种失效只是通常失效形式的一小部分。因此，对于给定轴承的应用，应关注选择合适的轴承，选择合适的润滑剂和供给方式，保证恰当的安装技术，避免污染，养成良好的操作习惯，这样就能够使轴承达到设计寿命。

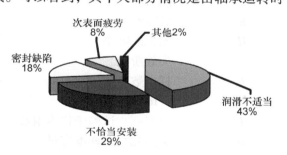

图 10.49　轴承失效形式的发生频率

参 考 文 献

[1] Tallian, T., *Failure Atlas for Hertz Contact Machine Elements*, 2nd Ed., ASME Press, 1999.

[2] International Organization for Standards, International Standard ISO 281, *Rolling Bearings—Dynamic Load Ratings and Rating Life*, 2006.

[3] Kotzalas, M. and Harris, T., Fatigue failure progression in ball bearings, *ASME Trans.*, *J. Tribol.*, 123(2), 283–242, April 2001.

[4] Kotzalas, M. and Harris, T., Fatigue failure and ball bearing friction, *Tribol. Trans.*, 43(1), 137–143, 2000.

第 11 章 轴承和滚动体的寿命试验与分析

符号表

符　　号	定　　义	单　　位
A_1	可靠性-寿命因子	
A_{SL}	载荷-寿命系数	
C	额定动载荷	N
$f(x)$	概率密度函数	
$F(x)$	累积分布函数	
F_e	等效作用载荷	N
h	润滑膜厚度	μm
h	故障率	
H	累积故障率	
i	失效阶数	
k	样本数	
k_p	$-\ln(1-p)$	
l	突然死亡试验子样本组数	
m	突然死亡子样本容量	
n	样本容量	
p	概率值	
$q(l,m,p)$	用于突然死亡试验分析的基准函数	
r	截尾试验样本中的失效数	
R	β 的上、下置信限之比	
$R_{0.5}$	$x_{0.10}$ 的上、下置信限的中值比	
S	幸存概率	
$t_1(r,n,k)$	检验 k 个 $x_{0.10}$ 估计之间差别的基准函数	
$u(r,n,p)$	设置 x_p 置信限的基准函数	
$u_1(r,n,p,k)$	利用 k 个样本设置 x_p 置信限的基准函数	
$v(r,n)$	设置 β 置信限的基准函数	
$v_1(r,n,k)$	利用 k 个样本设置 β 置信限的基准函数	
$w(r,n,k)$	检验 k 个 Weibull 母体是否具有通值 β 的基准函数	
x	随机变量	
x_p	$p\%$ 分布的随机变量	
β	Weibull 形状参数	
η	Weibull 尺度参数	

Λ	润滑膜参数	
κ	润滑剂实际粘度和需要粘度比率	
σ	表面粗糙度方均根值	μm

11.1　概述

　　球和滚子轴承的寿命，特别是滚动接触疲劳寿命与灯泡和人类的寿命相似，都具有概率性质，如图 11.1 所示。即使在相同的环境下运行，它们也不具有一个明确的、唯一的预期寿命。正如在第 10 章中表明的，只要适当关注轴承设计、制造和应用，所有类型的滚动轴承失效都是可以避免的，除非是载荷作用下的接触应力超过轴承的疲劳极限而引起滚动接触疲劳。在那种情况下，任何一套轴承的实际使用寿命都可能与一个明确规定的值有很大差别。为了估计给定应用条件下滚动轴承的疲劳寿命，必须对疲劳试验数据进行统计分析处理。

　　利用 Weibull[1] 介绍的方法分析了累计超过 1 500 套球和滚子轴承的疲劳试验数据之后，Lundberg 和 Palmgren[2,3] 建立了能够计算滚动轴承额定载荷和寿命的方法和公式。他们的分析是建立在滚动体-滚道法向接触应力（赫兹应力）对轴承滚道接触疲劳寿命影响的基础之上的。本书第 1 卷第 11 章对这些分析方法进行了详细讨论。图 11.2 是 Lundberg 和 Palmgren给出的一组典型的滚动轴承疲劳寿命的分布。

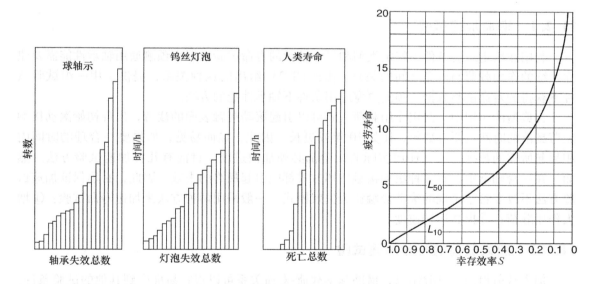

图 11.1　滚动轴承疲劳寿命分布与人类及灯泡寿命的分布的对比　　　　图 11.2　滚动轴承疲劳寿命分布

　　在图 11.2 中的曲线上要特别确定两个点：
- L_{10}，90% 的轴承可以达到和超过的寿命。
- L_{50}，中值寿命，即 50% 的轴承可以达到和超过的寿命。

应当注意，L_{10} 是轴承的额定寿命，是轴承选型的基础。

　　最近，Ioannides 和 Harris[4] 扩展了 Lundberg 和 Palmgren 的分析，正如在第 8 章中详细介

绍的,他们的分析包含了各个接触区附近所有应力对轴承疲劳寿命的影响,并提出了材料疲劳循环极限应力的概念。这两种方法的结合给出了当前 ISO[5] 标准额定载荷和疲劳寿命的计算公式:

$$L_n = A_1 A_{SL} \left(\frac{C}{F_e} \right)^p \tag{8.23}$$

式中,对球轴承,指数 $p = 3$;对滚子轴承, $p = 10/3$。

20 世纪 30 和 40 年代,Lundberg 和 Palmgren[2,3] 的试验是基于用 52100 钢(对应于我国 GCr15 轴承钢)制造的轴承。现代轴承加工方法已改进和提高了滚动轴承的几何精度。再者,自 Lundberg 和 Palmgren 的时代之后,轴承钢的清洁度和纯净度已有了很大的提高,而且现代轴承还可以用不同的钢材甚至陶瓷材料来制造。为了评价新材料、材料加工方法,或许还有改进的几何精度等对滚动轴承寿命的影响,还需要进行疲劳寿命试验。这可通过整套轴承,或是轴承零件,如球和滚子的试验来完成。疲劳试验数据的分散性和统计分析方法的局限性需要有很多试验机长时间运转,才能获得对轴承寿命的有效估计。诚然,用球或滚子代替整套轴承做寿命试验的成本要低得多,但是用零件试验的结果来推断成套轴承的精度始终是有疑问的。

本章将讨论涉及整套轴承以及基本滚动接触类型寿命试验的概念、方法和特点。

11.2　寿命试验的问题和局限

11.2.1　寿命加速试验

利用在给定运转条件下特定类型和尺寸轴承的寿命试验数据来预测通用轴承性能需要建立系统的作用载荷与寿命之间的关系。由式(8.23)给出的这种关系,提供了用一组试验条件下获得的寿命试验数据来预测更宽应用条件下轴承性能的方法。

在典型的应用中,假定作用载荷大到可以引起滚动接触表面的疲劳,出现初始滚动接触疲劳剥落的时间也要有数年,比如 10 年或更长。因此,显而易见,如果要在合理的时间内积累起所需的数据,那么任何实际的试验都必须加快进度。目前有几种加速试验方法。然而,在一套轴承中,有多种滚动接触损坏方式都能引起最终的失效。因此,必须保证加速试验方法不改变希望出现的滚动接触疲劳失效模式。一般采用两种方法来加速寿命试验:①增大作用载荷;②提高运转速度。

11.2.2　加大载荷的寿命加速试验

加大载荷得到的试验结果,借助基本载荷-寿命关系可以很容易推广到其他的试验条件。因此,这是使用最广的加速试验方法。然而重要的是,要与推导寿命公式所做的基本假设保持一致。其中的关键是滚动接触表面下的应力应保持在弹性范围内。正如 Valori 等人[7] 指出的,超过轴承滚道和滚动体材料的弹性极限将与基本载荷-寿命关系产生偏差。在材料塑性状态下所做的试验与轴承实际运转结果并不一致,因而不能可靠地加以推广。轴承寿命试验中实际最大赫兹应力极限通常为 3 300MPa。

11.2.3　避免试验中的塑性变形状态

某些轴承的寿命试验需要有特殊的考虑。例如，调心球轴承的外滚道是一个球面，因而球与滚道的接触是圆点接触。在很大的载荷作用下，这种接触将使应力比用额定动载荷计算的应力更快地进入塑性状态。Johnston 等人[8]指出，为了避免试验中产生塑性变形，作用载荷不能大于 $C/8$。同样，可以预见，对某些内部尺寸非标准的轴承类型，当载荷小于预期值时，也可能产生显著的塑性变形。

圆柱滚子、圆锥滚子和滚针轴承在大多数载荷作用下滚子和滚道之间设计为线接触。可是，球面滚子轴承开始可能以点接触状态工作，而当载荷足够大时，承受最大载荷的滚动体就会进入修正线接触状态（见本书第 1 卷的第 6 章和第 11 章）。当载荷非常大时，所有的滚子轴承，至少是在受载最大的滚子-滚道接触处将产生边缘载荷和塑性变形。因此，在滚子轴承的寿命试验中，滚子和滚道在轴线方向必须修形以防止接触边缘产生应力集中和塑性变形。标准设计的滚子轴承的轮廓形状不适合寿命加速试验中的重载条件。边缘载荷将使加速试验中的疲劳寿命比实际使用的寿命要短。因此，在有边缘载荷条件下得到的寿命试验结果不能够准确地推断正常的应用状况。

11.2.4　滚子轴承的载荷-寿命关系

即使不存在边缘应力，重载状态下滚子轴承的寿命也与标准的载荷-寿命关系不符。Lundberg 和 Palmgren[3]指出，圆柱滚子轴承系列试验表明，其载荷-寿命关系的指数是 4，而不是 10/3。事实上，选择 10/3 是一种折中，是为了函盖球面滚子轴承中点、线接触组合的情况。在解释滚子轴承寿命试验数据时应考虑这一因素。

11.2.5　提高速度的寿命加速试验

在所有试验参数不变的情况下，提高转速，加快试验循环可以缩短试验周期。然而，由于疲劳循环通常是在油膜润滑下进行的，而轴承的润滑剂供应一般又很充足，因此缩短试验周期的目标一般难以实现。参考线接触公式式（4.57）和点接触公式式（4.60），可以看出最小油膜厚度大约是转速的 0.7 次幂的函数。因此，速度增加，润滑膜厚度增加。第 8 章已经证明，润滑膜分离滚动接触面的能力增加时，疲劳寿命将以更大的速率增加。所以，增加转速更有可能增加而不是降低试验周期。

考虑到润滑膜厚度对疲劳寿命的影响，因此必须将润滑剂充分地输送到滚动体-滚道接触区以形成完全的润滑膜。随着轴承转速的增加，这将变得更困难，因为油向接触区的迅速回流不可能与滚动体的通过保持同步。正如第 4 章中所提到的，这被称为乏油。在对脂润滑轴承做寿命试验时，要特别注意这一点。

还有，随着转速的提高，影响寿命的其他因素也随之出现。在高速运转条件下，滚动体的离心力增大。这意味着最大接触应力可能发生在外滚道而不是内滚道，那里将先出现剥落，这与我们预期的疲劳模式不同。同时，如第 1 章中的介绍，对于径向受载的高速轴承，承载的滚动体数目减少将增加内滚道的接触应力，而不改变工作模式。

第 1 章已经讨论过，在高速下运转的推力球轴承，球和外滚道的接触角减少，球和内滚道的接触角增大。这将改变轴承的摩擦特性，同样会影响到疲劳寿命。

参数 dN 常用来表示轴承的速度状态,它是以 mm 为单位的轴承内径与轴转速(r/min)的乘积。当 $dN \geqslant 1 \times 10^6 \, \text{mm} \cdot \text{r/min}$ 时,一般认为轴承即在高速下运行。对于高速运转轴承,为了与寿命试验数据进行比较,需要使用本书介绍的复杂的分析方法来可靠地计算轴承的额定寿命。

采用提高轴承转速的加速试验方法还有其他的局限性。标准轴承存在速度极限,这是因为金属冲压或注塑保持架设计都不适于高速运转。主要以最大载荷容量为目的而设计的低速轴承在高速运转时,滚动体-滚道接触会带来过度的发热率,并且零件的精度会因动态载荷而发生改变。

系统的运行效果也会对高速轴承的寿命产生显著的影响,例如冷却不充分或冷却介质分布不均匀会在轴承内部形成温度梯度,从而改变内部的游隙和零件的尺寸。轴承的转速越高,运转温度就越高,因此,试验所用的润滑剂必须能够承受温度大范围变化的风险而不变质。对高速寿命试验要特别留心,要保证失效是与疲劳相关的,而不是由与转速有关的故障引起的。

11.2.6 边界润滑状态试验

第8章给出了与润滑有关的转速对轴承疲劳寿命影响的定量分析方法。特别是在边界润滑状态下,由于滚动零件表面粗糙度及其化学性质、润滑剂的化学和力学性能、润滑充分程度、杂质类型和杂质数量等因素的相互作用,这种影响极其复杂。当试验速度低到一定程度而出现边界润滑状态时,产生疲劳寿命的转数确实会减少,这是因为应力循环累积的速度较低;但对于高速试验,试验的持续时间反而会增加。因此,在评估试验结果时,必须考虑上述影响。

11.3 实际试验的注意事项

11.3.1 润滑剂颗粒污染

单个轴承失效可能有多种原因,然而,只有在相关疲劳机制指引下发生试验轴承失效时,系列寿命试验的结果才有意义。所以,试验人员必须控制试验过程,以确保出现这种情况。其他一些可能出现的失效形式,Tallian[6]已做了详细讨论。以下将讨论可能影响寿命试验结果的几个特殊失效形式。

在第8章中,从产生弹流润滑(EHD)膜的观点出发,讨论了润滑对接触疲劳寿命的影响。然而,还有一些与润滑有关的因素可能影响到试验结果。首先是润滑剂的微粒污染。根据轴承尺寸、运转速度和润滑剂流变性能的不同,滚动体-滚道接触区的油膜厚度可以在 $0.05 \sim 0.5 \, \mu\text{m}$ 之间。当大于油膜厚度的固体颗粒被带进接触区时,它们会损伤滚道和滚动体的表面,结果会导致寿命缩短。Sayles 和 MacPherson[9]和其他人已经充分证明了这一点。

因此,为了使试验结果有意义,有必要将润滑剂过滤到所要求的水平。这个水平应根据试验所要接近的应用场合而定。如果过滤水平达不到要求,那么在评估试验结果时必须虑润滑剂污染的影响。第8章讨论了不同程度的颗粒污染和过滤对轴承疲劳寿命的影响。

11.3.2　润滑剂中的水分

润滑剂中的水含量是另一个重要的考虑因素。众所周知，油中的水分能使接触表面产生锈蚀从而对轴承寿命产生不利的影响。然而，Fitch[10]等人进一步表明，当水含量低到$(50 \sim 100) \times 10^{-6}$时，即使表面没有明显锈蚀，也可能产生不利的影响。这是由于氢使得滚动体和滚道材料脆化所致（见第 8 章）。因此，应重点关注试验中润滑系统的水分控制问题，在评估寿命试验结果时，也要考虑水分的影响。为了尽量减小寿命降低的影响，有必要将最大水分含量控制在 40×10^{-6}。

11.3.3　润滑剂的化学成分

大多数商用润滑剂含有一定数量的专门添加剂以满足特定的要求，例如，耐磨性、极压和热稳定性以及边界润滑等。这些添加剂也会影响轴承的寿命，这种影响或者是立即生效，或者是随试验时间而衰减。必须注意，应确保加速试验条件下润滑剂中的添加剂不会产生严重的变质。另外，为了确保不同寿命试验组之间结果的一致性，所有的寿命试验最好采用指定厂商生产的同一种标准润滑剂。

11.3.4　试验条件的一致性

11.3.4.1　试验期间条件的变化

滚动接触疲劳的随机性要求采用大量的试验样品以获得对寿命的合理估计，因此轴承的寿命试验通常要用很长时间。试验人员的主要任务是保证整个试验周期内试验条件的一致性。由于试验期间可能发生的细微变化，做到这一点并不容易。这些变化在其影响变得明显之前可能会被忽略，而在抢救收集的数据时又为时已晚。这样一来，只好在更好的监控条件下重新做试验。

11.3.4.2　润滑剂性质变化

上面的例子说明，润滑添加剂的稳定性是试验条件改变的因素之一。已经知道，某些润滑剂在工作一段时间后，其中的添加剂将会消耗。而添加剂的蜕变会改变滚动接触区的摩擦状况，从而改变轴承寿命。通常，评价润滑剂的常规化学试验并不具备确定添加剂含量的条件。所以，当润滑剂用于长时间的寿命试验时，其样品应定期，比如每年送回制造商，以便对其状态进行详细的评估。

11.3.4.3　温度控制

试验期间还必须控制适当的温度。弹流润滑油膜厚度对接触温度很敏感。参考线接触的式(4.57)和点接触的式(4.60)，可以看出最小油膜厚度大约是润滑剂粘度的 0.7 次幂的函数，而粘度对温度又高度敏感。大多数试验机是处在标准的工业环境中，其环境温度在一年当中变化很大。另外，单个轴承的发热率还会随着正常制造误差的综合影响而变化。这两种因素造成很多轴承运转温度的变化，并影响到寿命数据的有效性。必须对每套轴承的工作温度提供监控手段，以保证试验的一致性。在寿命试验中通常认为合适的温度误差是 $\pm 3℃$。

11.3.4.4　轴承安装硬件恶化

必须经常对轴承安装与拆卸的硬件条件进行监控。重载条件下的寿命试验，要求轴承内圈与轴采用大的过盈配合。轴承的反复装拆可能会损伤轴的表面，也会改变配合套圈的几何精度。轴的表面和轴承座内孔也会由于微动腐蚀而发生磨损(见第10章)。这会明显改变安装表面的几何精度,从而改变轴承内部的几何尺寸并降低轴承寿命。

11.3.4.5 失效识别

疲劳理论认为,材料体出现初始疲劳裂纹时即为失效。实际上只有当裂纹扩展到表面并产生足够大的剥落,同时对轴承运转性能产生标志性影响,例如产生振动、噪声和温升时,才能够发现失效。早期发现失效信号的能力取决于试验系统的复杂程度、轴承的类型以及其他试验条件。目前还没有一种方法能够对所有类型的轴承试验提供一致的失效判别,所以,有必要选择一种方法和系统,使得在发生最小程度破坏的同时能够终止机器的运转。

综上所述,失效的扩展率是很重要的。当试验终止时,如果各试验零件的损坏程度是一致的,则试验与理论寿命之间的唯一偏差就是失效发现的滞后。在寿命试验条件下,标准淬透轴承钢的失效扩展速度是相当快的,考虑到寿命试验数据的典型分布和统计分析的置信度,这还不是一个主要因素。因此,当评估稍后的这些结果,特别是比较由标准钢材得到的试验寿命时,必须要留心。

所有试验轴承的试验后分析是一个详细的考察过程,需要借助以下手段:

1)高倍光学检查。
2)高倍电子显微镜。
3)金相检查。
4)尺寸检查。
5)所需的化学分析。

失效特征检查可以找出它们的起因,对残存表面状况进行评估可以确定影响轴承寿命的外部因素。这些技术能够保证试验数据的真实有效。Tallian 的"失效图谱"[11]给出了轴承失效的大量图片,可以对失效判别提供有价值的支持。

11.3.4.6 同步试验分析

当轴承从试验机上拆卸下来时,试验人员应当做一个初步的评价。这时,要对轴承进行30倍放大的光学检查,以便确定是否出现无法控制和不正常的试验参数,这方面的一些例子已在第10章中给出。图10.46是球轴承滚道上次表面初始疲劳剥落的典型情况。图10.48所示为很可能是由于不同轴造成的圆锥滚子轴承的剥落。图10.12是由于球轴承外圈外径点蚀引起的外圈剥落失效。图10.41是更精细的试验结果,剥落失效起源于滚道表面存在的碎片压痕。后面的三种失效属于不正常的次表面初始疲劳剥落,这就需要改进试验方法。而且,这些数据应该从失效数据中删除才能对轴承的试验寿命进行有效的估计。

11.4 试验样品

11.4.1 统计要求

评估失效数据的统计方法要求轴承装配具有统计学的相似性。所以,每个零件必须用同一炉材料和同一种加工条件来制造。一般认为按这种方式制造整套轴承是明智的,但是过于注重试验材料或工艺,往往成本太高,甚至不可行。在这种情况下,从疲劳的观点来看,试验中轴承的关键零件可以和用标准材料制造的其他零件配合使用。其他零件中发生失效的影响可以在分析试验数据时删除。这种方法存在一定风险，因为非试验零件可能发生太多的失效，以致不可能对所要评估的材料获得准确的寿命估计。但这一风险通常很小，因为如果试验过程初期显示的结果很好，即使不能确切地估算寿命，也足以说明可以继续试验。但是在采用新材料或新的加工方法之前，需要进行补充寿命试验，以便确定前后变化的幅度。

11.4.2　试验轴承数量

统计分析可以给出寿命试验值的数值估计，包括特定置信极限下估计的上、下边界。试验寿命估计的精度可由上、下置信极限之比来定义，而试验的目标是使该区间最小。置信区间随着试样容量的增加而减少，而试验的费用则随着样本容量的增加而增加。因此在试验的策划阶段应该明确试验结果的精度，以确定达到所希望结果的样本容量。

11.4.3　试验方案

寿命试验常用的方法是用一大组轴承做试验，直到每套轴承都失效为止。该方法耗费大量时间，但它能够对 L_{10} 和 L_{50} 寿命提供最佳的试验估计。然而，人们主要关心的是 L_{10} 的试验值，所以，在运行时间至少达到试验寿命 L_{10} 的 3 倍后，就可通过缩短试验而达到节省时间的目的。Andersson[12] 证明了突然死亡法是一种既节约时间，又能提高试验精度的方法。该方法是将试验轴承样本分为容量相等的子样本，以每个子样本为单元进行试验，直到其中有一套轴承失效，则该子样本的试验结束。图 11.3 表明了样本容量和试验方法对寿命试验估计精度的影响。

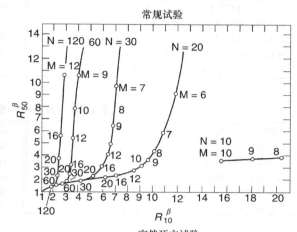

常规试验

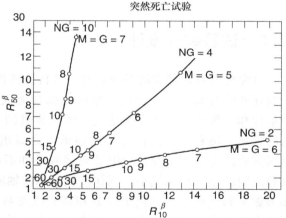

突然死亡试验

N = 试样样本容量(轴承总数)
M = 失效轴承数
G = 分组数
NG = 组容量(所有组都试到有一套轴承失效)
β = Weibull 斜率

图 11.3　样本容量对寿命试验估计精度的影响

11.4.4　试样的加工精度

评估过程中，为了对寿命作出精确的估计，试验人员应保证试验轴承的材料和制造无缺陷，并且所有零件都应符合规定的尺寸和形状公差。由于试验性材料可能并不适合标准的加工方法，或者需要采用特殊的、尚未完全确定的一些加工方法来加工，因此要达到上述保证也是很不容易的。试验性的轴承制造工艺需进行更多的验证，否则可能发生我们所不希望的金相或尺寸参数的变化。所以，对于试验零件，在试验前要进行仔细检验，作为对标准评估过程的补充,以期达到很好地控制试验过程的目的。表 11.1 和表 11.2 分别列出了典型的试验前检查中必须考虑的金相和尺寸参数,以及各种情况下需检查的项目数量。两个表中所列的项目并不完全,如果在时间和资金允许的条件下,试验前检查其他的参数对评估也会是有益的。

表 11.1 典型金相参数检查项目

100% 非破坏性检测:仅套圈滚道	滚道表面下 0 ~ 0.3mm 的微观结构
表面附近材料缺陷的磁粉检测	残留奥氏体含量
表面加工缺陷的腐蚀检查	裂纹颗粒尺寸
样本破坏性检测:所有零件	杂质等级
滚道表面下 0 ~ 0.1mm 的微观硬度	

表 11.2 典型尺寸参数检查项目

100% 装配的套圈	沟槽表面纹理
径向游隙	球的统计抽样
平均和峰值变动量	直径和圆度
套圈沟道统计抽样	组尺寸变动量
直径和波纹度	波纹度
半径和形状	表面纹理

11.5 试验装置设计

通常要求寿命试验机系统具有一些特殊的性能,以达到对寿命试验控制的要求。一次试验耗费的时间很长,这就要求试验机在无人监控时,其试验参数,如载荷、速度、润滑条件和工作温度不会发生变化。而试验机的基本零件也要经受得住疲劳,比如承受载荷的轴承、轴和加载机构等应比轴承寿命高出许多倍,才能减少无关因素引起的停机,确保试验的完成。试验机的组装对试验条件不应产生较大的影响,这样才能使单次(台)试验之间的差别减至最小。例如试验轴承与轴的同心度应该在与轴承座安装时自动实现。如果做不到这点,就应提供控制和调整该参数的简单直接的手段。再者,由于系列试验需要多次安装,所以要求试验系统要易于安装和拆卸,以便在更换试验轴承时花费的时间和人力最少。此外,试验机应易于保养,能够可靠、高效地运行数年,保证试验结果的长期一致性。一般来说,结构简单是满足所有这些要求的关键因素。Sebok 和 Rimrott[13] 全面地讨论了试验装置的设计原理。图 11.4 给出了本节要讨论的一些典型寿命试验装置的基本结构。

图 11.4 简要说明这些设计原理在实际寿命试验机设计中的应用。图 11.5 是 SKF R2 试验内径为 35 ~ 50mm 球和滚子轴承的试验机装置示意图。它可以施加径向、轴向或联合载荷。图 11.6 为 SKF R3 轴承寿命试验装置示意图,为满足给定的试验条件,工作转速可以在极限转速内变动,轴承的润滑方式可以采用脂润滑、喷油润滑、循环润滑和油雾润滑。

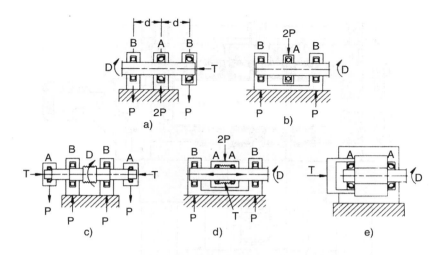

图 11.4　典型轴承寿命试验机结构（文献［13］）

A—试验轴承　B—承载轴承　P—径向载荷　T—推力载荷　D—驱动轴

图 11.5　SKF R2 寿命试验机（SKF 公司提供）

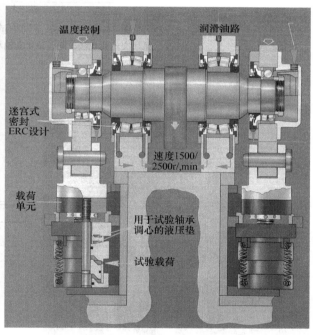

图 11.6　SKF R3 轴承寿命试验装置
示意图（SKF 公司提供）

　　实际的寿命试验机结构可以改变，它取决于试验轴承的类型及运转状态。例如，图 11.7 给出了用于四套圆锥滚子轴承寿命试验的试验装置的原理图，该机中，当施加径向载荷时，轴承将产生内部轴向力。该力的大小是外加径向载荷、轴承定位及轴承内部结构设计的函数。图 11.8 给出了采用这一设计原理的一个试验装置。图 11.9 给出了球轴承试验机结构示意图。这种试验装置设计也可以应用到大型轴承的疲劳试验中，

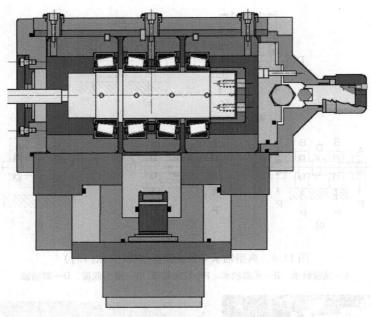

图 11.7　圆锥滚子轴承试验装置示意图
采用突然死亡法，同时试 4 套轴承(Timken 公司提供)

图 11.8　4-轴承试验装置
可用于球面滚子、圆柱滚子和圆锥滚子轴承试验
(Timken 公司提供)

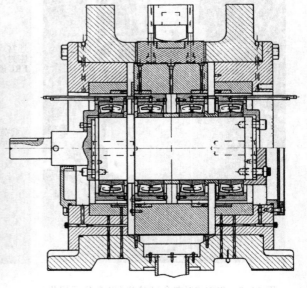

图 11.9　球面滚子轴承试验机结构示意图
采用突然死亡法，同时试 4 套轴承(Timken 公司提供)

如图 11.10 所示。

　　特定应用场合下轴承的寿命常常是通过专门试验来确定的，这种试验一般称为寿命或耐久性试验，更确切的说，是性能耐久试验。这类试验的基本过程和试验机设计与普通试验相同，仅仅是某些机理上作一些修改，以便模拟实际应用场合的主要工作参数，从而使加速试

验达到逼真的效果。这类试验机的一个例子如图 11.11 所示，为 SKF 开发的 A 字形架试验机，专用于汽车轮毂轴承试验。试验机使用实际轿车装置系统，以模拟轮毂的环境条件。在轮胎边缘施加一径向和轴向联合载荷，从而在轴承单元上产生力矩载荷，试验采用脂润滑、强制风冷。周期性地施加车轮动态循环载荷，该载荷等效于车辆的侧向载荷，以模拟一种临界驱动状态。试验方法采用分组淘汰试验（突然死亡法），从而通过标准寿命试验统计方法计算出模拟环境中轮毂轴承单元的寿命。该试验提供了这样一种方法，即运用类似于实际应用场合所获取的寿命数据，对各种汽车轮毂支承结构的相对性能进行比较的方法。

图 11.10 可同时做 4 套大型轴承疲劳试验的装置
轴承外径到 480mm（Timken 公司提供）

图 11.11 A 形架汽车轮毂轴承
试验机（SKF 公司提供）

11.6 寿命试验数据的统计分析

11.6.1 统计数据分布

用来描述工业产品寿命随机变化的统计分布模型有许多种，可以根据不同的判断加以选择。例如，假设具有一定批量的某一产品，以均匀的消耗率使用到寿命终止，如果每批产品原始供应量的变化符合正态分布，则该产品的寿命就是正态分布。相应地，如果原始供应量符合 γ 分布，则产品的寿命将是 γ 分布。

Weilbull 分布是一种常见的产品寿命模型，该方法以多组大样本中样本变化的最小值为表述特征。因此，如果产品寿命是由许多可能失效组合中的最小寿命所决定，那么可以合理地认为，产品之间的寿命将按 Weibull 分布变化。

对某些产品，Weibull 分布的另一个特征也是选择它的理由，即它可以解释以失效速率不断递增为特征的磨损失效和产品老化，或者以恒定失效速率为特性的随机撞击造成的产品失效。

凭借对轴承疲劳寿命数据的最佳拟合，Lundberg 和 Palmgren[2] 采用了两参数 Weibull 分布来描述滚动轴承的疲劳寿命。正如第 8 章所表明的，在中等载荷和良好的润滑条件下，经过良好设计、制造和应用的轴承可以无限期运转而不会疲劳失效。Weibull 模型不能描述疲劳寿命的这种现象。但无论如何，在实际疲劳试验的通常相对较高的载荷下，Weibull 分布与观察到的滚动轴承疲劳特性非常接近。

11.6.2 两参数威布尔分布

11.6.2.1 概率函数

当随机变量，比如轴承寿命服从两参数 Weibull 分布时，随机变量的观察值小于某个任意值 x 的概率可以表示为

$$\mathrm{Prob}(\mathrm{life} < x) = F(x) = 1 - \mathrm{e}^{-\left(\frac{x}{\eta}\right)^{\beta}} \qquad x, \ \eta, \ \beta > 0 \qquad (11.1)$$

函数 $F(x)$ 被称之为累积分布函数(CDF)。常数 η 和 β 分别是尺度参数和形状参数。函数 $F(x)$ 可以理解为 0 到任意值 x 之间的曲线 $f(x)$ 下的面积。曲线 $f(x)$ 为概率密度函数(pdf)，其表达式为

$$f(x) = \frac{x^{\beta-1}}{\eta^{\beta}} \mathrm{e}^{-\left(\frac{x}{\eta}\right)^{\beta}} \qquad (11.2)$$

图 11.12 为各种 β 值时的 Weibull 概率密度函数曲线组。注意，Weibull 分布组包含许多分布形式，这取决于 β 值的大小。当 $\beta = 1.0$，Weibull 分布变成指数分布，当 β 值在 3.0～3.5 之间时，Weibull 分布接近对称，且近似为正态分布。Weibull 分布具有很多形状，这正是它对各种数据具有很强适用性的原因。

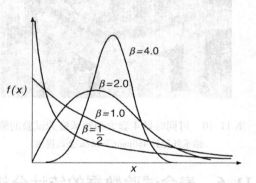

图 11.12　形状参数 β 变化时的两参数 Weibull 分布

11.6.2.2 平均失效时间

一个随机变量的平均值或期望值是衡量其"中心趋向"的有效尺度。可以认为，它是表征随机变量特征的一个数值，其定义为

$$E(x) = \int_0^{\infty} x f(x)\, \mathrm{d}x = \int_0^{\infty} x \left(\frac{x^{\beta-1}}{\eta^{\beta}}\right) \mathrm{e}^{-\left(\frac{x}{\eta}\right)^{\beta}} \mathrm{d}x \qquad (11.3)$$

上式积分后变成

$$E(x) = \eta \Gamma\left(\frac{1}{\beta} + 1\right) \qquad (11.4)$$

$\Gamma(\ )$ 是一个函数。表 CD11.1 给出了 β 为 1.0～5.0 时的 $\Gamma(1/\beta + 1)$ 值。

在可靠性理论中，$E(x)$ 称之为平均无故障间隔时间，通常叫做 MTBF。它表示两套依次运转至轴承故障的平均时间间隔，也就是一套轴承失效到它的替换轴承失效之间的间隔时间。它并不表示一组同时运转轴承中相邻失效的间隔时间。对一组同时运转的轴承，

假如 $\beta \neq 1.0$，平均无故障间隔时间随失效次序变化而变化。例如在容量为 20 的一组样本中，第一个和第二个失效轴承之间的平均时间不同于第 19 个和第 20 个轴承失效之间的平均时间。

一个随机变量的离散程度常常用方差来表示，方差定义为变量与其期望值偏差平方的平均值或期望值。即

$$\sigma^2 = \int \left[x - E(x) \right]^2 f(x) \mathrm{d}x = \int \left[x - \eta \Gamma \left(\frac{1}{\beta} + 1 \right) \right]^2 \frac{x^{\beta-1}}{\eta^\beta} \mathrm{e}^{-\left(\frac{x}{\eta} \right)^\beta} \mathrm{d}x \tag{11.5}$$

这个积分的值是：

$$\sigma^2 = \eta^2 \left[\Gamma \left(\frac{2}{\beta} + 1 \right) - \Gamma^2 \left(\frac{1}{\beta} + 1 \right) \right] \tag{11.6}$$

表 CD11.1 列出了 $\left[\Gamma(2/\beta + 1) - \Gamma^2(1/\beta + 1) \right]$ 的值。

变量 σ^2 的单位是寿命度量单位的平方，如 $(r)^2$ 或 $(h)^2$。人们常常优先采用 σ^2 的平方根来衡量离散程度，这样就使其与随机变量自身的单位相同。通常称其为标准偏差。对 Weibull 分布而言，一般既不采用方差，也不采用标准偏差，而是经常采用低和高的百分数来描述离散程度。

11.6.2.3　百分数

式(11.1)给出了 Weibull 随机变量的观察值小于一个任意值的概率。相反的问题是，若给定一个寿命不会超过的概率值 p，找到一个对应的随机变量值 x_p。x_p 定义为

$$F(x_p) = 1 - \mathrm{e}^{-\left(\frac{x_p}{\eta} \right)^\beta} = p \tag{11.7}$$

求解上式得

$$x_p = \eta \left[\ln \left(\frac{1}{1-p} \right) \right]^{\frac{1}{\beta}} \tag{11.8}$$

滚动轴承工程中的一个重要的特殊情况是 10% 的 $x_{0.10}$，因为历史上习惯用 10% 寿命作为轴承的额定寿命。在轴承的文献中，$x_{0.10}$ 用 L_{10} 表示。为了与 Weilbull 分布相关的统计文献一致，这里仍用 $x_{0.10}$，其表达式为

$$x_{0.10} = \eta \left[\ln \left(\frac{1}{1-0.10} \right) \right]^{\frac{1}{\beta}} = \eta (0.105\,4)^{\frac{1}{\beta}} \tag{11.9}$$

中值寿命也是人们感兴趣的，可表示为

$$x_{0.50} = \eta \left[\ln \left(\frac{1}{1-0.50} \right) \right]^{\frac{1}{\beta}} = \eta (0.693\,1)^{\frac{1}{\beta}} \tag{11.10}$$

利用式(11.8)，两个百分数随机变量之比，如 x_p 和 x_q 之比为

$$\frac{x_q}{x_p} = \left[\frac{\ln(1-q)^{-1}}{\ln(1-p)^{-1}} \right]^{\frac{1}{\beta}} \tag{11.11}$$

因此

$$\frac{x_{0.50}}{x_{0.10}} = \left[\frac{\ln(1-0.50)^{-1}}{\ln(1-0.10)^{-1}} \right]^{\frac{1}{\beta}} = \left(\frac{0.693\,1}{0.105\,4} \right)^{\frac{1}{\beta}}$$

当 $\beta = 10/9$ 时，$x_{0.50} = 5.45$。这就支持了轴承工业经常引用的结论：$L_{50} \approx 5 \times L_{10}$。

11.6.2.4 威布尔分布图

从式(11.1)可知，一套寿命超过 x 的幸存轴承的概率为 $\mathcal{S}(x)$：

$$\mathcal{S}(x) = 1 - F(x) = e^{-\left(\frac{x}{\eta}\right)^{\beta}} \tag{11.12}$$

两次对式(11.12)两边取自然对数，得

$$\ln\ln\left(\frac{1}{\mathcal{S}}\right) = \beta[\ln(x) - \ln(\eta)] \tag{11.13}$$

式中右边是 $\ln(x)$ 的线性函数。在 Weibull 概率纸上，纵坐标按 $\ln[\ln(1/S)]$ 比例划分，横坐标按对数刻度划分，$\mathcal{S}$ 值与相应的 x 值的函数关系为一条直线。如果在概率纸的设计中，两个坐标轴采用循环长度的对数刻度，则直线斜率在数值上等于 β。总之，Weibull 形状参数或 Weibull 斜率与直线斜率有关。在某些概率纸设计中，辅助刻度可以用来确定形状参数与斜率间的关系。

图 11.13 是一张 Weibull 概率纸，要表示 $\beta = 1.0$，$x_{0.10} = 15.0$ 时的 Weibull 分布，通过失效概率 $F = 0.1(S = 0.9)$ 和寿命值 = 15.0 这一特定点，且让斜率角为 45° 画出一条直线。由此图也可以读出 20% 失效概率寿命，只要过纵坐标 $F = 0.2$ 作水平线，与斜线相交，交点的横坐标即为 20% 失效概率寿命。根据图表刻度，得 $x_{0.20} = 32.0$。反过来，小于寿命 $x = 52.0$ 的失效概率大约是 30%。因此，在概率坐标纸上图解表示 Weibull 分布组，可以用来代替式(11.1)和式(11.8)计算 Weibull 分布概率和百分数概率寿命。对大多数用途，图解法的精度是足够的，然而，概率纸的主要用途并不是用来表示已知的 Weibull 分布，而是由寿命实验结果估计 Weibull 参数。

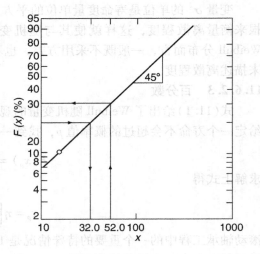

图 11.13　$\beta = 1.0$，$x_{0.10} = 15.0$ 时的 Weibull 分布

11.6.3　单样本估计

11.6.3.1　Weibull 分布的应用

到目前为止，都是假定 Weibull 参数已知。另外，根据已知的参数，可以计算出所需的量，如概率、百分数、期望值、方差和标准偏差。在轴承应用工程中通常是在产品样本中给出计算寿命 $x_{0.10}(L_{10})$ 和标准 Weibull 斜率 $\beta = 10/9$，还需要计算中值寿命或平均无故障间隔时间等。当材料、润滑或零件加工方法等发生新的变化时，关键是要确定这些因素对 Weibull 参数的影响。此时，要按某种方法对标准轴承进行改动并取样，在标准载荷和转速下进行试验，直至部分或全部轴承失效。当所有轴承都失效时，则称样本是无截尾的。在截尾样本中，部分轴承在失效前停止试验。给定失效寿命或未失效轴承停止试验的时间，其目的是推导出 Weibull 参数。这个过程被称为估计，这是因寿命是随机变量，所以相等的样本会得到不同的试验寿命结果。任何单一样本的 Weibull 参数估计值自身一定与随机变量的观察值相关，它们在样本之间的变化服从被称为样本估计分布的概

率分布。样本分布的离散程度将随样本容量的增大而减小。因此，样本容量的大小影响到由寿命试验确定的参数的精度。该精度用一个不确定的区间或置信区间来表示，在该区间内，参数值可能是不确定的。计算置信区间的估计过程称为区间估计。如果获得的参数是一个单一的数值，则这个过程称为点估计。由于没有限制，也无法判断估计精度，因此，点估计本身没有什么实际用途。

下面将给出 Weibull 参数区间估计计算的分析方法。当然，应该将这个方法与点估计的图解法一起推荐应用。估计的图解法可以得到整个分布的大致概况并能发现异常数据，如果完全依赖分析方法，这些异常数据极易被忽视。

11.6.3.2　单样本点估计：图解法

假定有 n 个轴承的一组样本试验到全部失效，失效的时间次序标记为 $x_1 < x_2 < \cdots < x_n$。如果样本已用图形表示，且其 Weibull 密度的累积分布函数已知，则在 Weibull 概率纸上由寿命 x_i 和概率值 $F(x_i)$，$i = 1, \cdots, n$，可以画出一条直线。现已证明，即使函数 $F(x)$ 未知，$F(x_i)$ 依然按已知的概率密度函数（pdf）随样本而变化。同时还证明，$F(x_i)$ 的平均值或期望值等于 $i/(n+1)$。Johnson[15] 指出，$F(x_i)$ 的中值，也被称为中秩近似为 $(i - 0.3)/(n + 0.4)$。然后，对于 x_i，$i = 1, \cdots, n$，画出 $F(x_i)$ 的平均值或中值曲线。轴承工业中习惯选择中值而不是平均值来作图，与样本变量相比其差别是很小的。

表 11.3 列出了样本容量 $n = 10$，按失效寿命的排序以及中值的实际值与近似值。可以看到，近似值满足图解法精度的要求。中值与寿命的关系见图 11.14。

表 11.3　随机无截尾样本容量 $n = 10$（失效寿命）

失效序号(i)	寿　命	中　值	$(i - 0.3)/(n + 0.4)$
1	14.01	0.066 97	0.067 31
2	15.38	0.162 26	0.163 46
3	20.94	0.258 57	0.259 62
4	29.44	0.355 10	0.355 77
5	31.15	0.451 69	0.451 92
6	36.72	0.548 31	0.548 08
7	40.32	0.644 90	0.644 23
8	48.61	0.741 42	0.740 38
9	56.42	0.837 74	0.836 54
10	56.97	0.933 03	0.932 69

由试验数据点拟合的直线表示 $F(x)$ 的图解估计，这样，由该直线可以得到令人感兴趣的估计百分数。例如，在图解精度内，$x_{0.10}$ 的估计是 15.3。Weibull 形状参数的估计值可以简化为计算该直线的斜率，大约为 2.2。

同样，图解法也适用于修正截尾数据，其中，截尾数据中的观察值大于疲劳破坏轴承的寿命。样本容量 n 用来计算图线位置，但仅仅给出失效数据。当采用混合尾截，即数据中存在非失效数据时，曲线位置不再能用给定的方法计算，这是因为在确定失效次序时，非失效数据引起不确定性。在这种情况下，可采用几种替代方法，估计这几种方法的细微差别可忽略不计。Nelson[16] 的方法是概率图法，由于它易于使用，因此，本文予以推荐。表 11.4 的第一列给出了样本容量 $n = 10$ 的失效轴承寿命或试验中止轴承的寿命。10 套轴承中，失效数 $r = 4$。在表 11.4 中，标记"F"代表失效寿命，

标记"S"代表试验中止时的寿命。表中第一
列的寿命按试验时间由短到长排列，而不按被
测试轴承的编排顺序。第二列，Nelson[16] 称为
反序号，n 对应于最短的试验时间，n - 1 对
应于次短时间，由此类推，第三列称为概
率，是反序号的倒数，但仅仅计算失效轴
承。第四列为累积概率，是列于第三列的包
括该行失效概率在内的所有先前失效的各行
概率的总和。因此，对应于第二个失效，累
积分布概率 0.254 0 = 0.111 1 + 0.142 9。
这样就可以在概率纸上按寿命直接画出累积
概率。这种概率纸已设计成具有附加概率刻
度。如果没有这种概率纸，只需要在普通概
率纸上把 F 换成累积概率 H 即 F = 1 - exp

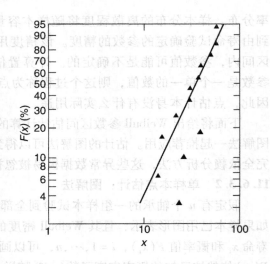

图 11.14　无截尾随机样本容量 n = 10 时的概率图

(- H)而计算出作图位置。其计算结果列于表 11.4 的第 5 列。图 11.15 给出了结果
图。注意，在修正截尾场合，图中只给出了失效轴承的概率，然而，中止试验轴承的
数据影响失效轴承图线位置的确定。

表 11.4　概率图图形位置计算

寿　命	反序号	概率(h)	累积概率(H)	F = 1 - e^{-H}
0.569 S	10	—	—	—
8.910 F	9	0.111 1	0.111 1	0.105 2
21.410 S	8	—	—	—
21.960 F	7	0.142 9	0.254 0	0.224 3
32.620 S	6	—	—	—
39.290 F	5	0.200 0	0.454 0	0.364 9
42.990 S	4	—	—	—
50.400 F	3	0.333 3	0.787 3	0.544 9
53.270 S	2	—	—	—
102.600 S	1	—	—	—

11.6.3.3　单样本点估计：最大似然法

最大似然法是估计概率分布参数的一
种常见方法。它的基本思想是，对概率分
布参数进行估计，而观察到的试验样本最
可能服从该种概率分布函数。

考虑容量为 n 的一个非截尾样本，
似然函数为各个观察寿命值上概率密度
函数 $f(x) = x^{\beta-1}/\eta^\beta \exp[-(x/\eta)^\beta]$ 的乘积。
η 和 β 的最大似然估计就是求出使这个乘
积最大的估计值。对于截尾样本，$r < n$，
在各个中止试验的寿命上用 $1 - F(x) =$
$\exp[-(x/\eta)^\beta]$ 代替概率密度函数而求
出似然函数。显然，β 的最大似然估计

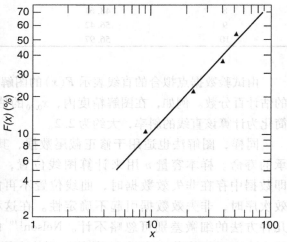

图 11.15　混合截尾概率图，在累积概率基础上确
定图线位置

ML 值，用 $\hat{\beta}$ 表示，并用下面的非线性方程来求解 $\hat{\beta}$：

$$\frac{1}{\hat{\beta}} = \frac{\sum_{i=1}^{i=r} \ln x_i}{r} - \frac{\sum_{i=1}^{i=n} x_i^{\hat{\beta}} \ln x_i}{\sum_{i=1}^{i=n} x_i^{\hat{\beta}}} \qquad (11.14)$$

根据 McCool[17] 的研究，该方程有唯一正解。尽管用 Newton-Raphson 法可以很容易地求出该解，但在高截尾场合，为了避免 β 收敛于负值，也许需要修改初始估计值。

式(11.14)确定了 β 值后，则 η 最大似然估计值为

$$\hat{\eta} = \left(\sum_{i=1}^{i=n} \frac{x_i^{\hat{\beta}}}{r} \right)^{\frac{1}{\hat{\beta}}} \qquad (11.15)$$

一般，x_p 的最大似然估计值为

$$\hat{x}_p = \hat{\eta} k_p^{\frac{1}{\hat{\beta}}} \qquad (11.16)$$

式中 k_p 定义为

$$k_p = -\ln(1 - p) \qquad (11.17)$$

当第 r 个失效出现时，如果截尾试验模型与中止试验相一致，则可确立致信极限。这类截尾习惯上称之为 II 型截尾，以区分于 I 型截尾。I 型截尾中，当达到预定的试验时间时，中止试验。失效数 r 是一个随机变量。而 II 型截尾中，失效数由试验人员预先确定。

随机函数 $v(r,n) = \hat{\beta}/\beta$ 服从一个抽样分布，该取样分布取决于样本容量 n 和截尾数 r，而并不取决于 β 或 η 的大小，这正是确定 β 致信区间的基础。具有这种特性的函数称作为主元函数。$v(r,n)$ 的取样分布不能用解析法求出，但是可以根据经验确定，所要达到的精度由 Monte Carlo 取样法确定。在 Monte Carlo 取样方法中，从具有任意特征参数值，比如 $\beta = 1.0$ 和 $\eta = 1.0$ 的 Weibull 分布，用计算机模拟产生重复样本，得到各个样本的最大似然估计值 $\hat{\beta}$ 后，除以总体样本的 β 值，就可以得到 $v(r,n)$ 值。利用 10 000 个如此典型的 $v(r,n)$ 值，根据分组和它们的平均值等于该分布的期望值，可以计算出与此相对应的失效百分数。

如果 $v(r,n)$ 的5%和95%两个百分数分别用 $v_{0.05}(r,n)$ 和 $v_{0.95}(r,n)$ 表示，则 β 的90%置信区间为

$$\frac{\hat{\beta}}{v_{0.95}(r,n)} < \beta < \frac{\hat{\beta}}{v_{0.05}(r,n)} \qquad (11.18)$$

Weibull 参数的初始最大似然估计是有偏估计，也就是说，无限大样本中，β 估计的平均值和中值与样本总体的 β 真值总存在一定程度的偏差。可以修正最大似然估计的初始值，使它的平均值或中值将与样本总体的 β 值无偏差估计。推荐选择中值无偏差估计，这是因为最大似然点估计值大于或小于原始真值的可能性一样。McCool[17] 指出，β 值的中值无偏估计 $\hat{\beta}'$ 表示为

$$\hat{\beta}' = \frac{\hat{\beta}}{v_{0.50}(r,n)} \qquad (11.19)$$

对于 $n = 5 \sim 30$ 和各种 r 值，表 CD11.2 给出了 $v_{0.05}(r,n)$、$v_{0.50}(r,n)$ 和 $v_{0.95}(r,n)$ 的值。

对于一般失效概率寿命 x_p，估计偏差的修正及致信区间的确定取决于随机主元函数 $u(r,n,p) = \hat{\beta} \ln(\hat{x}_p/x_p)$ 的特性。若已知 Monte Carlo 抽样确定的 $u(r,n,0.10)$ 的百分数，

则 $x_{0.10}$ 的 90 致信区间为

$$\hat{x}_{0.10}\mathrm{e}^{-\frac{u_{0.95}(r,n,0.10)}{\hat{\beta}}} < x_{0.10} < \hat{x}_{0.10}\mathrm{e}^{-\frac{u_{0.05}(r,n,0.10)}{\hat{\beta}}} \tag{11.20}$$

用后面的上式 $x_{0.10}$ 的中值无偏估计可用下式计算:

$$\hat{x}'_{0.10} = \hat{x}_{0.10}\mathrm{e}^{-\frac{u_{0.50}(r,n,0.10)}{\hat{\beta}}} \tag{11.21}$$

表 CD11.2 还给出了 5%、50% 和 95% 时的 $u(r,n,0.10)$ 值。

参见例 11.1。

11.6.3.4 突然死亡试验

轴承行业中,有一种常用的实验方法,称之为分组淘汰试验。在分组淘汰试验中,将样本容量为 n 的试验样本分为 l 个容量为 m 的子样本($n = lm$)。当各个子样本中出现首件失效时,就停止对该子样本组的试验。试验结束时,有 l 件样品失效,且都是 l 个子样本组的首件失效样品。为了估计 β,用这些首件失效样品的寿命直接代入式(11.14),然后令 $r = n = l$,由式(11.18)可以计算出 β 的致信区间,就是将所有首件失效样品寿命看成是非截尾样本的取样数,则样本容量就等于子样本组数 l。表 CD11.3 列出了 $l = 2 \sim 6$ 的 $v(l,l)$ 的百分数。由 l 组首件失效寿命构成的样本和式(11.16)计算的 $\hat{x}_{0.10}$ 估计值记为 $\hat{x}_{0.10S}$。McCool[18] 指出,适用于整个样本的最大似然估计值由下式计算:

$$\hat{x}_{0.10} = \hat{x}_{0.10S}m^{\frac{1}{\hat{\beta}}} \tag{11.22}$$

$x_{0.10}$ 的 90% 置信区间由下式计算:

$$\hat{x}_{0.10}\mathrm{e}^{-\frac{u_{0.95}(l,m,0.10)}{\hat{\beta}}} < x_{0.10} < \hat{x}_{0.10}\mathrm{e}^{-\frac{u_{0.05}(l,m,0.10)}{\hat{\beta}}} \tag{11.23}$$

$x_{0.10}$ 的中值无偏估计由下式计算:

$$\hat{x}'_{0.10} = \hat{x}_{0.10}\mathrm{e}^{-\frac{q_{0.50}}{\hat{\beta}}} \tag{11.24}$$

表 CD11.3 给出了用于上述计算的随机函数 $q(l,m,p)$ 的各种百分数值。

参见例 11.2。

11.6.3.5 估计精度:样本大小的选择

由于寿命试验样本容量有限,在参数估计值中,置信区间反映出不确定性。样本容量增加,置信区间的两端相互趋近,即置信区间上端下端的比值趋向于 1.0。对于有限的样本容量,McCool[19] 建议把这个比值作为估计精度的有效度量。根据式(11.18),β 估计的置信区间比值 R 为:

$$R = \frac{v_{0.95}(r,n)}{v_{0.05}(r,n)} \tag{11.25}$$

对于普通寿命试验和分组淘汰试验,表 CD11.2 和表 CD11.3 分别给出了各种 n 和 r 对应的 R 值。注意,对于给定的样本容量 n,精度随失效数 r 的增加而提高(R 减少)。

对 $x_{0.10}$ 的上、下置信区间比值包含随机变量 $\hat{\beta}$。这种情况下,McCool[19] 介绍了一种方法,即把这个比值的中值记为 $R_{0.50}$,作为精度的一种度量。该中值比值表达式包含未知的形状参数 β。为了达到预计目的,人们可以采用以往的一个常用值,譬如 1.1,或采用 $R_{0.50}^{\beta}$ 作为精度度量。表 CD11.2 和表 CD11.3 分别给出了普通寿命试验和分组淘汰试验的 $R_{0.50}^{\beta}$ 值。

11.6.4　威布尔数据组的估计

11.6.4.1　方法

轴承疲劳寿命的试验研究通常涉及多组试样，就研究的某一定性因素而言，各组之间互不相同。定性因素与定量因素（如温度或载荷）截然不同，定量因素可以用确定的数值表示。定性因素包括润滑剂、保持架设计或轴承材料等。

McCool[20] 研究表明，假如把试样的所有样本数据作为一个数组来分析，则可进行更精确的估计。如果假定所有样本服从 Weibull 分布，尽管各样本的尺度参数各不相同，但由于具有共同的 β 值，因而进行更精确的估计是可能的。

表列值可用作分析的先决条件是假定数组中的各个样本具有相同的样本容量 n 和失效数 r，以后都这样假定。因此，对样本容量为 u 的 k 组样本进行试验直至每个样本的第 r 个样品发生失效。第一步是确定所有样本具有共同的 β 值是否合理。这可通过单独分析各个样本，以确定 $x_{0.10}$ 和 β 值来完成。然后确定 k 组样本中 β 的最大和最小估计值，并得到其比值。假如各个样本的 β 值的确存在差异，则这个比值会趋于增大。对于各种 r、n 和 k，表 CD11.4 列出了比值 $\omega = \hat{\beta}_{max}/\hat{\beta}_{min}$ 的 90% 数值。这些值由 Monte Carlo 抽样法确定，其 k 个样本组的确具有相同的 Weibull 分布的 β 值。如果各个样本组的确具有相同的值，则最大和最小形状参数估计值的比值不会超过表 CD11.4 所列值的 10%。这些值也可以作为判断各个样本组 β 值是否相同的临界值。

如果认为假定 β 值相同是合理的话，根据各个样本组的数据，通过求解下列非线性方程，可以估计出该 β 值：

$$\frac{1}{\hat{\beta}_1} + \frac{1}{rk}\sum_{i=1}^{i=k}\sum_{j=1}^{j=r}\ln x_{i(j)} - \sum_{i=1}^{i=k}\frac{\sum_{j=1}^{j=n}x_{i(j)}^{\hat{\beta}_1}\ln x_{i(j)}}{k\sum_{j=1}^{j=n}x_{i(j)}^{\hat{\beta}_1}} \tag{11.26}$$

式中，$\hat{\beta}$ 代表相同 β 值的最大似然估计值，$x_{i(j)}$ 代表第 i 个样本内的第 j 个失效时间。与式（11.17）类似，β 的置信区间可以由下列方程给出

$$\frac{\hat{\beta}_1}{(v_1)_{0.95}} < \beta < \frac{\hat{\beta}_1}{(v_1)_{0.05}} \tag{11.27}$$

式中，$v_1(r,n,k) = \hat{\beta}'/\beta$。$\beta$ 的中值无偏估计值由下列方程计算：

$$\hat{\beta}' = \frac{\hat{\beta}_1}{(v_1)_{0.50}} \tag{11.28}$$

对于各种 n、r 和 k，表 CD11.5 列出了用于确定 90% 置信区间以及进行偏差修正的 $v_1(r,n,k)$ 的百分数，可以对第 i 组样本的尺度参数值进行再估计，含有的 β_1 估计值由下式表示：

$$\hat{\eta}_i = \left(\frac{\sum x_{i(j)}^{\hat{\beta}_1}}{r}\right)^{\frac{1}{\hat{\beta}_1}} \tag{11.29}$$

x_{pi} 的值可用下列方程进行估计：

$$\hat{x}_{pi} = \hat{\eta}_i k^{\frac{1}{\hat{\beta}_1}} \tag{11.30}$$

$x_{0.10}$ 的置信区间可用下列方程计算：

$$\hat{x}_{0.10} e^{-\frac{(u_1)_{0.95}}{\hat{\beta}_1}} < x_{0.10} < \hat{x}_{0.10} e^{-\frac{(u_1)_{0.05}}{\hat{\beta}_1}} \tag{11.31}$$

式中，$u_1 = \hat{\beta}' \ln(\hat{x}_{0.10}/x_{0.10})$ 是 $u(r, n, 0.10)$ 的 k 个样本通用公式。$x_{0.10}$ 的中值无偏估计可由下列方程计算：

$$\hat{x}'_{0.10} = \hat{x}_{0.10} e^{-\frac{(u_1)_{0.50}}{\hat{\beta}_1}} \tag{11.32}$$

至此，对于各个样本组，采用相同形状参数的最大似然估计值 β_1，得到了 $x_{0.10}$ 的估计值。下一个感兴趣的问题是这些 $x_{0.10}$ 值是否显著不同，即这些 $x_{0.10}$ 的估计值之间有明显的差别吗？或者说这些差别完全归因于概率？为了检查 $x_{0.10}$ 的真值是否都相等，必须对由概率引起的评估值变化量进行评定。采用由下列方程定义一个随机函数 $t_1(r, n, k)$ 来进行此项工作：

$$t_1(r, n, k) = \hat{\beta}_1 \ln\left[\frac{(\hat{x}_{0.10})_{\max}}{(\hat{x}_{0.10})_{\min}}\right] \tag{11.33}$$

式中，$(x_{0.10})_{\max}$、$(x_{0.10})_{\min}$ 是在 k 个样本组中计算出的 $\hat{x}_{0.10}$ 最大值和最小值。$t_1(r, n, k)$ 的 90% 或 95% 水平值可用来评定 $x_{0.10}$ 值是否存在不同。对于任何两个样本，例如样本 i 和 j，如果参数 $\hat{\beta}'_1 \ln[(\hat{x})_i (\hat{x})_j]$ 大于 $(t_1)_{0.90}$，就可以说明，在 10% 的显著水平下，两个样本各不相同。同样，采用 $t_1(r, n, k)$ 的 95% 值就可以得到 5% 显著水平下的样本试验结果 $x_{0.10}$。

　　参见例 11.3。

11.7　零件试验

11.7.1　滚动零件寿命试验机

　　由于获得有效的试验寿命估计需要大量的试验样品，因此，对大批轴承进行寿命试验的费用是很高的。找到一种更简便、成本更低的寿命试验方法是人们长期追求的目标。零件试验或许为这种需要提供了一个解决方法。在该方法中，采用简化几何形状的样本(如平垫圈、杆件或球)，在多个位置上形成滚动接触。零件试验的目的是代替全尺寸轴承试验，用较少的时间和成本推断出与实际使用轴承相当的寿命。这一目标一直没有实现，因为影响滚-滑接触疲劳寿命的所有参数不会减少到只有应力，相反，正如第 8 章所述，这些参数都是作为寿命因子来考虑的。在零件和真实轴承寿命试验中唯一要计算的应力是接触区的 Hertz 或法向接触应力。润滑、污染、表面形貌以及材料影响都被作为寿命因子加以考虑。为了能从来自零件试验的寿命数据推断出到真实轴承的寿命数据，有必要从作用载荷和相应应力的角度来评估这两种数据，并与材料强度进行比较。第 8 章已对所有的轴承建立了这种分析方法；Harris[21] 提出了在 V-环试验机上进行球寿命试验的类似方法。

　　尽管零件和真实轴承寿命试验数据之间没有直接的相关性，但已经证明，零件试验可用于初步筛选阶段，或者在诸如超高温或超低温、氧化气氛和真空等不利环境条件下，对材料的性能作排序评定。所以，对零件寿命试验技术的的讨论是正当的，即使试验数据评价技术不允许和真实轴承寿命试验数据直接相关。然而必须注意在什么情况下才可以采用这种方法。因为排序评定过程的精度还是一个悬而未决的问题。从筛选材料性能试验的结果可以看到，它可能与实际轴承的材料性能试验结果相反。如果在评价零件试验数据和实际轴承试验数据时考虑总的应力，这些错误可以避免。

最早的或许也是使用最为广泛的零件试验机为五十年代初期研制的四球试验机（Barwell[22]试验机）。该系统使用四个直径为12.7mm的钢球模拟角接触球轴承绕垂直轴线旋转并承受纯轴向载荷的状态，一个为试验钢球，充当轴承内圈，并以棱锥形支承在其余的三个球上，而这三个球在同一座中以预先设定的接触角自由旋转。由该试验原理推广而来的五球试验机是NASA Lewis研究试验室研制的。中间层使用了四个球，如图11.16和图11.17所示，并对轴承标准材料和试制材料进行了试验，获得大量的寿命试验数据。寿命加速实验接触压力为4 138MPa。实验可以用来比较滚动接触的材料和润滑剂。

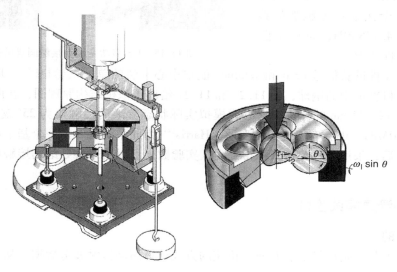

图11.16 NASA五球实验机

另一种使用广泛的零件试验机是由通用电气公司[24]研制的滚动接触试验机，如图11.18所示。该试验机中，试验零件是夹持在两个直径为95.25mm圆盘中间的直径为4.76mm的圆棒，并可在载荷作用下转动。圆棒可轴向移位，以便从一个试验样品上得到多个滚动接触轨迹。遗憾的是，这种试验机问世时其成本并不低。该试验机的圆盘须进行轴向修形，否则，圆棒接触边缘会产生应力集中。这样做大大增加了圆盘的制造成本。运转期间，圆棒因疲劳而发生破坏，同时圆盘表面也会遭到损伤，所以，要求对圆盘作定期的修

图11.17 五球实验机组

整。为了实现加速试验，经常施加
5.517MPa 的赫兹应力，这样的负载
实在是到了塑性变形的范围，因此
对轴承疲劳耐久性的预测结果是不
可靠的。这种试验机主要用来比较
滚动接触材料。

Glover[25] 描述了采用圆柱体作为
滚动单元的滚动接触试验机的变化。
在此平台上，Federal-Mogul-Bower 开
发了如图 11.19 所示的试验机，加载
由三个标准钢球支承一个标准圆锥
轴承外圈。每个接触点上施加的典
型赫兹应力为 4.138MPa，如前所述，
涉及到一些塑性变形。

图 11.18　GE 多功能滚动接触圆盘试验机

还有一种零件试验机是 Pratt 和 Whitney 航空中心卡法的单球试验机[26]，用来评估飞机
燃气涡轮发动机轴承中的钢球，图 11.20 和 11.21 给出了该机结构原理图，在两个 V 形滚道
内试验直径为 19～65mm 的球，润滑方式模拟实际状态。滚动接触角为 25°或 30°。赫兹接
触压力为 4 000MPa，也会有一些塑性变形。Harris[21] 为此系统推导了一个基于应力的球寿命
预测方法。之后，采用这种装备累积得到耐久实验数据可以用来推导滚动接触单元材料疲劳
寿命[27]。

11.7.2　滚-滑摩擦试验机

11.7.2.1　目的

试验的主要目的是以经济、有效、快速的方式计算滚动接触疲劳数据。从而，可以研究

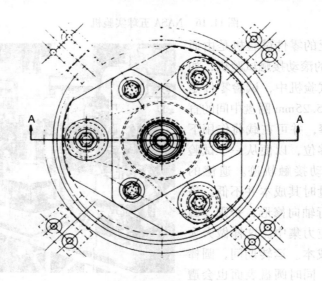

图 11.19　球-圆柱滚动接触试验机

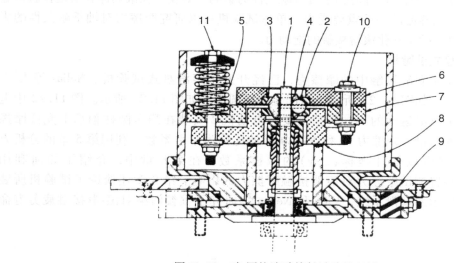

图 11.19　球-圆柱滚动接触试验机(续)

1—试样　2—球　3—圆锥轴承外圈　4—球保持器　5—压缩弹簧　6—上轴承座
7—弹簧定位板　8—下轴承座　9—防震座　10—加载螺栓　11—弹簧校准螺栓

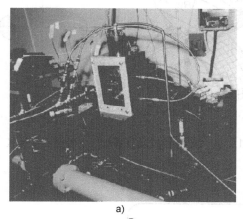

a)

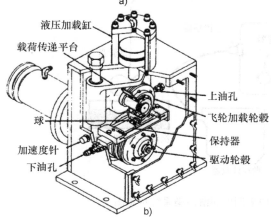

b)

图 11.20　Pratt-Whitney 单球/V 型环试验机

a) 照片　b) 示意图

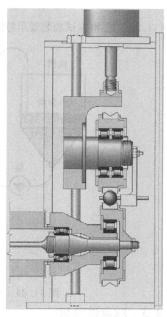

图 11.21　Pratt-Whitney 单球/V
型环试验机原理

材料、材料处理方法、润滑剂等对轴承疲劳耐久性的影响。如发生在滚动体和滚道接触位置的剪切力是决定轴承寿命的一些重要受力。单球试验机可以研究摩擦力对轴承耐久性的影响，同时，也可以有助于量化滚滑接触的拖动力。

11.7.2.2　滚-滑盘式试验机

为试验测量弹流润滑接触中的摩擦力，已经开发了滚滑盘式试验机。Nelias等人[28]研制了这样的装备，如图11.22所示。盘产生的椭圆接触如图11.23所示。图11.22中电动机可以产生满足滚滑运动的不同转速需要。电动机2安装在静压圆柱轴承上允许摩擦转矩也即摩擦力的测量。摩擦力F_f和作用力W的比称为牵引系数。利用第5章的分析方法，根据试验数据可以估计坐标(x, y)的摩擦系数。在第8章中，介绍了如何利用图11.22的试验装置测试摩擦力对滚滑接触摩擦力的影响。第8章还谈论了试验机所装配的如图11.24所示的润滑系统，Ville和Nelias[29]研究了颗粒污染对滚-滑接触疲劳寿命的影响。

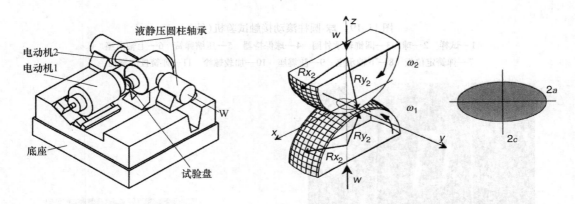

图11.22　滚-滑盘试验装置示意图　　　　　图11.23　滚-滑盘试验装置所产生的椭圆接触区

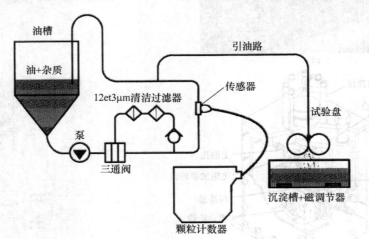

图11.24　滚滑试验装置中采用的润滑污染系统示意图

11.7.2.3　球盘试验机

Wedeven[30]最初研制的球盘试验机如图11.25所示，设计确定为点接触的油膜润滑状态。通过改变球盘接触位置的半径和轴的角度，可以改变滚动速度。采用像兰宝石和玻璃等透明材料的盘以及光学仪器，可以测定 Hertz 点接触的压力分布（如图 4.11）。Wedeven[31]进一步改进实验装置，采用独立动力的球装置和盘装置，以及采用空气轴承作为盘的转动轴。从而，使测量接触拖动力与滑滚的比值，图 11.26 即为实验装置测出的结果。通过拟合理论和实验数据，可能得到点接触 EHL 的数学模型，有望确定拖动力的摩擦力分量。

图 11.25　球盘拖动试验机

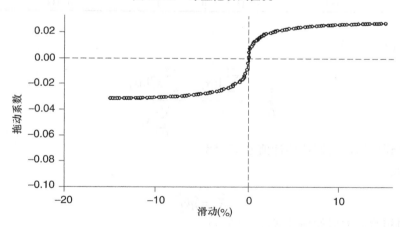

图 11.26　由 Wedeven 球-盘试验机测得的拖动系数与百分比滚滑的曲线

试验装置也可以装配一个环境室，用来评定高低温和真空环境等条件下的拖动系数。该装置进一步发展，可以允许进行颗粒污染条件下圆形点接触的光学测量，图 10.34 就是用该装置测得的图片。

11.8　结束语

在本书第 1 卷第 11 章中，虽然在理论上建立了球和滚子轴承的额定疲劳寿命和耐久性公式，但它们还是半经验公式，尚需确立一些常数才能在实际中应用，而这些常数与轴承滚道和滚动体材料有关，只能通过适当的试验来确定。由于滚动轴承疲劳寿命的随机性，必须对大量的轴承或材料进行试验，以保证试验的有效性。本章中详细讨论了样本容量的影响。

历史上，为了足够精确地确定额定寿命计算公式中的常数，需要对整套轴承进行试验。但是，正如第8章中所述，随着应力-基本寿命因子的建立，现在这些常数中的多数已有可能用零件试验方法来确定。例如，在V形环试验机上做球的寿命试验可以确定多种材料的基本疲劳强度。另一方面，影响轴承寿命的某些应力取决于滚道的成形和表面精加工方法。要重现这些影响，可能需要在耐久试验中使用精确的零件。

例题

例 11.1　用最大似然法计算非截尾样本的 Weibull 分布参数

问题：对于下表格中列出的容量 $n=10$ 的非截尾样本，用最大似然法计算 β 和 $X_{1.10}$ 的中值无偏点估计和90%的置信区间。

失 效 序 号	中　　值	寿　　命	失 效 序 号	中　　值	寿　　命
1	0.067	14.01	6	0.548	36.72
2	0.162	15.38	7	0.645	40.32
3	0.259	20.94	8	0.741	48.61
4	0.355	29.44	9	0.838	56.42
5	0.452	31.15	10	0.933	56.97

解： 由式(11.4)得

$$\frac{1}{\hat{\beta}} = \frac{\sum_{i=1}^{i=r}\ln x_i}{r} - \frac{\sum_{i=1}^{i=n}x_i^{\hat{\beta}}\ln x_i}{\sum_{i=1}^{i=n}x_i^{\hat{\beta}}}$$

求解方程，得到初始最大似然估计值 $\hat{\beta}=2.58$

由式(11.16)得

$$\hat{X}_p = \hat{\eta}k_p^{\frac{1}{\hat{\beta}}}$$

求解方程得到初始最大似然估计 $X_{0.10}=16.55$

根据表 CD11.2 可得

$$V_{0.05}(10,10)=0.736 \qquad U_{0.05}(10,10,0.10)=-0.879$$
$$V_{0.50}(10,10)=1.103 \qquad U_{0.50}(10,10,0.10)=0.213$$
$$V_{0.95}(10,10)=1.836 \qquad U_{0.95}(10,10,0.10)=2.130$$

由式(11.18)得

$$\frac{\hat{\beta}}{V_{0.95}(r,n)} < \beta < \frac{\hat{\beta}}{V_{0.05}(r,n)}$$

$$\frac{2.58}{1.836} < \beta < \frac{2.58}{0.736} \qquad \text{或} \qquad 1.41 < \beta < 3.51$$

由式(11.19)得

$$\hat{\beta}' = \frac{\hat{\beta}}{U_{0.50}(r,n)} = \frac{2.58}{1.103} = 2\ 015 \quad （中值无偏估计）$$

由式(11.20)得90%置信区间为

$$\hat{x}_{0.10}e^{-\frac{U_{0.95}(r,n,0.10)}{\hat{\beta}}} < x_{0.10} < \hat{x}_{0.10}e^{-\frac{U_{0.05}(r,n,0.10)}{\hat{\beta}}}$$

$$16.6e^{-\frac{2.130}{2.58}} < x_{0.10} < 16.6e^{-\frac{0.879}{2.58}}$$

$$7.25 < x_{0.10} < 23.3$$

由式(11.21)得 $x_{0.10}$ 的中值无偏估计值为

$$\hat{x}'_{0.10} = \hat{x}_{0.10}e^{-\frac{U_{0.50}(r,n,0.10)}{\hat{\beta}}} = 16.6e^{-\frac{0.213}{2.58}} = 15.3$$

$x_{0.10}$ 和 β 的中值无偏估计值与文中图解估计值十分接近。

例 11.2　对突然死亡法寿命试验结果计算 Weibull 分布参数

问题：将突然死亡法寿命试验分成 3 组子样本($l=3$)，每个子样本的容量 $m=10$，得到每个子样本的首件失效寿命值分别为 4.72，6.64 和 14.17，分别确定 Weibull 分布形状参数的中值无偏估计、10% 的失效概率寿命以及 90% 的置信区间。

解：由式(11.14)得

$$\frac{1}{\hat{\beta}} = \frac{\sum_{i=1}^{i=r}\ln x_i}{r} - \frac{\sum_{i=1}^{i=\beta}x_i^{\hat{\beta}}\ln x_i}{\sum_{i=1}^{i=n}x_i^{\hat{\beta}}}$$

从中解得初始最大似然估计值 $\hat{\beta}=2.27$

由式(11.16)得

$$\hat{x}_p = \hat{\eta}k_p^{\frac{1}{\hat{\beta}}}$$

求解出 $x_{0.10}$ 的初始最大似然估计值 $X_{0.10}=3.59$

根据表 CD11.3 可知

$$q_{0.05}(3,10) = -2.91 \qquad V_{0.05}(3,3) = 0.650$$

$$q_{0.50}(3,10) = -0.133 \qquad V_{0.50}(3,3) = 1.53$$

$$q_{0.95}(3,10) = 1.83 \qquad V_{0.95}(3,3) = 5.71$$

由式(11.19)得

$$\hat{\beta}' = \frac{\hat{\beta}}{V_{0.50}(l,l)} = \frac{2.27}{1.53} = 1.48 \quad （中值无偏估计）$$

由式(11.18)得

$$\frac{\hat{\beta}}{V_{0.95}(l,l)} < \beta < \frac{\hat{\beta}}{V_{0.05}(l,l)}$$

$$\frac{2.27}{5.71} < \beta < \frac{2.27}{0.650} \quad 或 \quad 0.398 < \beta < 3.50 \quad （\beta 的 90\% 置信区间）$$

由式(11.24)得

$$\hat{x}'_{0.10} = \hat{x}'_{0.10}e^{-\frac{q_{0.50}}{\hat{\beta}}} = 9.9e^{-\frac{0.133}{2.27}} = 9.34 \quad （x_{0.10} 的中值无偏估计值）$$

由式(11.24)得

$$\hat{x}_{0.10}e^{-\frac{q_{0.95}(l,m,0.10)}{\hat{\beta}}} < x_{0.10} < \hat{x}_{0.10}e^{-\frac{q_{0.05}(l,m,0.10)}{\hat{\beta}}}$$

$$9.9e^{-\frac{1.83}{2.27}} < x_{0.10} < 9.9e^{\frac{2.91}{2.27}}$$

$$4.43 < x_{0.10} < 35.6 \quad (x_{0.10} \text{的} 90\% \text{置信区间})$$

例 11.3 确定多组数据的 Weibull 分布参数

问题：用 5 种不同的合金钢各制造 10 套轴承，进行非截尾寿命试验。对于各个样本组，β 和 $x_{0.10}$ 初始最大似然估计值如下：

组序 No	1	2	3	4	5
$\hat{\beta}$	2.59	2.32	3.13	1.94	3.65
$\hat{x}_{0.10}$	50.6	2.60	4.72	3.49	8.83

确定个样本组之间存在那些显著差别。

解： 为了检验普通的 Weibull 形状参数 β 是否合理，计算最大与最小形状参数之比：

$$W = \frac{\hat{\beta}\max}{\hat{\beta}\min} = \frac{3.65}{1.94} = 1.88$$

对于 $n = r = 10$ 和 $k = 5$，由表 CD11.5 可查出 $V_{0.90} = 2.61$

因为 $1.88 < 2.61$，数据与设定的 β 值相符。

由式(11.26)得

$$\frac{1}{\hat{\beta}} + \frac{1}{rk}\sum_{i=1}^{i=k}\sum_{j=1}^{j=r}\ln x_{i(j)} - \sum_{i=1}^{i=k}\frac{\sum_{j=1}^{j=n}x_{i(j)}^{\hat{\beta_1}}\ln x_{i(j)}}{K\sum_{j=1}^{j=n}x_{i(j)}^{\hat{\beta_1}}}$$

最大似然估计 $\hat{\beta}_1 = 2.48$

由式(11.30)得

$$\hat{x}_{pi} = \hat{\eta}_i k^{\frac{1}{\hat{\beta}_i}}$$

由式(11.31)得

$$\hat{x}_{0.10}e^{-\frac{(u_1)_{0.95}}{\hat{\beta}_1}} < x_{0.10} < \hat{x}_{0.10}e^{-\frac{(u_1)_{0.05}}{\hat{\beta}_1}}$$

由式(11.32)得

$$\hat{x}'_{0.10} = \hat{x}_{0.10}e^{-\frac{(u_1)_{0.50}}{\hat{\beta}_1}}$$

利用式(11.30)重新计分 $\hat{x}_{0.10i}$ 的值，再用式(11.31)计算 90% 置信区间，用式(11.32)计算中值无偏估计值 $\hat{x}'_{0.10}$：

组序 No	1	2	3	4	5
初始最大似然估计	4.84	2.81	3.80	4.87	6.34
中值无偏估计 $\hat{x}_{0.10}$	4.55	2.65	3.57	4.58	5.97
置信下限	3.25	1.89	2.55	3.27	4.25
置信上限	6.13	3.56	4.82	6.18	8.04

查表 CD11.5，可得 $t_1(10,10,5)$ 的 90% 值是 1.26

将 $\hat{x}_{0.10}$ 值的最小比值记为 SSR（最小显著比）并用隐函数表示为

$$1.26 = \beta_1 \ln(\text{SSR}) = \hat{2}.480\ln(\text{SSR})$$

$$\text{SSR} = e^{\frac{1.26}{2.48}} = 1.66$$

因此，如果 $x_{0.10}$ 初始最大似然估计值比值超过 1.46，则可以说明各个样本之间存在显著差别。第 3 和第 5 组样本之间存在显著差别，因为他们的 $x_{0.10}$ 估计值的比值是 6.34/3.80 = 1.67 > 1.66。注意，对于第 3 和第 5 组样本，他们的置信区间相同。一般说来，如果置信区间不同，则两组样本之间存在显著差别，然而，即使置信区间确实相同，如上例所示，各组样本之间也可能存在显著差别。

表

表中符号

符　号	定　义
k	样本数
l	突然死亡试验中的分组数
m	突然死亡分组中的样本大小
n	样本大小
q	概率值
$q(l,m,p)$	用于突然死亡试验分析的关键函数
r	截尾样本中的失效数
R	β 的上下置信限值之比
$R_{0.50}$	$x_{0.10}$ 上下置信限值的中值比
$t_1(r,n,k)$	检验 $x_{0.10}$ k 个估计中偏差的关键函数
$u(r,n,p)$	设定 x_p 置信限值的关键函数
$u_1(r,n,p,k)$	利用 k 个数据样本设定 x_p 置信限值的关键函数
$v(r,n)$	设定 β 置信限值的关键函数
$v_1(r,n,k)$	利用 k 个数据样本设定 β 置信限值的关键函数
$w(r,n,k)$	检验 k 是否为有公用 β Weibull 分布的关键函数
x	随机变量
x_p	随机变量 x 的百分之 p 分布
β	Weibull 形状参数
Γ	伽玛函数

表 CD11.1 $\Gamma(1/\beta+1)$ 和 $\Gamma(2/\beta+1)-\Gamma^2$ 的值

β	$\Gamma(1/\beta+1)$	$\Gamma(2/\beta+1)-\Gamma^2(1/\beta+1)$	β	$\Gamma(1/\beta+1)$	$\Gamma(2/\beta+1)-\Gamma^2(1/\beta+1)$
1.0	1.000 0	1.000 0	1.8	0.889 3	0.261 4
1.1	0.964 9	0.771 4	1.9	0.887 4	0.236 0
1.2	0.840 7	0.619 7	2.0	0.886 2	0.214 6
1.3	0.923 6	0.513 3	2.5	0.887 3	0.144 1
1.4	0.911 4	0.435 1	3.0	0.893 0	0.105 3
1.5	0.902 7	0.375 7	3.5	0.899 7	0.081 1
1.6	0.896 6	0.329 2	4.0	0.906 4	0.064 7
1.7	0.892 2	0.291 9	5.0	0.918 2	0.044 2

表 CD11.2 5%，50%和95%的 $v(r,n)$ 和 $u(r,n,0.10)$

r	n	$v(r,n)$			$u(r,n,0.10)$			R	$R^\beta_{0.50}$
		0.05	0.50	0.95	0.05	0.50	0.95		
3	5	0.635 1	1.651 0	6.759 6	−1.267 2	0.848 3	9.960 7	10.6	8.98
5	5	0.679 5	1.234 6	2.814 6	−1.142 2	0.446 5	4.445 3	4.14	92.4
3	10	0.620 8	1.722 3	7.647 8	−1.430 4	0.431 3	7.020 8	12.3	135
5	10	0.648 2	1.311 7	3.279 1	−0.957 1	0.373 7	3.769 8	5.06	36.7
10	10	0.756 1	1.103 1	1.836 3	−0.879 4	0.212 5	2.130 4	2.49	15.3
5	15	0.643 0	1.332 1	3.393 7	−0.922 3	0.243 5	2.944 6	5.28	18.2
10	15	0.713 0	1.126 9	1.942 8	−0.618 4	0.193 3	1.947 7	2.72	9.75
15	15	0.771 5	1.067 9	1.563 4	−0.764 8	0.139 3	1.509 1	2.03	8.41
5	20	0.643 2	1.335 3	3.507 8	−0.960 1	0.148 2	2.544 5	5.45	13.8
10	20	0.704 7	1.132 8	1.991 3	−0.727 4	0.160 4	1.747 3	2.83	8.89
15	20	0.745 9	1.075 4	1.632 7	−0.705 5	0.121 5	1.443 1	2.19	7.37
20	20	0.794 9	1.047 6	1.445 4	−0.674 0	0.095 8	1.226 2	1.82	6.13
5	30	0.643 0	1.347 5	3.443 7	−1.130 6	0.017 6	1.692 0	5.36	8.12
10	30	0.699 6	1.130 9	2.023 6	−0.634 8	0.093 1	1.389 1	2.89	5.99
15	30	0.741 0	1.081 9	1.677 1	−0.603 8	0.092 8	1.215 2	2.26	5.39
20	30	0.766 2	1.056 9	1.518 2	−0.595 5	0.079 0	1.113 0	1.98	5.04
30	30	0.835 9	1.029 0	1.335 3	−0.567 2	0.053 6	0.914 7	1.62	4.22

表 CD11.3 分析突然死亡试验的百分值

分组号 l	分组大小 m	$q_{0.05}$	$q_{0.50}$	$q_{0.95}$	$v_{0.05}$	$v_{0.50}$	$v_{0.95}$	R	$R^\beta_{0.50}$
2	5	−16.8	0.128	6.99	0.654	2.15	22.8	34.9	64 000
2	10	−29.7	−0.334	3.16	0.654	2.15	22.8	34.9	4 240 000
3	5	−1.79	0.163	3.79	0.650	1.53	5.71	8.78	37.7
3	10	−2.91	−0.133	1.83	0.650	1.53	5.71	8.78	22.0
4	5	−1.19	0.099	2.50	0.653	1.32	3.73	5.71	16.1
5	2	−1.02	0.302	3.25	0.668	1.23	2.83	4.24	18.9
5	3	−0.980	0.208	2.63	0.668	1.23	2.83	4.24	13.2
5	4	−0.954	0.140	2.22	0.668	1.23	2.83	4.24	13.2
5	6	−0.997	0.045	1.62	0.668	1.23	2.83	4.24	9.97

表 CD11.4 检验 Weibull 形状参数 k 均匀性的临界值 $w_{0.90}(r,n,k)$

n	r	$k=2$	$k=3$	$k=4$	$k=5$	$k=10$
5	3	5.45	8.73	11.0	13.4	22.2
5	5	2.77	3.59	4.23	4.69	6.56
10	3	6.04	9.93	12.5	15.4	26.8
10	5	3.21	4.35	5.16	5.69	7.98
10	10	1.87	2.23	2.47	2.61	3.16
15	5	3.2	4.48	5.28	5.90	8.39
15	10	2.02	2.44	2.69	2.90	3.56
15	15	1.65	1.87	2.05	2.16	2.45
20	5	3.31	4.54	5.28	6.24	9.05
20	10	2.11	2.50	2.80	3.00	3.69
20	15	1.72	1.96	2.15	2.30	2.70
20	20	1.52	1.70	1.80	1.90	2.14
30	5	3.28	4.47	5.38	6.11	8.95
30	10	2.11	2.54	2.90	3.10	3.88
30	15	1.78	2.05	2.27	2.40	2.82
30	20	1.61	1.82	1.95	2.06	2.40
30	30	1.41	1.53	1.61	1.67	1.84

表 CD11.5 分析 Weibull 数据组必需的百分函数

n	r	k	v_1			u_1			l_1	
			0.05	0.50	0.95	0.05	0.50	0.95	0.90	0.95
5	3	2	0.7618	1.505	3.833	−1.175	0.6861	5.325	2.833	3.752
5	3	3	0.8431	1.471	3.022	−1.135	0.6111	3.864	3.294	4.192
5	3	4	0.8915	1.462	2.673	−1.131	0.6124	3.417	3.605	4.342
5	3	5	0.9331	1.446	2.485	−1.112	0.6216	3.073	3.733	4.512
5	3	10	1.038	1.430	2.030	−1.084	0.5889	2.439	4.158	4.707
5	5	2	0.7773	1.195	2.056	−0.9715	0.3875	2.75	1.441	1.802
5	5	3	0.8265	1.184	1.816	−0.8715	0.3473	2.255	1.742	2.111
5	5	4	0.8609	1.178	1.703	−0.8321	0.3410	1.980	1.950	2.285
5	5	5	0.8888	1.177	1.621	−0.7907	0.3470	1.801	2.082	2.392
5	5	10	0.9545	1.167	1.453	−0.7314	0.336	1.471	2.409	2.702
10	5	2	0.7677	1.256	2.326	−0.8691	0.2856	2.424	1.576	1.999
10	5	3	0.8281	1.242	2.039	−0.8526	0.2727	1.959	1.900	2.296
10	5	4	0.8679	1.234	1.877	−0.8303	0.2761	1.729	2.084	2.426
10	5	5	0.8904	1.230	1.768	−0.7987	0.2794	1.587	2.209	2.547
10	5	10	0.9669	1.219	1.575	−0.7994	0.2733	1.361	2.549	2.823
10	10	2	0.8130	1.067	1.516	−0.7161	0.1587	1.444	0.8509	1.040
10	10	3	0.8508	1.082	1.414	−0.6590	0.1460	1.204	1.062	1.231
10	10	4	0.8794	1.077	1.355	−0.6117	0.1448	1.066	1.171	1.330
10	10	5	0.8939	1.076	1.319	−0.5883	0.1519	0.9899	1.256	1.406
10	10	10	0.9405	1.073	1.235	−0.5766	0.1450	0.8384	1.468	1.598
15	5	2	0.768	1.269	2.414	−0.879	0.203	1.976	1.569	2.02
15	5	3	0.822	1.256	2.080	−0.876	0.190	1.645	1.899	2.308
15	5	4	0.857	1.246	1.927	−0.848	0.193	1.474	2.110	2.475
15	5	5	0.891	1.239	1.815	−0.864	0.189	1.377	2.206	2.548
15	10	2	0.799	1.106	1.611	−0.668	0.157	1.352	0.873	1.080

（续）

n	r	k	v_1			u_1			l_1	
			0.05	0.50	0.95	0.05	0.50	0.95	0.90	0.95
15	10	3	0.845	1.100	1.489	−0.613	0.145	1.152	1.080	1.254
15	10	4	0.866	1.097	1.412	−0.685	0.154	1.033	1.200	1.381
15	10	5	0.888	1.094	1.375	−0.573	0.138	0.987	1.289	1.457
15	15	2	0.836	1.056	1.369	−0.615	0.108	…	0.671	0.817
15	15	3	0.871	1.052	1.302	−0.559	0.098	0.904	0.827	0.949
15	15	4	0.890	1.049	1.258	−0.515	0.097	0.805	0.920	1.036
15	15	5	0.902	1.048	1.230	−0.497	0.095	0.772	0.987	1.101
20	5	2	0.761	1.278	2.428	−0.937	0.119	1.660	1.575	2.020
20	5	3	0.818	1.267	2.078	−0.912	0.127	1.403	1.922	2.348
20	5	4	0.864	1.251	1.916	−0.918	0.118	1.299	2.121	2.486
20	5	5	0.892	1.246	1.836	−0.937	0.119	1.226	2.233	2.580
20	10	2	0.796	1.109	1.650	−0.621	0.125	1.231	0.871	1.072
20	10	3	0.836	1.104	1.507	−0.587	0.125	1.035	1.098	1.282
20	10	4	0.866	1.100	1.446	−0.573	0.115	0.953	1.231	1.384
20	10	5	0.885	1.099	1.402	−0.550	0.117	0.915	1.304	1.475
20	15	2	0.826	1.064	1.425	−0.569	0.098 2	1.013	0.672	0.809
20	15	3	0.857	1.062	1.337	−0.531	0.098 8	0.874	0.830	0.964
20	15	4	0.882	1.058	1.289	−0.497	0.091 4	0.800	0.922	1.057
20	15	5	0.896	1.059	1.263	−0.472	0.095 5	0.743	0.999	1.120
20	20	2	0.855	1.040	1.300	−0.531	0.072 3	0.874	0.566	0.678
20	20	3	0.881	1.037	1.242	−0.486	0.074 6	0.742 2	0.702	0.803
20	20	4	0.898	1.037	1.208	−0.461	0.071 5	0.665	0.785	0.883
20	20	5	0.911	1.036	1.187	−0.433	0.071 4	0.623	0.836	0.941
25	5	2	0.764	1.287	2.427	−1.002	0.077 6	1.407	1.560	1.200
25	5	3	0.822	1.264	2.102	−0.996	0.078 6	1.246	1.910	2.308
25	5	4	0.866	1.256	1.952	−0.977	0.074	1.144	2.114	2.469
25	5	5	0.894	1.251	1.846	−0.986	0.071 9	1.098	2.231	2.562
25	10	2	0.791	1.117	1.652	−0.605	0.107	1.099	0.871	1.061
25	10	3	0.832	1.107	1.527	−0.586	0.095 7	0.979	1.091	1.278
25	10	4	0.964	1.103	1.456	−0.575	0.098 7	0.887	1.219	1.387
25	10	5	0.885	1.100	1.401	−0.557	0.094 6	0.838	1.289	1.466
25	15	2	0.817	1.069	1.447	−0.551	0.096 9	0.974	0.673	0.827
25	15	3	0.855	1.063	1.358	−0.501	0.083 0	0.849	0.835	0.972
25	15	4	0.878	1.061	1.308	−0.477	0.084 7	0.753	0.932	1.072
25	15	5	0.893	1.061	1.277	−0.458	0.084 3	0.710	0.996	1.118
25	20	2	0.841	1.045	1.336	−0.519	0.076 2	0.857	0.567	0.682
25	20	3	0.874	1.043	1.268	−0.469	0.071 0	0.745	0.701	0.811
25	20	4	0.892	1.041	1.236	−0.435	0.069 2	0.661	0.785	0.882
25	20	5	0.905	1.041	1.208	−0.426	0.068 1	0.618	0.836	0.931
25	25	2	0.864	1.032	1.255	−0.494	0.062 9	0.752	0.497	0.601
25	25	3	0.890	1.030	1.204	−0.445	0.060 7	0.655	0.615	0.710
25	25	4	0.905	1.030	1.178	−0.409	0.054 1	0.581	0.686	0.779
25	25	5	0.916	1.028	1.051	−0.387	0.057 0	0.539	0.736	0.814
30	5	2	0.761	1.285	2.436	−1.066	0.017 7	1.289	1.591	2.060
30	5	3	0.827	1.267	2.120	−1.070	0.034 2	1.151	1.938	2.367
30	5	4	0.871	1.256	1.963	−1.065	0.033 1	1.049	2.148	2.515
30	5	5	0.895	1.256	1.838	−1.062	0.027 5	1.019	2.256	2.607

（续）

n	r	k	v_1			u_1			l_1	
			0.05	0.50	0.95	0.05	0.50	0.95	0.90	0.95
30	10	2	0.789	1.117	1.674	−0.587	0.087 4	1.020	0.880	1.095
30	10	3	0.831	1.109	1.528	−0.576	0.080 4	0.896	1.099	1.303
30	10	4	0.861	1.108	1.454	−0.570	0.081 9	0.828	1.228	1.407
30	10	5	0.883	1.104	1.410	−0.570	0.079 5	0.787	1.313	1.492
30	15	2	0.813	1.071	1.458	−0.513	0.082 3	0.886	0.669	0.813
30	15	3	0.815	1.068	1.365	−0.583	0.076 7	0.776	0.832	0.965
30	15	4	0.875	1.065	1.319	−0.470	0.073 4	0.721	0.940	1.067
30	15	5	0.893	1.065	1.288	−0.460	0.076 8	0.692	1.004	1.136
30	20	2	0.833	1.049	1.349	−0.490	0.073 7	1.083	0.560	0.679
30	20	3	0.871	1.045	1.280	−0.442	0.068 0	0.704	0.698	0.796
30	20	4	0.889	1.045	1.243	−0.430	0.066 4	0.629	0.781	0.884
30	20	5	0.903	1.045	1.219	−0.410	0.070 1	0.621	0.842	0.942
30	25	2	0.853	1.037	1.280	−0.481	0.057 2	0.882	0.500	0.595
30	25	3	0.882	1.035	1.226	−0.425	0.059 3	0.627	0.609	0.699
30	25	4	0.899	1.033	1.195	−0.396	0.057 5	0.583	0.683	0.771
30	25	5	0.913	1.033	1.175	−0.380	0.059 9	0.549	0.736	0.816
30	30	2	0.873	1.026	1.224	−0.458	0.053 0	0.668	0.448	0.534
30	30	3	0.895	1.025	1.184	−0.406	0.051 3	0.574	0.552	0.635
30	30	4	0.911	1.024	1.156	−0.387	0.046 7	0.529	0.618	0.698
30	30	5	0.921	1.024	1.142	−0.368	0.049 3	0.496	0.665	0.740

参 考 文 献

[1] Weibull, W., A statistical theory of the strength of materials, *Proc. R. Swed. Inst. Eng. Res.*, 151, Stockholm, 1939.

[2] Lundberg, G. and Palmgren, A., Dynamic capacity of rolling bearings, *Acta Polytech. Mech. Eng.*, *Ser. 1*, 3(7), *R. Swed. Acad. Eng.*, 1947.

[3] Lundberg, G. and Palmgren, A., Dynamic capacity of roller bearings, *Acta Polytech. Mech. Eng.*, *Ser. 2*, 4(96), *R. Swed. Acad. Eng.*, 1952.

[4] Ioannides, E. and Harris, T., A new fatigue life model for rolling bearings, *ASME Trans., J. Tribol.*, 107, 367–378, 1985.

[5] International Organization for Standards, International Standard ISO 281, *Rolling Bearings—Dynamic Load Ratings and Rating Life*, 2006.

[6] Tallian, T., On competing failure modes in rolling contact, *ASLE Trans.*, 10, 418–439, 1967.

[7] Valori, R., Tallian, T., and Sibley, L., Elastohydrodynamic film effects on the load life behavior of rolling contacts, ASME Paper 65-LUBS-11, 1965.

[8] Johnston, G., et al., Experience of element and full bearing testing over several years, *Rolling Contact Fatigue Testing of Bearing Steels, ASTM STP 771*, J. Hoo, Ed., 1982.

[9] Sayles, R. and MacPherson, P., Influence of wear debris on rolling contact fatigue, *ASTM STP 771*, J. Hoo, Ed., 1982, pp. 255–274.

[10] Fitch, E., *An Encyclopedia of Fluid Contamination Control*, Fluid Power Research Center, Oklahoma State University, 1980.

[11] Tallian, T., *Failure Atlas for Hertz Contact Machine Elements*, 2nd Ed., ASME Press, 1999.

[12] Andersson, T., Endurance testing in theory, *Ball Bear. J.*, 217, 14–23, 1983.

[13] Sebok, G. and Rimrott, U., Design of rolling element endurance testers, ASME Paper 69-DE-24, 1964.

[14] Hacker, R., Trials and tribulations of fatigue testing of bearings, SAE Technical Paper 831372, 1983.

[15] Johnson, L., *Theory and Technique of Variation Research*, Elsevier, New York, 1970.

[16] Nelson, W., Theory and application of hazard plotting for censored failure data, *Technometrics*, 14, 945–966, 1972.

[17] McCool, J., Inference on Weibull percentiles and shape parameter for maximum likelihood estimates, *IEEE Trans. Reliab.*, R-19, 2–9, 1970.

[18] McCool, J., Analysis of sudden death tests of bearing endurance, *ASLE Trans.*, 17, 8–13, 1974.

[19] McCool, J., Censored sample size selection for life tests, *Proc. 1973 Ann. Reliab. Maintainab. Symp.*, IEEE Cat. No. 73CH0714–64, 1973.

[20] McCool, J., Analysis of sets of two-parameter Weibull data arising in rolling contact endurance testing, *Rolling Contact Fatigue Testing of Bearing Steels, ASTM STP 771*, J.J. Hoo Ed., American Society for Testing and Materials, Philadelphia, 1982, pp. 293–319.

[21] Harris, T., Prediction of ball fatigue life in a ball/v-ring test rig, *ASME Trans., J. Tribol.*, 119, 365–374, July 1997.

[22] Barwell, F. and Scott, D., *Engineering*, 182, 9–12, 1956.

[23] Zaretsky, E., Parker, R., and Anderson, W., NASA five-ball tester—over 20 years of research, *Rolling Contact Fatigue Testing of Bearing Steels, ASTM STP 771*, J. Hoo, Ed., 1982.

[24] Bamberger, E. and Clark, J., Development and application of the rolling contact fatigue test rig, *Rolling Contact Fatigue Testing of Bearing Steels, ASTM STP 771*, J. Hoo, Ed., 1982.

[25] Glover, G., A ball–rod rolling contact fatigue tester, *Rolling Contact Fatigue Testing of Bearing Steels, ASTM STP 771*, J. Hoo, Ed., 1982.

[26] Brown, P., et al., Evaluation of powder-processed metals for turbine engine ball bearings, *Rolling Contact Fatigue Testing of Bearing Steels, ASTM STP 771*, J. Hoo, Ed., 1982.

[27] Harris, T., Establishment of a new rolling bearing fatigue life calculation model, Final Report U.S. Navy Contract N00421-97-C-1069, February 23, 2002.

[28] Nélias, D., et al., Experimental and theoretical investigation of rolling contact fatigue of 52100 and M50 steels under EHL or Micro-EHL conditions, *ASME Trans., J. Tribol*, 120, 184–190, April 1998.

[29] Ville, F. and Nélias, D., Early fatigue failure due to dents in EHL contacts, Presented at the STLE Annual Meeting, Detroit, May 17–21, 1998.

[30] Wedeven, L., *Optical Measurements in Elastohydrodynamic Rolling Contact Bearings*, Ph.D. Thesis, University of London, 1971.

[31] Wedeven Associates, Inc., *Bridging Technology and Application through Testing*, Brochure, 1997.

附录　部分轴承钢号对照表

全淬硬轴承钢

Grade[a]		C	Mn	Si	Cr	Mo	相当于中国钢号
ASTM[b]-A295(52100)	min.	0.98	0.25	0.15	1.30	—	GCr15
ISO[c] Grade1, 683/XVII	max.	1.10	0.45	0.35	1.60	0.10	
ASTM-A295(51100)	min.	0.98	0.25	0.15	0.90	—	GCr9
DIN[d]105 Cr4	max.	1.10	0.45	0.35	1.15	0.10	
ASTM-A295(50100)	min.	0.98	0.25	0.15	0.40	—	GCr6 或 GCr4
DIN105 Cr2	max.	1.10	0.45	0.35	0.60	0.10	
ASTM-A295(5195)	min.	0.90	0.75	0.15	0.70	—	GCr9Mn
	max.	1.03	1.00	0.35	0.90	0.10	
ASTM-A295(K19526)	min.	0.89	0.50	0.15	0.40	—	GCr6Mn
	max.	1.01	0.80	0.35	0.60	0.10	
ASTM-A295(1570)	min.	0.65	0.80	0.15	—	—	70Mn
	max.	0.75	1.10	0.35	—	0.10	
ASTM-A295(1560)	min.	0.56	0.75	0.15	0.70	—	60CrMn
	max.	0.64	1.00	0.35	0.90	0.10	
ASTM-A485 grade1	min.	0.95	0.95	0.45	0.90	—	GCr15SiMn
ISO Grade2, 683/XVII	max.	1.05	1.25	0.75	1.20	0.10	
ASTM-A485 grade2	min.	0.85	1.40	0.50	1.40	—	
	max.	1.00	1.70	0.80	1.80	0.10	
ASTM-A485 grade3	min.	0.95	0.65	0.15	1.10	0.20	GCr15MnMo
	max.	1.10	0.90	0.35	1.50	0.30	
ASTM-A485 grade4	min.	0.95	1.05	0.15	1.10	0.45	
	max.	1.10	1.35	0.35	1.50	0.60	
DIN100 CrMo6	min.	0.92	0.25	0.25	1.65	0.30	GCr18Mo
ISO Grade4, 683/XVII	max.	1.02	0.40	0.40	1.95	0.40	

渗碳轴承钢

Grade[a]		C	Mn	Si	Ni	Cr	Mo	相当于中国钢号
SAE[b]4118	min.	0.18	0.70	0.15	—	0.40	0.08	20CrMo
	max.	0.23	0.90	0.35	—	0.60	0.15	
SAE8620, ISO12	min.	0.18	0.70	0.15	0.40	0.40	0.15	20CrNiMo
DIN20 NiCrMo2	max.	0.23	0.90	0.35	0.70	0.60	0.25	

（续）

Grade[a]		C	Mn	Si	Ni	Cr	Mo	相当于中国钢号
SAE5120	min.	0.17	0.70	0.15	—	0.70	—	20CrMn
AFNOR[c]18C3	max.	0.22	0.90	0.35	—	0.90	—	
SAE4720，ISO13	min.	0.17	0.50	0.15	0.90	0.35	0.15	20CNiMo
	max.	0.22	0.70	0.35	1.20	0.55	0.25	
SAE4620	min.	0.17	0.45	0.15	1.65	—	0.20	20Ni2Mo
	max.	0.22	0.65	0.35	2.00	—	0.30	
SAE4320，ISO14	min.	0.17	0.45	0.15	1.65	0.40	0.20	20CrNi2Mo
	max.	0.22	0.65	0.35	2.00	0.60	0.30	
SAE E9310	min.	0.08	0.45	0.15	3.00	1.00	0.08	10CrNi3Mo
	max.	0.13	0.65	0.35	3.50	1.40	0.15	
SAE E3310	min.	0.08	0.45	0.15	3.25	1.40	—	15Cr2Ni4
	max.	0.13	0.60	0.35	3.75	1.75	—	
KRUPP	min.	0.10	0.45	0.15	3.75	1.35	—	
	max.	0.15	0.65	0.35	4.25	1.75	—	

特殊轴承钢

Grade	C	Mn	Si	Cr	Ni	V	Mo	W	N	相当于中国钢号
M50	0.80	0.25	0.25	4.00	0.10	1.00	4.25	—	—	Cr4Mo4V
BG-42	1.15	0.50	0.30	14.50	—	1.20	4.00	—	—	Cr14Mo4V
440-C	1.10	1.00	1.00	17.00	—	—	0.75	—	—	9Cr18Mo
CBS-600	0.20	0.60	1.00	1.45	—	—	1.00	—	—	20CrSiMo
CBS-1000	0.15	3.00	0.50	1.05	3.00	0.35	4.50	—	—	15CrNi3MnMo4V
VASCO X-2	0.22	0.30	0.90	5.00	—	0.45	1.40	—	—	
M50-NiL[a]	0.15	0.15	0.18	4.00	3.50	1.00	4.00	1.35	—	G13Cr4Ni4Mo4V
Pyrowear675[a]	0.07	0.65	0.40	13.00	2.60	0.60	1.80	—	—	
EX-53	0.10	0.37	0.98	1.05	—	0.12	0.94	2.13	—	
Cronidur30	0.31	—	0.55	15.20	—	—	1.02	—	0.38	